TOMAS MALM

Rationell aritmetik och algebrans grunder

Portfölj III(a)–(b) (Elementär aritmetik och algebra) av *Den första matematiken*

Didymos Matematik & Logik

Rationell aritmetik och algebrans grunder

Portfölj III(a)–(b) av *Den första matematiken*

ISBN: 978-91-984768-9-7

Tryck: BoD — Books on Demand, Norderstedt, Tyskland 2021

Mer information om Didymos Bokförlag och dess författare finns på vår webbplats:

didymos–bokforlag.com

Förord

Denna bok innehåller portfölj III(a)–(b) av den mer omfattande studien och artikelsamlingen *Den första matematiken* (DFM).[1] Den utgör en reflekterande genomgång, påminnelse om och analys av elementär aritmetik och algebra, av talsystemet och de fyra räknesätten.

Namnet på studien kommer av att projektet hade som sitt övergripande syfte en noggrann teoretisk översiktlig framställning och analys av de mest grundläggande matematiska kunskaperna inom aritmetik, algebra och geometri. Resultatet är dessa olika portföljer av artiklar, vilka kan sägas utgöra både matematikundervisning men dessutom ett led i ett eget arbete med filosofi och logik.

Läsare som kan tänkas ha nytta och glädje av boken är studenter i matematik, filosofi, naturvetenskap, teknik, med mera, samt lärare på olika nivåer. Detta utesluter förstås inte att den också skulle kunna läsas av en allmän publik med ett matematiskt eller filosofiskt bildningsintresse. Om inte annat kunde boken eventuellt fungera som tips på bredvidläsning.

Den organiserande principen för subportföljerna är att III(a) fokuserar på elementär aritmetik och algebra i tillämpningar och III(b)

[1] Webbsida för artikelsamlingen är:

www.didymos-bokforlag.com/den-forsta-matematiken/

Samtliga artiklar ur DFM finns att beställa som digitalt material från förlagets webbsajt.

är mer inriktad på det man skulle kalla en "rent" matematisk, logisk analys, överblick på och framställning av aritmetiken och algebrans grundbegrepp. Särskild tonvikt i portföljerna (a) och (b) ligger på de rationella taltyperna, medan mer av en djupdykning i det reella talbegreppet och de särskilda svårigheter som omgärdar de så kallade irrationella talen har förlagts till III(c). Den sistnämnda subportföljen finns publicerad som en egen bok under titeln *Den reella talsymbolens principer och hantverk*. Att jag så småningom såg det motiverat att dela in portfölj III av DFM i flera subportföljer och fördela tryckningen på två böcker, beror framförallt på att textarbetet kring elementär aritmetik och algebra växte sig så pass omfattande. Portfölj III är den som varit mest mödosam att få ihop, som om det alltid är svårast att sätta ord på de mest grundläggande tingen.

I den framställning som ges här kommer vi helt rimligt att förutsätta viss *praktisk förtrogenhet* med elementär aritmetik och algebra. Med detta menas kunskap av typen "know how" rörande grundläggande samband och metoder för opererandet med alla våra vanligaste taltyper: heltalsräkning, bråkräkning, decimalsystemet, de fyra räknesätten, allmänna räknelagar, ordningsrelationen, med mera. Kort sagt, vi förutsätter den nivå av matematiska kunskaper som man åtminstone haft ambitionen att förmedla och befästa hos elever genom grundskola och kanske inledande kurser på gymnasienivå. Däremot förutsättes naturligtvis inte den sorts *teoretiska förståelse och överblick* som litegrann är den här bokens ambition att erbjuda läsaren, eftersom det skulle göra den överflödig från sida ett. Det betyder bara att den varken är en lärobok för den totala nybörjaren eller av typen handbok.

I boken läggs som sagt särskild tonvikt på de rationella talen $\mathbb{Q}$ och deras matematiska struktur. Det finns teoretiska och filosofiska frågor rörande de mer omfattande reella talen $\mathbb{R}$, som kan kräva en annan sorts fördjupning och behandling, men som vi av denna särskilda anledning förlägger till portföljen III(c). Vi försöker dock inte vara "mer katoliker än påven", och i undersökningen liksom stoppa allt vi vet om det allmännare reella talbegreppet i garderoben. Det blir lätt forcerat och onaturligt. Det handlar mer om att de härledningar och förklaringar som ges i denna text koncentrerar sig på det som är giltigt för de rationella taltyperna och de fyra räknesätten, vilket återspeglar grundläggande matematikundervisning. Dock är många resonemang likafullt giltiga för reella såväl som komplexa tal, i synnerhet de härledningar som utgår från de algebraiska strukturerna ordnad kropp och ring.

Artiklarna i *Den första matematiken* är skrivna med en speciell metod och layout som jag valt att kalla för *den holistiska framställningsformen (och layouten) för matematiken*, vilken jag redogör närmare för i artikeln "Allmänna ord om den holistiska framställningsformen för matematiken", förlagd som appendix A till boken. Det finns både didaktiska och filosofiska skäl till att jag valt att experimentera med denna en smula annorlunda form.

Som läsaren kan lägga märke till förekommer det en del upprepningar av samma eller likartat innehåll mellan artiklar och i enstaka fall inom en artikel. Detta har delvis att göra med det att artiklarna är skrivna för att kunna läsas var för sig som meningsfulla helheter inom den större helhet som studien DFM utgör. Och delvis har det funktionen av att förstärka effekten av genomgången och att man får syn på olika saker ur en lite annan synvinkel nästa gång man ser dem. Boken behöver inte läsas i den givna kapitelordningen, utan man kan ta artiklarna i vilken ordning man själv önskar, allt efter intresse eller studiebehov.

Som nämndes kan dessa portföljer av artiklar betraktas ur *två synvinklar*: å ena sidan som en smula matematikundervisning, och denna synvinkel ger ett sätt att läsa och använda artiklarna som student eller lärare. Jag är övertygad om att det finns en och annan student eller läsare som kan ha glädje av den sorts mer teoretiska helhetsbetraktelse och reflektion över kunskaperna som görs och exemplifieras här. Studien kan också betraktas som ett led i ett vidare engagemang i *filosofin*. Detta tillför ytterligare en dimension till texterna. Somligt i artiklarna har visserligen den mer utpräglade karaktären av "filosofiska reflektioner"; men det är inte framförallt det jag syftar på, utan det jag menar är att artiklarna ingår som ett led i ett vidare tankearbete.

Lägg märke till att det finns två olika typer av sidnumreringar i boken: Den ena numreringen är *lokal* och bara relevant för specifik artikel/kapitel i sig, medan den andra är *global* och gäller boken som helhet. Lokal numrering visas nedtill på varje sida av en artikel, den globala numreringen upptill. Den övergripande innehållsförteckningen visar "global position" för vardera artikel.

Allmänna anmärkningar

Ordet "aritmetik" härstammar från den antika grekiskans *arithmos* samt *techne*. En översättning baserat på etymologin vore alltså "räknekonsten" eller "talens konst/hantverk". Jämför detta med de grekiska rötterna till ordet "matematik", nämligen *mathema* (kunskap) samt *techne* (hantverk, konst): matematiken som "kunskapskonsten" eller "kunskapens hantverk".

Idag associeras både svenskans "aritmetik" och engelskans "arithmetics" med framförallt *elementär aritmetik*, vilket ungefär syftar på grundläggande kunskaper och praktiska färdigheter rörande talbegreppen och de fyra räknesätten, inkluderat grundkunskaper om procenträkning, grundpotensform, rötter och potenser. Området för elementär aritmetik har inte helt skarpa gränser. "Aritmetik", som ordet oftast används idag, är hursomhelst den bit av matematiken som i praktiken utgör ryggraden i samtida undervisning i matematik, både i grundskola och inledande kurser för gymnasiet och högskola.

Därtill kommer "högre aritmetik", vilket för det mesta kallas *talteori* (eng. *number theory, higher arithmetics*) på svenska. I matematisk logik och grundvalsforskning har ordet "aritmetik" eller "elementär aritmetik" ofta betydelsen grundläggande talteori och det axiomatiska studiet av de hela talen under addition och multiplikation.[2] En introduktion till talteorin och fördjupning i specifikt heltalens struktur är föremålet för portfölj II av DFM, publicerad som bok under titeln *Talteorin och kombinatorikens grunder*.

Det blotta ordet "algebra" härstammar tydligen från arabiskans *al–jabr*, som betyder ungefär återförening eller koppling. Det arabiska ordet förekommer i en avhandling av den berömde persiske matematikern *Al–Khwarizmi* (som också fått ge namn åt begreppet "algoritm"), där lösandet av vad vi idag skulle kalla linjära och kvadratiska ekvationer behandlas. Under den grekiska antiken finns *Diofantos* (200-talet e.Kr.) arbete med ekvationer i heltal, som också räknas som en viktig föregångare till algebran. Dessa verk var dock av i hög grad *retorisk* karaktär, med vilket menas att matematiken framställdes verbalt i prosa, utan så flitigt användande av speciella beteckningssätt.

Till Europa kommer de första ansatserna till algebra under medeltiden och renässansen, mycket tack vare kontakten med den arabiska–indiska matematiken via arabiska handelsmän. Den *symboliska algebra*, där man använder bokstäver som variabelsymboler, och som är kännetecknande för matematikens förvandling under renässansen och den naturvetenskapliga revolutionen, lär framförallt vara en europeisk uppfinning.

Den person som brukar nämnas som själva instiftaren av den nya symboliska algebran är den franske matematikern och juristen *Francois Viète* (uttalas "Vieta", 1500–tal). Algebran förs vidare och utvecklas bland annat hos den likaså franske filosofen, matematikern och militären *René Descartes* (början av 1600–talet) i verket *La Géométrie*, i vilken frön sås till den analytiska geometrin och koordinatsystemets

[2]Såvitt jag vet skulle elementär aritmetik, praktisk räknekonst, av en bildad grek under antiken ha betecknats som *logistik*, medan "aritmetik" syftade på något annat och i dennes tanke "högre". Jag föreställer mig mer något i stil med den renodlade kontemplation över talen som eviga former och deras relationer. Matematiskt sett låg troligen grekens "aritmetik" närmare det som idag heter *talteori* eller *number theory*, men det fanns också många andra esoterisk–religiösa aspekter på talbegreppen med i kulturbilden, speciellt hos pythagoréerna.

metod. Descartes är den som börjar använda bokstäverna x, y, z som beteckningar för variabler i ekvationer.

Den symboliska algebran och analytisk geometri får avgörande betydelse för den ännu något senare utvecklingen (andra halvan av 1600–talet och en bit in på 1700–tal) av *den matematiska analysen* ("differential- och integralkalkyl"), som utvecklades av den nya naturvetenskapens centrala gestalt, den engelske matematikern, naturforskaren och filosofen *Isaac Newton*, samt den tyske filosofen, matematikern och hovmannen *Gottfried Wilhelm von Leibniz*. Algebran och analysen är bland de viktigaste av de matematiska verktygen för naturvetenskapen och ett högst påtagligt inslag i den moderna ingenjörsutbildningen från slutet av 1800–talet.

Innehåll

Kvantitetens hantverk och mätningens principer: om att mäta och räkna

Artikel 1

Innehåll

Abstract

Det här dokumentet erbjuder en översikt på mycket grundläggande matematiska begrepp, principer och metoder som hänger samman med mätning och räkning: helhet, enhet, storleksförhållande (proportioner), storhet, mätetal, feluppskattning och felgräns. Det är väsentligt att ha dessa idéer och metoder klara för sig i försöket att få grepp om matematiken och dess tillämpningar på 'verkliga problem' inom ekonomi, teknik, naturvetenskap och andra verksamheter.

1 Kärninnehåll

1.1 Diskret respektive kontinuerlig kvantitet

Sedan åtminstone Aristoteles finns en vetenskaplig indelning och åtskillnad mellan *diskret kvantitet* (eng. *discrete quantity*) respektive *kontinuerlig kvantitet* (eng. *continuous quantity*). Distinktionen görs explicit i Aristoteles skrift *Kategorierna*, kapitel 1, del 6 av boken, som just behandlar kategorin *kvantitet*.[1]

Kontinuerlig kvantitet har att göra med det som kan tänkas variera över en kontinuerlig skala, till exempel mängden vatten i en karaff, en persons längd eller en partikels avstånd från origo utmed en bestämd axel. Diskret kvantitet är sådant som inte kan varieras kontinuerligt, men som liksom det vore hoppar i väl åtskilda steg, såsom antalet får i hagen, tänder i munnen eller stationer på en tunnelbanekarta.

Detta motsvarar eller reflekterar alltså litegrann skillnader mellan *att mäta* (med rationella/reella tal) respektive *att räkna* (antalet med positiva heltal) någon kvantitet. Räkning och mätning har i normalfallet dock flera naturliga beröringspunkter med varandra, inte minst i det att den intressanta storhetens magnitud bestämmes genom att relatera den till en given enhet, alltså en avgränsad helhet av något slag. Om jag till exempel räknar antalet äpplen i en fruktlåda kan man säga att enheten 1 hel i det fallet är '1 äpple'.

'Kvantitet' hänger ihop med det (natur)vetenskapliga begreppet 'storhet'. Exempel på *storheter* är längd, tid, massa, förmögenhet, och så vidare. Det allmänna begreppet eller idéen om *en storhet* överhuvudtaget kan ingen förklara på något annat sätt än ungefär så här: att en

[1] Aristoteles klassiska kategorier utgör tio till antalet. Omdömet "På bordet ligger två röda äpplen med ett avstånd av 20 centimeter mellan sig" aktiverar så att säga ett flertal kategorier: substans (*det där bordet, dessa äpplen*), kvantitet (*20 cm*), kvalitet (*färgen röd*), relation (*på bordet*), med mera. *Kategorierna* hör till samlingen av Aristoteles 6 stycken av eftervärlden betecknade *logiska skrifter*. Dessa skrifter kallas med ett samlingsnamn för *Organon*, grekiska för verktyg eller instrument, ursprunget till vårt ord "organ".

storhet är den bestämning för ett ting genom vilken det går att tänka hur många gånger en given enhet förutsätts hos det. Så uttrycker sig den tyske 1700–talsfilosofen Immanuel Kant i det, kanske, mest centrala verket ur klassisk europeisk filosofi, *Kritik av det rena förnuftet* (KrV, A 242).

Storheten längd bestämmer vi genom att exempelvis med en meterstock mäta hur många av längdenheten meter som så att säga förutsätts hos den person vars längd man vill bestämma. Storheten massa bestämmer vi genom att exempelvis med en balansvåg mäta hur många 1–kilogramsvikter (eller någon annan viktenhet) som så att säga motsvaras av det materiella föremål vars massa man bestämmer.

1.2 Enheten/1–helheten är mätningens och beräkningens utgångspunkt

Positiva rationella och reella tal — såsom talet 3, talet 2 3–delar, decimaltalet 5,38 eller talet $\sqrt{3}$ — innebär generellt talat *ett sätt att tänka, kommunicera och operera med språket som alltid inbjuder till att tänka i termer av någon given helhet/enhet.* Denna helhet är vad vi (som torde vara bekant från elementär matematikundervisning) betecknar som 'det hela', 'en hel', 'en enhet', 'en etthet' eller med därmed liknande uttryck.

Så, till exempel, går det ju att läsa ett matematiskt giltigt aritmetiskt påstående såsom '$5 + 7 = 12$' som *underförstått ekvivalent med* ett påstående av formen

> Fem plus sju är precis lika mycket som tolv *hela av en given enhet*
>
> Summan av fem och sju är lika med tolv *stycken helheter*
>
> Fem plus sju är lika med tolv *hela ettheter*

Och så vidare.

På exakt samma sätt med bråk och positiva irrationella tal. I aritmetiskt giltiga uttryck som innehåller exempelvis '2/3' är det alltid möjligt att säga eller underförstå uttrycket som:

två tredjedelar *av en given enhet*

2 3–delar *av en ett–het*

2 3–delar *av en (delbar) helhet*

Och så vidare. Och på det där sättet kan man tänka utan att någon *konkret* enhet eller helhet därmed måste vara specificerad för den saken — eller ens att 'enheten' måste vara *de facto* delbar.

För större tydligheten skulle man vid behov kunna introducera ännu mer tekniskt markerande termer och tala om en given **1–helhet**, **1–enhet**, eller **1–het**. Beteckningssättet får alltså utläsas på en rad olika sätt, jämför dessa uttryck:

en 1–helhet
en (delbar) hel
en (delbar) helhet
en enhet
en en–het
en etthet

Dessa ord kan och används här ofta som synonymer, om inget annat är sagt eller framgår av själva kontexten (mer om detta nedan).

1–helheten är vad man i ett visst fall eller sammanhang av beräkning eller matematisk analys *tar som motsvarande talet 1*, alltså en hel enhet. Däremot *vad* den här 1–helheten om vilken vi talar *multiplar (mångfalder) av* och *andelar av* är för någonting konkret sett, kommer att variera totalt beroende på *kontexten* av vilken matematisk beräkning eller praktisk–empirisk mätning som utförs i ett vetenskapligt eller vardagligt sammanhang: räknar vi lönehöjningar för anställda, spänningen över någon komponent i en elektronisk krets, på omloppsbanan för en planet kring Solen, rörelsen för en rymdraket vid ljushastigheten? — Och så vidare.

Mycket ofta är förstås konkreta 1–helheter **standardiserade enheter** för olika typer av storheter: till exempel 1–helheten/enheten *1 meter (m)* för storheter av kategorin/dimensionen [längd] eller enheten *1 kilogram (kg)* för storheter av kategorin/dimensionen [massa].

Vi ser alltså att själva *ordet enhet har minst 2 olika betydelser i (svenskt) matematiskt språkbruk*, betydelser som är viktiga att kunna skilja mellan: å ena sidan 'enheten' i den allmänna matematiska betydelsen av den tänkta 1–helheten, där inga begränsningar finns för vad denna kan vara — å andra sidan 'en enhet' i betydelsen av någon viss i samhällelig och vetenskaplig praktik standardiserad enhet. Ofta förstår människor (studenter) med ordet enhet eller enheten bara det här med standardiserade enheter, men det är viktigt att vara klar över båda innebörderna. Om behov finns kan man skilja mellan de två betydelserna genom att säga 'enhet i betydelsen en (delbar) 1–helhet' kontra 'enhet i betydelsen standardiserad enhet för mätning'.

Beroende på kontexten kan de aritmetiska uttrycken också läsas som:

2 3–delar *av en kilometer (km)*

2 3–delar *av en sekund (s)*

2 3–delar *av en amerikansk dollar (USD)*

2 3–delar *av (det geometriska) klotet*

Och så vidare *mutatis mutandis.*

Vad '1–helheten' eller '1 hel' kan motsvara i konkreta tillämpningar av matematiken kan alltså variera enormt. Vi kan tänka oss det som *i stort sett precis vad som helst som vår fantasi kan komma på.* Och i denna vår *exakta matematiska fantasi* kan den här valda 1–helheten delas och mångfaldigas (kopieras) utan någon given gräns. Vi får tala om fem miljarder enheter såväl som en nanodel av enheten. I det här matematiska "språkspelet", regionen av språket, är vi inte omedelbart bundna av vad som i den praktiska eller fysiska verkligheten är möjligt eller inte möjligt.[2]

[2]Termen "språkspel"

Helheten av den här regionen av språket med ord och beteckningar för tal och operationer på tal kunde vi kalla **det aritmetiska språket** eller – **språkspelet**, med intryck av en utav 1900–talets mest berömda filosofer, Ludwig Wittgenstein. Det här aritmetiska språket eller språkspelet är en väsentlig kärna av all matematisk modellering, alltså all representation av verkligheten i matematiska modeller.

Här är en lista med andra exempel på tänkbara 1–helheter ur olika praktiska, samhälleliga, vetenskapliga eller bara helt fantiserade sammanhang:

> en person, en häst, ett får, en katt, ett äpple, en säck ris, ett guldmynt, en vattentunna, en kladdkaka, en bordsskiva, ett paket mjöl, en dollar, en liter saft, ett kilogram, en persons längd, en meterstav, en geometrisk sträcka, ett varv på klockan, en ampere, en volt, en grad kelvin, ett dygn, ett varv för Jorden runt Solen, Jordens omkrets, Solens totala energiutstrålning under ett år, galaxen Vintergatans samlade massa, avståndet från Jorden till stjärnan Sirius — ... ...

Jag föreslår att läsaren som en nyttig övning för tanken broderar ut listan med fler exempel efter egen fantasi. 1–helheten behöver alltså inte vara en socialt överenskommen standardiserad enhet.

Här kan man grovt talat skilja mellan *faktiska* respektive *fiktiva (matematiska)* 1–helheter. Om någon i köket säger ”Ta ungefär två tredjedelar av russinpaketet till kakan, är du snäll” så handlar det om det förra. Om man däremot i samband med studiet av *geometrin* säger ”Den här kvadraten är två tredjedelar av rektangeln” så rör vi oss med en fiktiv helhet, *den geometriska figuren.* Man skulle också kunna säga att den geometriska kvadraten och rektangeln utgör *”rena idéer”* som i föreställningen, i den exakta fantasin, kan delas/mångfaldigas utan någon given gräns.

Huruvida de *konkreta* 1–helheter man rör sig med i *konkreta* sammanhang av tillämpningar och matematisk analys av verkligheten, *verkligen* skulle gå att dela och mångfaldiga hur många gånger som helst är en annan fråga — frågor som inte alla gånger har något självklart svar! De har en "filosofisk klang". Några exempel:

> Kan man dela/mångfaldiga 1–helheten '1 meter' eller '1 sekund' hur många gånger som helst?
>
> Finns det verkligen en temperatur på 10^{200} kelvin?
>
> Men är 1 pkt russin verkligen delbart i all oändlighet?
>
> Är en accelererad russinproduktion på 10^{30} paket russin per timme per timme ens en begriplig tanke?

Och så vidare, och så vidare.

Det är förstås inte alltid på sin plats att tala i termer av andelar av den räknade enheten: vissa 1–helheter föreställer vi oss omedelbart som ej delbara i mindre och mindre delar (diskret kvantitet). Då handlar det om att endast räkna hela antal. Vi kan till exempel säga "Jag har två bra förslag och du har ett — nu ser jag att dörren framåt inte är stängd." Men vi säger för det mesta inte saker som 'två tredjedelar av ett förslag'. Vi kan säga "Person A är tre fjärdedelar så lång som B", där det är underförstått att det som jämförs är personernas längder. Men vi säger (för det mesta) inte 'tre fjärdedelar av personen B'. Dock finns det situationer där det ändå kan vara på sin plats att tala om bråkdelar av något, trots att det för mesta inte har någon mening att tala på det sättet (alltså där sammanhanget inte inbjuder till det). Tänk nämligen på påståenden som "Vi får i genomsnitt in en halv ansökan per dag" eller "Svenska kvinnor skaffar i genomsnitt 1,8 barn". Visst kan sådana statistiska fakta ändå säga *någonting*?

Däremot är det ur rent matematisk synvinkel inte generellt angeläget att skilja mellan dessa olikheter i talbegreppens faktiska användningar i myriaden av konkreta situationer. De aritmetiska–algebraiska relationerna mellan talen kan ordnas och analyseras matematiskt, oberoende av den sortens olikheter i talbegreppens faktiska och typiska användningar. (Det är till exempel inte relevant för de matematiska relationer som fastslås att '1 person' i verkligheten inte är delbar i mindre delar.)

Det väsentliga här är att det aritmetiska språkspelet tillåter oss att tänka *som om* en given enhet — vare sig det är 1 meter, 1 regntunna, 1 kvadrat eller 1 person — alltid kunde delas och mångfaldigas precis hur många gånger som helst:

Själva det aritmetiska språket (språkspelet, kalkylen) tillåter alltid att 1–helheten behandlas som om den vore möjlig att dela/mångfaldiga (kopiera) utan någon given gräns.

1.3 Storleksförhållanden (proportioner)

Antag till exempel att någon tecknar av ett föremål och därvid säger:

> ”Härifrån sett är förhållandet mellan trädstammen och hela trädet med kronan ungefär som två till tre.”

Därigenom uttrycks ett **storleksförhållande**, **proportioner** (eng. *ratio, proportions*) som i detta fall avser relationen mellan längden på trädstammen och längden på hela trädet (trädstam samt trädkrona).[3] Om man delar hela trädets längd i tre lika stora delar, så utgör trädstammens längd två sådana delar.

Låt oss för att förklara eller påminna oss om den grundläggande idéen här ta ett annat exempel:

Exempel 1. Antag att någon jämför längden av en person Alfa (α) med längden av en annan person Beta (β) och säger:

> ”Alfa är till Beta ungefär som fyra till tre.”

Detta går på ett ut med att säga att ”Alfas längd är ungefär fyra tredjedelar av Betas längd”. I det här fallet skulle vi säga att *storleksförhållandet mellan Alfa och Beta är 4 3-delar*; man säger också att *storleksförhållandet ... är 4 till 3.* Det senare uttryckssättet kan med

[3] Det finns viss oklarhet kring ordet ”proportioner”. Här använder jag det som synonym till ”storleksförhållande” i denna matematiska betydelse.

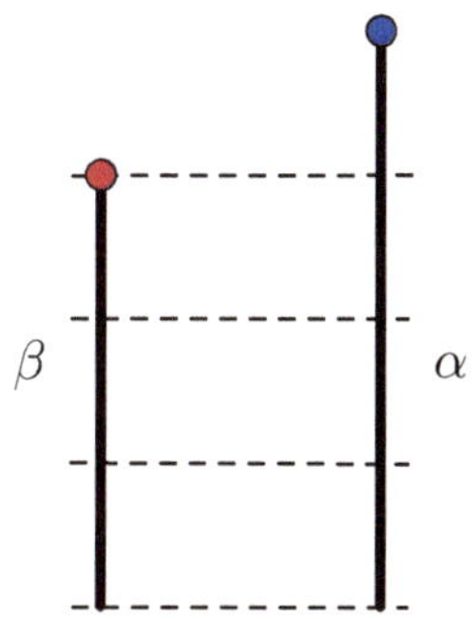

Figur 1: Alfas längd är fyra tredjedelar av Betas längd, eller med matematisk notation $\alpha : \beta = 4 : 3$. Storleksförhållandet, proportionerna mellan motsvarande sträckor i själva bilden är också fyra till tre.

matematisk notation skrivas

$$4 : 3$$

vilket alltså utläses *"4 till 3"*.[4] Om man tänker sig längden av Beta delad i tre lika stora delar så är Alfas längd på ett ungefär fyra sådana delar. För uttrycket *Alfa förhåller sig till Beta som fyra till tre* använder klassisk matematik också notationen:

$$\alpha : \beta = 4 : 3$$

Detta kan också utläsas: *"Alfa är till Beta som fyra till tre"*. □

Var uppmärksam på att det också går att tänka sig Alfas längd delad i fyra lika stora delar, i vilket fall Betas längd på ett ungefär är tre sådana delar. Därmed inser vi att om Alfa är till Beta som 4 : 3, så är Beta till Alfa som 3 : 4. Storleksförhållande är, kunde man säga, en sorts "symmetrisk" relation. Om jag säger: "Alfas längd är ungefär

[4]Detta skrivsätt har också använts och används fortfarande i en del läromedel som beteckning för bråktal respektive operationen division.

fyra tredjedelar av Betas" så får man tänka sig Betas längd som enhet för jämförelsen. Om jag istället säger: "Betas längd är ungefär tre fjärdedelar av Alfas" så får man tänka sig Alfas längd som jämförelsens enhet. Man kan också säga att "Betas längd är 0,75 av Alfas". Oavsett vilket uppfattar vi i matematikens tillämpning både Alfas och Betas längder som var för sig delbara 1–helheter.

Den bärande idéen, principen bakom egentligen all mätning är att ange ett — *åtminstone tänkt, föreställt* — storleksförhållande mellan den specifika storhet som ska mätas och enheten för mätningen.

Exempel 2. (a) Om man har mätt längden på en person och kommit fram till att denne är 1,70 meter kan detta tolkas som att storleksförhållandet mellan personens längd och *meterstaven* är 1,70. Med den notation vi införde

$$\text{personens längd} : \text{meterstaven} = 1{,}70 : 1$$

(b) På förpackningen står det att det ska vara 1,5 dl vatten till 0,5 dl okokt bovete. Det betyder att volymförhållandet bovete : vatten ska vara lika med 1 : 3, alltså "det ska vara tre delar vatten på en del bovete".

(b) Om man mäter vikten av en bit metall och kommer fram till att den väger ca 5 kg så är storleksförhållandet mellan metallklumpens vikt och *kilogramprototypens* vikt cirka 5:1. Om man lägger metallklumpen i ena vågskålen av en vanlig balansvåg krävs det alltså ungefär 5 stycken 1–kilogramsvikter i den andra vågskålen för att vågen ska vara i balans.

$$\text{metallklumpens vikt} : \text{kilogramprototypen} = 5 : 1$$

□

Vid faktisk empirisk mätning är, som sagt, den delbara enheten oftast en standardiserad enhet för en viss kategori (dimension) av storheter längd, massa, temperatur, och så vidare.

Exempel 3. Ännu en exemplifiering av begreppet storleksförhållande erbjuder det berömda "gyllene snittet". Låt oss titta på den så kallade **gyllene rektangeln**. Bland annat används juridiska pappersark enligt ungefär dessa proportioner i vissa länder, exempelvis Indien. I en gyllene rektangel förhåller sig längden till bredden som det gyllene snittet φ (det grekiska alfabetets lilla "fi"). Enligt definitionen av **det gyllene snittet** betyder detta att bredden delar längden i en punkt som är sådan att den mindre delen av längden förhåller sig till den större, som den större till hela längden. Man kan nämligen relativt enkelt visa att därmed

$$\varphi = \frac{\sqrt{5}+1}{2}$$

Det gyllene snittet är ett irrationellt tal, det vill säga det kan inte uttryckas exakt som ett enda bråk, men till tre decimalers noggrannhet är

$$\varphi = 1{,}618\ldots$$

I figur 2 visas en gyllene rektangel. □

Figur 2: En gyllene rektangel. Här gäller, per definition av 'gyllene rektangel', att $AB : BC = \varphi : 1$. Uttryckt i termer av de fyra räknesätten gäller för sidlängderna att $|AB|/|BC| = \varphi$, det gyllene snittet.

1.4 Storhet, mätetal, enhet och dimension

Vi fortsätter utläggningen kring begreppet 'storhet' från första avsnittet. Utanför den rena matematiken — i fysik, kemi, biologi, ingenjörskonst, ekonomi, med mera — rör man sig med olika slags **storheter**. Detta motsvaras närmast av engelskans *physical quantity*, men ordet innefattar också ekonomiska och andra slags storheter utanför verksamhetsområdena fysik, kemi och biologi.

Här är några exempel på storheter:

- den totala arean hos väggarna i vardagsrummet
- datorns hastighet för dataöverföring vid en given tidpunkt
- den genomsnittliga lönen för anställda i en viss kommun
- landets bruttonationalprodukt (BNP)
- vinkeln upp till toppen av trädet
- bromssträckan för en bil
- volymen av en oljetank
- tiden det tar för en blykula att falla till marken från en viss höjd
- massan av ett krockande tåg
- spännkraften i en fjäder
- temperaturen i en sluten behållare
- spänningen över ett batteri i en sluten elektrisk krets
- ljusstyrkan från en bit brinnande magnesium
- koncentrationen av salt i en sjö
- hastigheten hos en raket som lämnar jordytan
- sveparean för en planets bana mätt i förhållande till Solen

Med en storhet menas (i det här sammanhanget och inom naturvetenskap, nationalekonomi, och så vidare) med andra ord något som låter sig mätas eller bestämmas genom att man uppger ett **mätetal** och en **enhet** för storheten. Tabellen i figur 3 visar de vanligaste enheterna för storheter inom några viktiga kategorier/dimensioner.

Mätetalet för en storhet i samband med faktisk experimentell eller observationell mätning är alltid ett rationellt tal, typiskt ett rationellt tal på decimalform.[5] Detta förtjänar att understrykas: i den utsträckning vi har att göra med en faktisk mätning, har den aldrig som resultat ett irrationellt tal (lika litet som den har ett "oändligt antal" decimaler). Inkommensurabilitet och irrationella tal är något som strikt framträder endast vid den teoretiska matematiska analysen av geometriska och andra matematiska förhållanden.

Storhet (dimension)	**Enheter**
Längd/ avstånd	mm, m, cm, dm, km, mil, ljusår (ly)
Area	mm^2, cm^2, dm^2, m^2, km^2, ar, ha
Volym	mm^3, cm^3 (ml), dm^3 (l), m^3, km^3
Vinkel	varv, rad, $^\circ$, ^{g}
Tid	ms, s, min, h, dygn, år
Massa	mg, g, kg, hg, ton (Mg)
Hastighet	m/s, km/h, ...
Acceleration	m/s^2, km/h^2, ...
Kraft	N (newton = kgm/s^2)
Energi & arbete	J (joule = Nm)
Temperatur	K (kelvin), °C (Celcius), °F (Fahrenheit)
Ljusstyrka	Cd (candela)
Substansmängd	mol
Elektrisk ström	A (ampere)
Elektrisk spänning	V (volt)
Elektrisk laddning	C (coloumb)

Figur 3: Vanliga storheter och därmed förknippade enheter. De grundläggande enheterna i SI är meter, sekund, kilogram, ampere, kelvin, candela och mol. De övriga enheterna säges vara härledda, ibland helt enkelt genom ett prefix.

Både enheten och den storhet man vill mäta tillhör samma kategori eller typ av storheter. I naturvetenskapen kallar man denna kategori för storhetens respektive själva enhetens **dimension**. Exempel på dimensioner är *längd, area, volym, tid, massa, kraft.* Dimensionen för en storhet eller enhet skrivs ibland inom hakparenteser, till exempel

[5]Även om man skulle mäta multipler av någon kvadratrot till exempel, så är fortfarande detta antal multipler man mäter/räknar ett rationellt tal.

[L] för dimensionen längd, [T] för storhetsdimensionen tid och [M] för massa.

Det etablerade internationella systemet för vetenskaplig mätning heter *Système International d'unités* ("The International System of - Units"), förkortat **SI**. Det infördes strax efter den franska revolutionen och började breda ut sig från början av 1800–talet, även om det har tagit lång tid att verkligen få det "internationellt". SI är infört i de flesta av världens länder, med några få undantag (bland annat USA). I Sverige fick vi börja vänja oss vid metersystemet från början av 1880–talet.

SI innehåller sju **grundenheter**: meter (längd), sekund (tid), kilogram (massa), ampere (elektrisk strömstyrka), kelvin (absolut temperatur), candela (ljusstyrka) samt mol (substansmängd). Enheterna meter och sekund har idag mycket komplicerade vetenskapliga definitioner, men kilogrammet definieras fortfarande helt enkelt genom en konkret *kilogramprototyp*, bestående av en liten metallcylinder placerad inuti ett valv i Paris med stränga säkerhetsåtgärder. Övriga enheter tillhörande SI säges vara **härledda**, på vilket exempel är enheterna för acceleration (meter per sekund per sekund, förkortat $\mathrm{m/s^2}$), kraft (newton) och energi (joule).

Andra enheter, såsom millimeter och kvadratkilometer 'härleds' eller erhålles helt enkelt genom ett **prefix**: milli (= tusendel), centi (= hundradel), deci (= tiondel), hekto (= hundra), kilo (= tusen), med mera.

Mätvärdet på en storhet uppges ofta enligt det allmänna skrivsättet

$$STORHET = MÄTETAL\ (stycken\ av)\ ENHET$$

vilket torde vara väl bekant för läsaren.

Exempel 4. (a) Den uppmätta massan 2,5 kilogram kan uppges kort som

$$m = 2{,}5\ \mathrm{kg}$$

Det står: "(Massan) m är 2,5 kilogram". Storheten, betecknad med bokstaven "m", kunde till exempel vara massan hos en liten sten i rörelse; storheten anges eller har uppmätts med mätetalet 2,5 i SI–grundenheten kilogram.

(b) Kontosaldot (kapitalet) 25 000 amerikanska dollar kan uppges kort som

$$K = 25\ 000 \text{ USD}$$

Här kan man säga att 'enheten' är den amerikanska valutan dollar.

(c) Den uppmätta temperaturen 95,1 grader Celsius för vätskan i en termos kan uppges som

$$T = 95{,}1°\text{C}$$

där T betecknar vätskans temperatur medan den befinner sig i behållaren. Det står: "(Temperaturen i behållaren) T är 95,1 grader Celcius". □

Exempel 5. *Ljusets hastighet i vakuum* c är en fysikalisk konstant. Dess ungefärliga värde är

$$c \approx 300\ 000 \text{ km/s}$$

Dess exakta värde är

$$c = 299\ 792\ 458 \text{ m/s}$$

Att värdet är exakt (!), även om det kanske låter märkligt, beror på att man av olika anledningar har tagit detta värde som en del av definitionen av enheten 'meter' i den moderna fysiken. Ljuset rör sig per definition si och så många meter på enheten 1 sekund. Det vill säga, enheten meter är strängt taget definierad utifrån enheten sekund för tid och ljusets rörelse genom tomrummet. Den moderna enheten sekund har, sedan år 1967, i sin tur en mycket precis vetenskaplig definition i termer av den tid det tar för ett bestämt, mycket stort antal svängningar hos en viss isotop av grundämnet cesium (Cs–133) att fullbordas. □

I fysiken gör man dessutom åtskillnad mellan *skalära storheter* och *vektorstorheter*. Skillnaden består i att en skalär storhet, såsom massa eller tid, endast har *storlek* eller *magnitud*, medan en vektorstorhet, såsom hastighet eller kraft, dessutom har *riktning* i 'rummet'. En storhet kan i undantagsfall även, som man säger, sakna enhet. I detta fall talar man om en *dimensionslös* storhet. Exempel på dimensionslösa storheter i fysiken är optiskt brytningsindex $n_{\text{ämne}}$ och den statiska och den kinetiska friktionskoefficienten μ_s respektive μ_k.

Speciella matematiska konstanter, såsom talet π eller talet e, kan av naturvetare också talas om som "storheter", och i dessa fall blir de förstås "dimensionslösa", eftersom de är rent matematiska. Ur en synvinkel låter det inte så konstigt att kategorisera alla möjliga tal genom att säga att de är "Ja, storheter — men enhetslösa/dimensionslösa", ur en annan synvinkel kan det låta en smula märkligt, givet det normala kravet på att en storhet mäts i någon enhet. (Låter det inte lite märkligt att säga: "Metallkulan vägdes och uppmätte 2,5 kilogram på vågen, alltså till lika många kilogram som den dimensionslösa storheten 2,5"?) Det viktiga här, tror jag, är att man har tillgång till ett språk som också gör det lätt att skilja mellan storheter kontra matematiska talsymboler. Mer om likheter och skillnader mellan storheter och talsymboler i kommentarsavsnittet.

I en annan men besläktad mening kan man tala om ett *föremåls* "dimensioner", och då menar man helt enkelt måtten på längd, bredd och höjd. Formen för att ange måtten på ett rum i en bostad eller en kartong är "längd x bredd x höjd"; det kan till exempel stå "7 dm x 4 dm x 3 dm". Man kan också tala om *rummets tre dimensioner*. Med rummets dimensioner sammanhänger våra *kroppsliga rumsbegrepp* om framåt–bakåt, vänster–höger och uppåt–nedåt. Termen 'dimension' har dessutom andra viktiga användningar i matematiken och fysiken, som är analoga men utvidgade i jämförelse med våra vanliga kroppsliga rumsbegrepp. I Einsteins speciella och allmänna relativitetsteori talar man om ”den 4–dimensionella rumtiden”, som dessutom säges kunna vara ”krökt”. I vissa områden av teoretisk–matematisk fysik rör man sig med ”10–dimensionella rum” eller till och med ”26–dimensionella rum”. Dessa ordkonstellationer ges matematiskt precis och beräkningsmässig innebörd inom matematikgrenar som analys, differentialgeometri och topologi.

1.5 Noggrannhet och osäkerhet — fel och felgräns

När man *faktiskt* (i laboratoriet eller observatoriet) mäter en fysikalisk storhet är det dessutom viktigt att man uppger rimliga, realistiska, *felgränser* för mätvärdet. Man utgår ifrån att varje empirisk mätning eller observation av en (kontinuerligt varierbar) storhet har ett visst fel, en viss osäkerhet i sig. Varje mätning förlänas bara en viss *noggrannhet*, som av princip aldrig antas vara exakt med marginalen noll.

Antag till exempel att man med ett vanligt måttband (av någon anledning) mäter bredden på en ytterdörr. Det vore då obefogat eller ”opassande” att behandla det mätvärde man får som korrekt ned till minsta ångström (Å), givet den noggrannhet måttbandet tillåter. Dessutom finns vissa andra typer av svårigheter inblandade i situationen. Skulle man titta på kanten av dörren i mikroskop upptäcker man att det inte finns någon sådan skarp och rak gränslinje; det ser mer ut som en kuststräcka med stora variationer. På en atomär nivå rör sig hela tiden atomerna och byter plats. Skulle man mäta dörrens bredd med något slags extremt precisionsinstrument vore det kanske lämpligare att titta på medelvärdet av tusentals enskilda mätningar och beräkna standardavvikelsen.

Hur som helst hamnar man i svårigheter, om man försöker behandla mätvärden som ”absolut exakta”. Och dessa svårigheter har dels att göra med själva mätinstrumenten och är dels av principiell art — det handlar om att det inte är självklart att frågan ”Vad är det absolut exakta värdet på storheten?” ens är *meningsfull*. Vad är din egen exakta längd till exempel — har det någon mening att fråga efter det?

Det är alltså en **grundläggande formell mätningsprincip** som relaterar de övergripande metoderna 'storhet', 'mätetal', 'felgräns' och 'enhet' till varandra:

Det är i vetenskapen en heltäckande metodologisk princip att ingen mätning (av en kontinuerlig storhet) förväntas vara exakt till vilken skala som helst. Man räknar alltid med att mätningen har en viss noggrannhet, en viss upplösning, ett 'fel' som ligger inom någon viss felgräns större än noll.[6]

Det bör, kanske, tilläggas att den allmänna mätningsprincip som vi här talar om inte omedelbart har att göra med den så kallade "Heisenbergs osäkerhetsrelation" ur kvantmekaniken, utan detta är en genomgående princip som är giltig inom klassisk fysik och all empirisk vetenskap, som de flesta av oss nog inte skulle uppfatta som särskilt förvånande. Det är ju inget särskilt förvånande över inställningen att *en mätning av en kontinuerlig storhet bör betraktas som ett intervall och inte förväntas vara en ensam punkt av värde på storheten.*[7]

Med en **feluppskattning** menas följaktligen att ange ett intervall av rationella tal inom vilket 'det exakta' eller 'egentliga' värdet på storheten föreställs ligga efter mätningar och beräkningar. Det är ungefär som att säga: "Den här storheten som vi försöker bestämma kvantitativt ligger åtminstone inte *utanför* det här intervallet."

---

[6]Det är i matematiken vanligt att felgräns betecknas med litet grekiskt epsilon

$$\varepsilon$$

varpå man kan skriva "$\varepsilon > 0$".

[7]En del rekommenderar istället termen *Heisenbergs obestämdhetsrelation*, bland annat för att undgå förväxlingen med den vanliga felanalysens begrepp om mätfel och osäkerhet i mätningar. Det handlar om två helt olika saker. Heisenbergs obestämdhetsrelation är en teoretisk princip inom modern fysik, som gör att denna avviker från det teoretiska ramverket i klassisk fysik, och som har implikationer man uppfattat som förvånande (till exempel omöjligheten av någon enkel kausal trajektoriebild av en kvantmekanisk partikels rörelse).

Ett vanligt skrivsätt för att uttryckligen uppge **felgräns, osäkerhet** eller **noggrannhet** i speciellt naturvetenskaperna är

$$STORHET = MÄTETAL \pm FELGRÄNS \text{ (stycken av) } ENHET$$

Exempel 6. Antag att man har uppmätt massan 2,53 kg på en bit koppar med felgränsen 0,01 kg. Då får man i naturvetenskapen skriva på det här kortfattade sättet:

$$m = 2{,}53 \pm 0{,}01 \text{ kg}$$

Det står: "(Massan av kopparbiten) m är 2,53 plus minus 0,01 kilogram". Det innebär att massan ligger, eller kanske bättre *förväntas* ligga, någonstans i intervallet från 2,52 till 2,54. Storheten här är kopparbitens massa (m), mätetalet är 2,53, felgränsen är 0,01 och enheten är kilogram (kg). Enhetens dimension är helt enkelt *vikt* eller *massa*, eller [M]. □

I det speciella fall där den undre och övre feluppskattningen ligger på olika avstånd från mätetalet får man istället använda något annat skrivsätt. Man kan i texten ange en undre respektive övre gräns för felet, såhär exempelvis:

$$2{,}53 - 0{,}02 \leq m \leq 2{,}53 + 0{,}01 \text{ kg}$$

Man skulle också kunna skriva

$$m = 2{,}53 \text{ kg} \quad -0{,}02/+0{,}01$$

eller något åt det hållet.

Vidare gäller: *Om felgränsen inte är uttryckligen angiven utgår man som allmän regel från att den är bestämd genom antalet* ***gällande siffror*** *i mätetalet.*

Exempel 7. I en övning ur en lärobok i fysik för universitetet får man informationen att massan hos en liten positivt elektriskt laddad kula är

$$m = 2{,}530 \text{ kg}$$

Då ska man utgå ifrån att antalet gällande siffror är fyra. Den sista gällande siffran 0 är den som är osäker.

Normalt skulle man vid en beräkning här utgå ifrån att felgränsen som *högst* är 0,001 kg (men det kan också av sammanhanget eller övningen framgå en något finare felgräns). Det innebär alltså att

$$2{,}529 \text{ kg} \leq m \leq 2{,}531 \text{ kg}$$

Om man däremot vet att värdet är avrundat kan man i så fall konstatera den finare felgränsen 0,0005 kg. Det innebär i så fall att man i beräkningarna får utgå ifrån att

$$2{,}5295 \text{ kg} \leq m \leq 2{,}5305 \text{ kg}$$

□

Feluppskattning inom naturvetenskaperna hör till ett område som kallas *felanalys*, och ingår som ett kursmoment i varje utbildning till ingenjör eller fysiker. Feluppskattning i matematiken hör till områden som *approximationsteori* och *numerisk analys*.

1.6 Storheter jämfört med matematiska talsymboler

Var uppmärksam på skillnader och samband mellan det naturvetenskapliga (fysikaliska) begreppet 'storhet' eller 'physical quantity' och matematikens begrepp 'tal' eller 'number'.

En *storhet* är något som kan mätas (eller som man åtminstone tänker, föreställer sig som mätbart), och därvid uppges *mätetal*, *enhet* och *felgräns*. Mätetalet i sin tur är, uttrycks genom någon matematisk talsymbol.

En *matematisk talsymbol* har aldrig någonsin någon enhet eller dimension. Mätetalet för en storhet är visserligen ett tal, men ett tal har i sig självt inte någon enhet, såsom kilogram, meter eller sekund. (Härmed sammanhänger den newtonsk–cartesianska konceptionen om ett tal som ett abstraherat storleksförhållande.) Exempel på talsymboler är

$$2 \quad \frac{5}{8} \quad 1{,}618 \quad \sqrt{2} \quad \pi$$

alltså talet två, talet fem åttondelar, talet ett komma sexhundraarton, talet kvadratroten ur två samt talet pi.

I matematiken talar man inte om att ”mäta” en rent matematisk kvantitet — såsom storleksförhållandet mellan diagonalen och sidan i en kvadrat eller en aritmetisk–algebraisk talsymbol såsom talet e — utan man säger att man antingen *bestämmer* kvantiteten exakt eller så *approximerar* man den genom att beräkna ett visst *närmevärde* till den *inom felgränsen, med felet, med noggrannheten* si och så eller med si och så många decimaler. Talet är så att säga *måttet* och inte *det mätta.*

Exempel 8. Storleksförhållandet mellan omkretsen och sidan i en kvadrat är exakt 4:1 — det är inte en approximation. Storleksförhållandet mellan diagonalen och sidan i kvadraten däremot kan inte uttryckas exakt som ett enda bråk. En mycket grov approximation av storleksförhållandet är 3:2. Det betyder att diagonalen är cirka 3 halvor (2–delar) av sidan. Storleksförhållandet mellan omkretsen och diametern i en cirkel kan approximeras med närmevärdet 3,14 till två decimaler. Omkretsen är på ett ungefär lika lång som diametern tagen 3,14 gånger. □

Avsaknaden av fysikaliska enheter för matematiska talsymboler är en *fundamental skillnad* mellan fysikaliska storheter och dessa matematikens tal. Men en *viktig likhet* mellan fysikaliska storheter och matematikens reella tal är förekomsten av och den absoluta relevansen av *feluppskattning.* En skillnad återigen är att 'felgränsen' i fallet med fysikens storheter handlar om att man gör *empiriska mätningar i la-*

boratorier, och därför får in ett element av osäkerhet, medan 'felgränsen hos ett närmevärde' till ett reellt tal är något som *beräknas* på papper eller med en dator och uppskattas genom *matematiska* resonemang och inte naturvetenskapliga. I matematikens fall handlar det inte om någon *empirisk* osäkerhet — inte ens när man räknar fel av misstag!

Detta är ett exempel på *logisk–begreppsliga skillnader mellan matematik och naturvetenskap* såsom mänskliga verksamheter.

2 Lock/portar

Teorifrågor

F1. (a) Vad är skillnaden mellan diskret respektive kontinuerlig kvantitet?

(a) Ge tio exempel på saker som kan tänkas som enhet (1–helhet) i samband med mätning eller räkning.

(b) Ge tre exempel på situationer när det kan låta märkligt att tala i termer av bråkdelar av något.

F2. Vad betyder påståendet att "Sträckorna AB och CD står i storleksförhållandet (proportionerna) $2:5$"?

F3. (a) Vad menas med en *storhet* i vetenskap och teknologi?

(b) Kan du ge tio exempel på storheter?

(c) Hur förhåller sig storhet, mätetal, enhet och felgräns till varandra?

F4. (a) Hur betecknas det internationella systemet för vetenskaplig mätning?

(b) Vilka kategorier (dimensioner) av storheter har grundenheter i systemet?

(c) Vilka är dessa grundenheter?

(d) Ge tre exempel på härledda enheter.

F5. Är en mätning någonsin exakt ned till vilken skala som helst?

F6. Vad finns det för viktiga skillnader och likheter mellan fysikaliska storheter och matematiska talsymboler?

Problem

P1. I figur 4 visas två sträckor S och T. Uppskatta/bestäm storleksförhållandet mellan S och T med hjälp av: (a) "det nakna ögat" (b) linjal

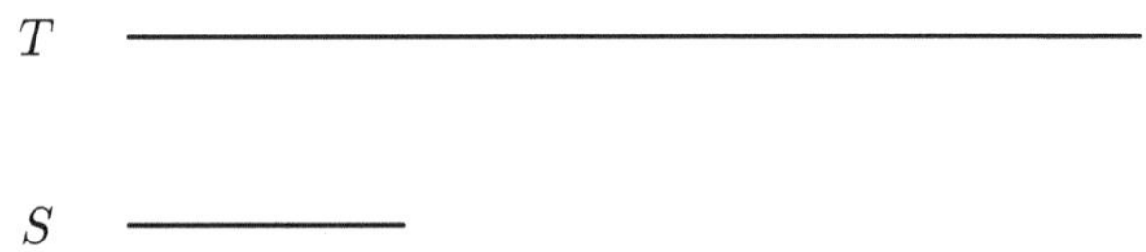

Figur 4: Bedöm storleksförhållandet/proportionerna mellan de två sträckorna.

P2. I en kemibok står det att ämne 1 har volymen $V = 3,301 \pm 0,002$ cm^3 vid en viss temperatur. Inom vilken feluppskattning (intervall) förväntas volymen ligga?

De fyra räknesätten: grundläggande aritmetiska operationer i tillämpningar

Artikel 2

Innehåll

Abstract

I det här kapitlet påminner vi oss om och försöker en översiktlig framställning av grundläggande eller principiella idéer bakom de fyra räknesätten. För operationerna subtraktion och division finner vi allmänna matematikvetenskapliga definitioner, för addition och multiplikation är alla egentliga, tekniska definitioner baserade på vilken typ av tal det rör sig om: positiva heltal, bråk, negativa tal, reella tal, komplexa tal. Vi tittar på några exempel på typiska tillämpningar av de fyra räknesätten i geometri, ekonomi, teknik och naturvetenskap.

1 Kärninnehåll

1.1 Begreppet aritmetisk operation

En **aritmetisk operation** tar ett, två eller fler tal som *indata (operander, argument)* och returnerar ett enda tal som *utdata (operationens resultat, funktionsvärde)*. En aritmetisk operation är alltså ett speciellt exempel på vad som i abstrakt algebra kallas för en *operation*, i vidare mening, vilket i sin tur är en speciell typ av *funktion, avbildning* i mängdlärans mening.

Man håller sig med fyra grundläggande aritmetiska operationer i elementär aritmetik och matematiken överhuvudtaget. Dessa **de fyra räknesätten** är: addition, multiplikation, subtraktion och division. Eller: 'plus', 'gånger', 'minus' respektive 'delat med'. På engelska kallas de för *the four elementary arithmetic operations*, och man kunde också använda en liknande term på svenska som synonym till 'de fyra räknesätten': **de fyra första aritmetiska operationerna**.[1] Dessa är långt ifrån de enda aritmetiska operationer man studerar i matematiken, men de är förstås grundläggande i matematikundervisning och i matematikens tillämpningar i samhälle, teknik och vetenskap.

Vad är exempel på aritmetiska operationer utöver dessa fyra? Till att börja med *potenser och rötter* (kvadratrötter, kubikrötter, etc), vilka är aritmetiska operationer. Studiet av rötter och potenser ingår oftast i viss utsträckning i grundläggande matematikundervisning. Man kan dessutom konstruera oändligt många olika aritmetiska operationer,

[1] Eller "de fyra elementära aritmetiska operationerna". Termen 'elementär funktion' har dock en vidare betydelse i matematisk analys, vilket gör det till ett mindre lämpligt ordval.

helt enkelt genom att kombinera de ovan nämnda på olika sätt.

Exempel 1. Låt oss använda $\star$ som allmän (variabel) beteckning för en aritmetisk operation.

(a) Vi kan sätta $x \star y = (x+y)/2$ (det *aritmetiska medelvärdet*). I så fall är till exempel $2 \star 3 = (2+3)/2 = 5/2 = 2,5$.

(b) Eller så kan vi sätta $x \star y = (x-y)^2$, vilket ger $2 \star 3 = (2-3)^2$ $= (-1)^2 = 1$.

(c) Med $x \star y = xy + 1$ skulle vi få $2 \star 3 = 2 \cdot 3 + 1 = 6 + 1 = 7$.

(d) Med $x \star y = \sqrt{xy}$ (det *geometriska medelvärdet*) erhålles $2 \star 3 =$ $\sqrt{2 \cdot 3} = \sqrt{6} = 2,449\ldots$ □

Låt oss inleda analysen och beskrivningen av de fyra räknesätten med en *preliminär analys*, där vi påminner oss om 'tanken bakom' operationerna genom *lösa beskrivningar (principskisser, scheman)* kombinerade med en lagom *blandning av exempel.* De här första 'intuitiva' principskisserna för operationerna räcker definitivt inte hela vägen för att faktiskt kunna operera med och göra numeriska beräkningar med dem. Inte heller finner man några allmänna definitioner i matematikvetenskapens mening, liknande definitioner för primtal eller funktion. Detta ligger, tror jag, i sakens natur. Generellt gäller följande:

Istället för något sådant som en enda enhetlig "definition" av de fyra räknesätten som aritmetiska operationer, har man exakta specifikationer för hur summan av två tal faktiskt ska beräknas, vilket egentligen möter samma behov, med det tillägget att dessa specifikationer är beroende på vilka specifika taltyper som är involverade: om det är positiva heltal, bråk, negativa tal, och så vidare.

De 'tekniska' specifikationer och närliggande definitioner man har i matematikvetenskapen går vi in på i dokumentet "Rationell aritmetik: vetenskapliga beskrivning och numeriska beräkningar av de fyra räknesätten i $\mathbb{Q}$". I "Bråkräkning: de rationella talens grundritning" ges en detaljstudie av bråkräkningens grundläggande begrepp och regler. De fyra räknesätten med reella tal generellt, alltså inklusive irrationella talsymboler, går vi in litegrann på i artikeln ”Reell aritmetik”.

För decimalt representerade rationella tal finns de (mer eller mindre) bekanta algoritmiska, 'mekaniska', sätten att utföra beräkningar av de fyra räknesätten. Dessa algoritmer ger olika uppställningar för operationerna, såsom multiplikationsuppställning, ”liggande stolen”, ”trappan”, och så vidare. En närmare analys av den elementära aritmetikens algoritmer erbjuds i dokumentet ”Algoritmer för de fyra räknesätten med decimaltal: en analys”.

Det finns ett antal olika så kallade *räknelagar (kroppsaxiomen)* som är giltiga för alla taltyper, åtminstone upp till och med de komplexa talen, därtill ett antal *ordningslagar (ordningsaxiomen)* giltiga för rationella och reella tal. Tre fundamentala, centrala räknelagar är *kommutativitet*, *associativitet* och *distributivitet*. Både addition och multiplikation är kommutativa samt associativa operationer. Man talar också om *den kommutativa lagen* och *den associativa lagen* för multiplikation respektive addition. *Den distributiva lagen* säger att *multiplikation är distributiv över addition* (det omvända gäller inte). Mer om allmänna räknelagar för addition och multiplikation i dokumentet ”Att analysera de allmänna räknelagarna” och ”Algebrans härledning ur kroppegenskapen”.

1.2 Addition

Addition är det tekniska, vetenskapliga namnet för operationen *'plus'* eller *'summan av'*. Det finns ingen allmän matematikvetenskaplig definition av addition, men *löst talat* är den grundläggande idéen bakom operationen 'A plus B' *att räkna/mäta hur många enheter A stycken enheter och B enheter av samma sort utgör sammantaget.* Det är att ”räkna samman” en kvantitet tillsammans med en annan kvantitet av samma sort och se ”hur mycket det blir allt som allt”. Kanske kunde man säga att detta är principskissen eller ett schema för de flesta tillämpningar av addition.

Om man till exempel har fem röda äpplen i en låda och sju i en annan, så har man fem plus sju röda äpplen allt som allt. ”Fem plus sju” kan också sägas ”Summan av fem och sju”. Fem och sju tillsammans är lika mycket som tolv (av något). Med matematisk notation skriver vi det matematiska sambandet:

$$5 + 7 = 12$$

I uttrycket 'fem plus sju' utgör talen 5 respektive 7 **termer** och resultatet eller utdata till operationen, i detta fall talet 12, kallas för **summan**. Såhär kan man sammanfatta relationerna mellan indata och utdata:

$$term + term = summa$$

Exempel 2. *”Vardagsmatematik”.* (a) Om den ene har två hela och en halv säckar potatis och den andre har sju hela och en halv säckar potatis, så har de tillsammans lika mycket som summan av två hela och en halv och sju hela och en halv säckar potatis. Denna summa är precis lika mycket som tio säckar. Med matematisk notation:

$$2\frac{1}{2} + 7\frac{1}{2} = 10 \text{ säckar}$$

(b) Om man har 1,75 liter vatten i en flaska och 2,50 liter i en lite större vattendunk, då har man allt som allt 1,75 plus 2,50 liter till förfogande. Summan av 1,75 och 2,50 är lika mycket som 4,25 av något. Med matematisk notation:

$$1{,}75 + 2{,}50 = 4{,}25 \text{ liter}$$

□

Här är ett antal olika sätt att i det verbala språket utläsa det aritmetiskt giltiga påståendet '$5 + 7 = 12$':

5+7=12

$\rightleftarrows$

Fem plus sju är lika med tolv

Fem plus sju är lika mycket som tolv

Talet fem plus sju är lika med talet tolv

Summan av fem och sju är tolv

Summan av fem och sju är precis lika mycket som tolv av en given enhet

Om man har fem där och sju där så blir det tolv totalt

Fem sju blir tolv

Five plus seven equals twelve

The sum of five and seven is twelve

Fünf plus sieben gleich zwölf

Det finns som vi ser otaliga sätt att i ord, i verbalt språk uttrycka och med vanlig alfabetisk skrift skriva ned motsvarande matematiska samband, men (nästan) bara ett typiskt sätt att anteckna det i den internationellt standardiserade matematiska notationen.[2]

De faktiska reglerna för beräkning av och opererande med addition måste formuleras och förklaras etappvis. ”Vad blir summan av två bråk?” ”Vad blir summan av två negativa tal?” ”Hur beräknas en summa där ett av talen är irrationell?” Och så vidare. Dessa mer specifika regler, metoder och principer framgår av övriga dokument i artikelserien.

1.3 Multiplikation

Multiplikation är det tekniska namnet för operationen *’gånger’* eller *’produkten av’*. Den första tanken bakom operationen ’A gånger B’ är så att säga *att samla ihop och räkna hur många enheter A gånger, multipler, ’kopior av’ B stycken enheter utgör allt som allt.* Återigen

[2] I en del programmeringsspråk behöver man skriva summan på annat sätt, t.ex. med funktionsnotation som (+ 5 7).

kunde man kanske säga att detta är principskissen eller ett allmänt schema för tillämpningar av operationen multiplikation.[3]

Så ger exempelvis 5 kopior av 7 enheter 35 enheter totalt, motsvarande det aritmetiska sambandet 'fem gånger sju är lika med trettiofem'. Med sedvanlig matematisk notation:

$$5 \cdot 7 = 35$$

1,5 kopior av 7 enheter ger 10,5 enheter totalt, motsvarande satsen

$$1{,}5 \cdot 7 = 10{,}5$$

I ett uttryck som 'fem gånger sju' utgör talet fem **multiplikator** och talet sju **multiplikand**. Multiplikatorn anger just *hur många gånger* multiplikanden så att säga skall tas, upprepas, kopieras. Resultatet eller utdata till operationen, i detta fall talet trettiofem, kallas för **produkten**. Vi kan sammanfatta såhär:

$$\textit{multiplikator} \cdot \textit{multiplikand} = \textit{produkt}$$

Både multiplikatorn och multiplikanden kallas också för **faktorer** vid multiplikationen:

$$\textit{faktor} \cdot \textit{faktor} = \textit{produkt}$$

Det finns en poäng med att man genom själva terminologin uppmärksammar i vilken ordning faktorerna står, vilket blir tydligare när man tittar närmare på typiska tillämpningar av och de allmänna algebraiska räknelagarna för multiplikation. Men i praktiken behöver man sällan bry sig om distinktionen mellan multiplikator och multiplikand, på grund av kommutativiteten.

Om till exempel en back läsk innehåller tjugo flaskor och man har tio backar, så har man tio gånger tjugo läskflaskor totalt. Här är några fler

[3]Låt dig inte bli förvirrad av ordet 'av': det kan syfta på dels andel av men också gånger, kopior av.

typiska exempel på problemställningar där operationen multiplikation är relevant och passande:

Exempel 3. (a) En skeppslast innehåller 250 lådor med ris och annat spannmål. Varje låda väger 30 kg. Hur mycket väger den totala lasten spannmål?

(b) Den amerikanska dollarns värde den 3 februari år 2018 är 1 USD = 7.90513834 SEK. Hur många kronor får man för 1000 dollar?

(c) 29% av personer som röstade på parti A var för förslaget om lägre skatt på ekologiska varor. 14% av den totala befolkningen röstade på parti A. Hur många procent av befolkningen röstade både på parti A och var för förslaget om lägre skatt?

(d) En rektangel har sidorna 103,8 respektive 57,6 centimeter. Hur stor area har den?

Lösning till P3(a). Eftersom den fråga vars besvarande löser problemet är "Hur mycket blir 30 kg taget 250 gånger?" så är det passande räknesättet multiplikation. Vi beräknar:

$$250 \cdot 30 = 7500$$

Slutsatsen är att lasten väger totalt 7500 kg, alltså 7,5 ton.

P3(b). Vi behöver beräkna hur mycket 7,90513834 blir taget 1000 gånger:

$$\text{belopp i svenska kronor} = 1000 \cdot 7{,}90513834 = 7905{,}13834 \approx 7905 \text{ kr}$$

Man får ungefär 7905 kr, eller i runda siffror 8000 kr.

P3(c). Lösningen på problemet får vi genom att besvara frågan "Hur mycket är 29 hundradelars 'kopior' utav 14 hundradelar av en given helhet?", där 1–helheten i detta fall utgörs av den totala befolkningen.

Räknesättet är multiplikation, en smula bråkräkning:

$$0{,}29 \cdot 0{,}14 = \frac{29}{100} \cdot \frac{14}{100} = \frac{29 \cdot 14}{100 \cdot 100} = \frac{406}{10000} = 0{,}0406 \text{ enheter}$$

Det vill säga 4,06 %. Svaret på frågan är ”4,06 procent av befolkningen röstade både på parti A och var för förslaget om sänkt skatt.”

P3(d). För att bestämma hela rektangelns area kan vi börja med att tänka oss en rad av 103,8 enhetskvadrater var och en med sidan 1 cm. För att täcka hela rektangeln med enhetskvadrater behöver vi ta 57,6 kopior av en sådan rad av kvadratcentimetrar. Räknesättet är multiplikation:

$$A = 57{,}6 \cdot 103{,}8 = 5978{,}88 \approx 5978{,}9 \text{ cm}^2$$

Här känner vi igen areaformeln för rektanglar. Svar: ”Rektangeln täcker en yta av 5978,9 kvadratcentimeter.” □

Exempel 4 (mekanik). En liten kula rör sig med medelhastigheten 203,4 meter per sekund under tiden 2,6 sekunder. Hur långt hinner kulan under detta tidsintervall?

Lösning: Svaret på frågan är detsamma som svaret på frågan ”Hur mycket blir 203,4 taget 2,6 gånger?”:

$$s = tv = 2{,}6 \cdot 203{,}4 = 528{,}84 \quad \text{m}$$

Eftersom vi bara har en decimals noggrannhet i uppgiften avrundar vi svaret till 528,8 meter. □

1.4 Subtraktion

Subtraktion är det tekniska namnet för operationen *’minus’* eller *’differensen mellan’*. Den första enkla tanken bakom denna operation $A - B$ är den *att räkna/mäta hur många enheter som erhålles efter att man tagit bort B enheter från A enheter av samma sort.* Eller "att dra bort en kvantitet från en annan kvantitet av samma sort och därefter bestämma hur mycket som återstår".

Vi har som bekant att tolv minus sju är lika mycket som fem enheter. Med matematisk notation:

$$12 - 7 = 5$$

I ett uttryck som 'tolv minus sju' kallas talet 12 för **minuend** och talet 7 för **subtrahend**. Subtrahenden är alltså det tal som man skall *subtrahera* med, som ska dras ifrån från minuenden. Resultatet av operationen, vilket i detta fall är talet 5, kallas för **differensen**. Sammanfattningsvis:

$$\textit{minuend} - \textit{subtrahend} = \textit{differens}$$

Också i samband med subtraktion kallas såväl minuend som subtrahend för **termer**:

$$\textit{term} - \textit{term} = \textit{differens}$$

Exempel 5. Momsen på en viss sorts varor sänks från 6,4% med 0,35 procentenheter. Hur stor är den nya momsen?

Lösning. Vi beräknar: $6{,}4 - 0{,}35 = 6{,}40 - 0{,}35 = 6{,}05$. Den nya momsen är 6,05%. □

Operationen subtraktion är algebraiskt sammankopplad med addition, så att dessa utgör till varandra inversa operationer: om jag till talet A adderar B och därefter subtraherar B får jag tillbaka talet A. Subtraktion tar ut effekten av addition och vice versa.

1.5 (Allmän) division

(Allmän) division är det tekniska namnet för operationen *'delat med'* eller — med det mer tekniskt uppstyltade dock ofta mer klargörande — *'dividerat med'*. Vid division kallas själva operationens resultat A/B för **kvoten** vid allmän division och A för divisionens eller kvotens **täljare** och B för dess **nämnare**. Det allmänna tankeschemat bakom denna operation 'A/B' är *att räkna/mäta hur många gånger nämnaren B går, får plats i täljaren A.*

Den moderna matematikvetenskapliga definitionen av division knyter rent algebraiskt samman division med operationen multiplikation på så sätt att 'A dividerat med B' är *det entydigt bestämda tal C sådant att B taget C gånger är precis lika med A*:

$$CB = A$$

Att visa 'att' eller 'hur' kvoten C 'existerar' är något som behöver göras beroende på taltyp, men för rationella tal är det tämligen rakt på sak (se kvotformeln för bråk). Notera att kommutativiteten implicerar att $BC = A$. I det specialfall $B = 0$ lämnas operationen helt enkelt odefinierad, eftersom i så fall ekvationen $XB = A$ reduceras till $0 = A$: en ekvation som saknar entydigt bestämd lösning (om $A = 0$ blir ekvationen $0 = 0$ som har oändligt många lösningar för X).

Att tänka på division som att "dela upp talet A i B lika stora högar" fungerar strikt talat *endast i det fall B är ett positivt heltal* $1, 2, 3, \ldots$. Med uttryckt som '$2/0.1$' eller '$12/(-3)$' passar inte det sättet att tänka: "Vad i hela friden — dela upp 2 i 0,1 högar?" Då kan det vara lämpligt att använda ett mer tekniskt uttryckssätt och säga "2 dividerat med 0,1", samt gå direkt till den egentliga definitionen av operationen: $2/0.1 = 20$ helt enkelt eftersom $20 \cdot 0.1 = 2$. Vidare, $12/(-3) = -4$ eftersom $(-4) \cdot (-3) = 12$. På det där sättet kan man för det mesta reda ut frågetecken kring division i studiearbetet.

Ett sätt att förklara möjligheten av att tänka på division som 'att dela upp i högar' vid positiv heltalsnämnare, är att notera att om B är ett positivt heltal, så är

$$CB = BC = C + C + C + \ldots + C$$

totalt B stycken av talet C — talet C är alltså 'en hög'.

Liksom addition och subtraktion förhåller sig division och multiplikation som till varandra inversa operationer: om jag multiplicerar talet A med $B \neq 0$ och sedan dividerar med B så får jag tillbaka talet A helt enkelt.

Här är några typiska problemställningar där räknesättet division är relevant, lämplig, passande, på sin plats:

Exempel 6. (a) 10 dl saft ska hällas upp i drinkglas som var och ett rymmer cirka 3 dl saft. Hur många glas räcker saften till?

(b) 300 liter äppeljuice ska fördelas på flaskor som rymmer 0,75 liter var. Hur många flaskor behövs?

(c) 244 992 kr ska fördelas på 12 personer. Hur mycket ska var och en få?

(d) 24 personer ska få plats i tre olika mötesrum. Hur många personer ska det vara i varje rum?

(e) Växelkursen är 1 USD = 8.48313129 SEK. Hur många dollar motsvarar 27 000 svenska kronor?

(f) Hur många kilometer motsvarar 75 miljoner centimeter?

Dessa problem har det gemensamt att den fråga som i samtliga situationer behöver besvaras är:

Hur många gånger går talet B i talet A?, eller synonymt

Vilket tal C multiplicerat med B ger talet A?

Det räknesätt som alltid och utan undantag ger svaret på *en fråga av denna bestämda form* är division, närmare bestämt A/B.

Lösning till P6(a): Om saft ska fördelas på glas kan man tänka sig hur man fyller ett glas i taget och sedan räknar hur många glas som gick åt (se figur 1). Tillbringaren rymmer enligt uppgift 10 dl saft. Vardera glas rymmer ungefär 3 dl. En lämplig fråga i detta fall är:

(a)

(b)

Figur 1: Illustration till frågeställning P1(a). Ett "naturvetenskapligt experiment" med saft i en tillbringare som fördelas på fyra drinkglas. I fotografi (a) är tillbringaren fylld med 10 dl saft. I (b) har saften fördelats på drinkglas, som vardera rymmer cirka 3 dl. Som förväntat passar den fysiska verkligheten väl med den matematiska "modellen" $10/3 \approx 3{,}3$ glas.

"Hur många gånger får 3 plats i 10?"

Det räknesätt som passar till en fråga av denna form är, som sagt, division. Förenkling av bråk till blandad form ger att

$$\frac{10}{3} = 3\frac{1}{3}$$

Det behövs alltså 3 hela glas och därtill 1 3–dels glas till saften. (1/3 av mängden 3 dl är lika mycket som 1 dl.) □

P6(b): Om juice ska fördelas på flaskor kan man tänka sig hur man fyller en flaska i taget och ställer åt sidan och på detta sätt räknar hur många flaskor som juicen räcker till allt som allt. De frågor vars besvarande ger lösningen till problem (b) är alltså

"Hur många gånger får 0,75 plats i 300?"

"Vilket tal gånger 0,75 ger 300?"

Division ger:

$$\frac{300}{0{,}75} = 400$$

Eller med andra ord:

$$\frac{1 \text{ tunna}}{1 \text{ flaska}} = 400 \text{ flaskor}$$

Svaret på frågan i (b) är "400 flaskor". □

En skillnad mellan situation (c) och de första två är att man här också meningsfullt kan ställa följande fråga för att lösa problemet:

> "Hur mycket blir 244 992 uppdelat i 12 högar?"

Med denna jämförbara frågor är inte relevanta i situationerna (a), (b), (e) och (f). Att tänka på division som att 'dela upp ett tal i högar' passar som sagt endast när nämnaren är ett positivt heltal, men kommer inte att fungera för några andra taltyper i nämnaren. Att dessa två olika frågor ändå resulterar i samma svar i slutändan i situation (c) kan åskådligt förklaras ungefär såhär:

> "För att fördela pengarna mellan de tolv personerna kan man antingen göra så att man delar upp pengarna först i högar, och sedan ger varsin hög till var och en av personerna, eller göra så att man ger tolv personer en krona i taget tills pengarna är uttömda."

Alternativt hänvisa till kommutativiteten och produkter med en heltalsmultiplikand. Räknesättet blir oavsett vilket division.

P6(c): Varje anställd ska erhålla beloppet

$$\frac{544\ 992}{12} = 20\ 416$$

Svaret på fråga (c) är "22 708 kronor".

P6(d): I vardera rum ska det vara

$$\frac{24}{3} = 8$$

personer.

P6(e): I situation (e) behöver man beräkna hur många gånger det aktuella värdet av en dollar i svenska kronor får plats i det belopp

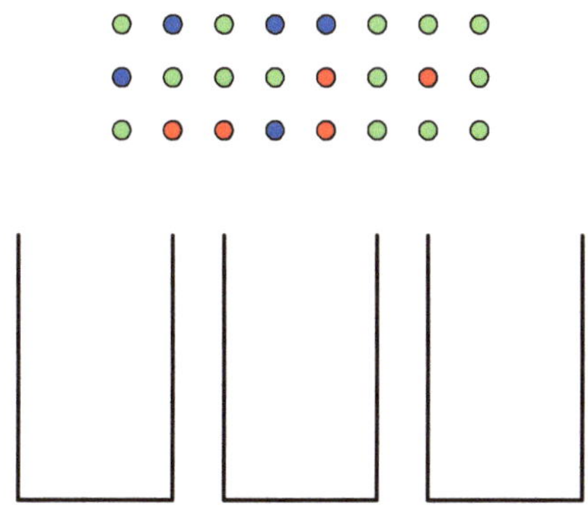

Figur 2: Illustration till exempel 6(d). 24 personer ska delas upp på 3 mötesrum i lika stora grupper.

som ska konverteras från SEK till USD:

$$\frac{27\ 000}{8.48313129} = 3182.78700128 \approx 3183$$

Svar: "3183 dollar".

P6(f): I situation (f) behöver vi först ha klart för oss förhållandet mellan kilometer och centimeter. Det går 1000 meter på en kilometer och 100 centimeter på en meter, och alltså är

$$1 \text{ km} = 100 \cdot 1000 \text{ cm} = 100\ 000 \text{ cm}$$

För att bestämma antalet kilometer behöver vi beräkna hur många gånger 100 000 går i talet 75 miljoner:

$$75 \text{ milj cm} = \frac{75\ 000\ 000}{100\ 000} = 750 \text{ km}$$

Svar: "750 kilometer". □

Exempel 7 (mekanik). Ett tåg har rört sig sträckan 10 416 meter på 2,5 minuter. Med vilken medelhastighet rörde sig tåget?

Lösning: Medelhastigheten definieras i mekaniken som den *konstanta* hastighet v man hade behövt röra sig med för att åstadkomma samma sträcka på samma tid. Låt oss välja enheten meter per sekund för medelhastigheten. Med detta val av enhet behöver vi först omvandla tiden i minuter till sekunder: 2,5 min = 2,5 · 60 s = 150 s. Om tåget hade rört sig med den konstanta hastigheten v m/s under 150 s så hade det därmed färdats sträckan $150v$, vilken i sin tur ska vara lika lång som 10 416 m. Detta ger ekvationen

$$150v = 10416$$

Enligt definitionen av division och genom beräkning (med miniräknare) är

$$v = 10416/150 = 69{,}44$$

Slutsatsen är att tåget, i avrundade siffror, rörde sig med medelhastigheten 69,4 m/s. □

Den definierande relationen mellan medelhastighet, total färdsträcka och total färdtid känner vi igen som formeln

$$v = \frac{s}{t}$$

1.6 Exempel från geometrin

Vad beträffar förståelsen av såväl 'den rena matematiken' som dess tillämpning är anknytningen aritmetik–klassisk geometri angelägen.

Matematikhistoriskt sett utvecklas talbegreppen i anslutning till den matematiska undersökningen av och befästandet av geometrin som bildningsämne och kunskapstradition. 'Produkten' kan ursprungligen fattas geometriskt som 'arean' av den rektangel $S \times T$ två sträckor S och T bildar. Övergången till det vidare reella talbegreppet behöver förstås mot bakgrund av geometrin och upptäckten av inkommensurabla geometriska storheter. Storleksförhållanden och proportioner, likformighet och skala, beräkningar av längder, areor och volymer — överallt inom geometrin kommer de fyra räknesätten in i bilden på ett eller annat sätt.

Den klassiska geometrin räknas som ett helt eget område av matematiken som vetenskap, ett eget system, domän, region (eller kalkyl, språkspel). Vi har förstås ingen anledning att i det här sammanhanget fördjupa oss särskilt mycket i klassisk euklidisk geometri, men bara för påminnelsens skull tittar vi på några typiska tillämpningar av de fyra räknesätten i den allra första, mest elementära "skolgeometrin".

Exempel 8 (areageometri). Operationen multiplikation hänger på ett naturligt sätt samman med formeln för en rektangels area som basen gånger höjden. Många aspekter av denna operation, såsom räknelagarna för multiplikation, kan med lätthet överblickas genom anknytning till arean hos rektangeln och volymen hos rätblocket. När vi anger måtten på till exempel en tavelduk så säger vi "Tavlan är 1,2 gånger 1,8 meter" och skriver ofta måtten som "$1{,}2 \times 1{,}8$ m". Dukens area blir i detta fall just $A = 1{,}2 \cdot 1{,}8 = 2{,}16\ \mathrm{m}^2$ (kvadratenheter eller enhetskvadrater). □

Exempel 9 (Pythagoras sats). Pythagoras teorem kan med fördel initialt ställas upp som ett rent areageometriskt samband:

[*] *Kvadraten på hypotenusan i en rätvinklig triangel täcker ett precis lika stort område som kvadraterna på de två kateterna tillsammans.*

Vi påminner oss om rektangelns areaformel:

[**] *Varje plan rektangel är precis lika många kvadratenheter stor som produkten av basen och höjden:*

$$A = bh$$

Ur satserna [*] och [**] drar vi slutsatsen att givet längderna a, b, c hos sidorna i en rätvinklig triangel, där c är längden på hypotenusan, gäller att

$$a^2 + b^2 = c^2$$

□

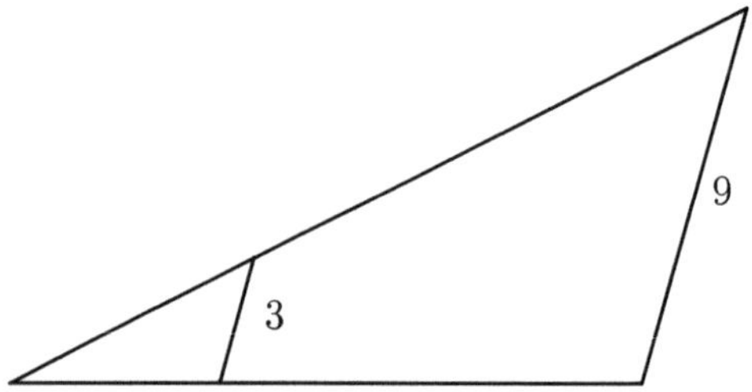

Figur 3: Likformiga trianglar till exempel 10.

Exempel 10 (likformighetsgeometri). Beräkna den obekanta sträckan x i figur 3.

Lösning. Eftersom den mindre triangeln är topptriangel i den större, är de två trianglarna likformiga: den ena är en avbildning av den andra men i en annan skala. Alltså är storleksförhållandet mellan de sidor som är 9 respektive 3 l.e. precis lika med förhållandet mellan sidorna $5 + x$ respektive 5 l.e., det vill säga $9 : 3 = (5 + x) : 5$. Detta ger oss en ekvation som vi direkt löser:

$$9/3 = (5 + x)/5$$
$$3 = 1 + x/5$$
$$2 = x/5$$
$$x = 2 \cdot 5 = 10$$

Svar: "Sträckan $x = 10$ l.e."

2 Kommentarer

2.1 Fler exempel på tillämpningar av de fyra räknesätten i naturvetenskap, teknik och medicin

Det är också viktigt att titta på (typiska) tillämpningar inom naturvetenskaperna där operationerna addition, subtraktion, multiplikation och division är med i spelet. Man kommer faktiskt förvånansvärt långt i gymnasiets och även många universitetskurser i naturvetenskap, teknologi och medicin med enbart gedigna kunskaper i elementär aritmetik och algebra. *För fler exempel på tillämpningar av räknesätten* är det bara att öppna och ögna igenom någon lärobok i kemi, fysik, biologi eller teknologi: de flesta formler i naturvetenskaperna inbegriper att de fyra räknesätten ska tillämpas på ingående variabler i någon kombination.

Exempel 11 (medicin). (a) Ett barn som väger 25 kg ordineras antibiotika 20 mg/kg en gång per dygn. Hur stor dos ska barnet få?

(b) Läkemedelsmixtur ordineras 10 mg per dygn. Mixturen finns i styrkan 0,4 mg/ml. Hur mycket ska ges per gång?

Lösning: (a) Dosen av verksam substans $= 25 \times 20 = 500$ mg.

(b) Mängden mixtur $= 10/0{,}4 = 100/4 = 25$ ml. □

Exempel 12 (värmelära). En doppvärmare med effekten 200 W sänks ned i ett glas med 2,0 dl vatten under 10,0 sekunder. Hur många grader stiger temperaturen? [Antag att omgivningen har normal rumstemperatur.]

Lösning: 1. Eftersom effekten $P = 200$ W under tiden $t = 10$ s är den totala mängden värmeenergi tillförd vattnet

$$E = Pt = 200 \cdot 10 = 2000 \quad \text{W}$$

2. Den temperaturökning som sker i vattnet kan enligt värmeläran

bestämmas genom att sätta

$$E = cm\Delta T$$

och sedan lösa ekvationen $E = 2000$. Här är c vattnets specifika värmekapacitet (J/kgK), m vattnets totala massa (kg) och ΔT stigningen i temperatur (K, 1 Kelvin är lika mycket som 1 grad Celcius).

3. Vid normal rumstemperatur är vattnets densitet cirka $\rho_{H_2O} = 1{,}0$ kg/l. Eftersom $V = 2{,}0$ dl $= 0{,}20$ l får vi vattnets massa som

$$m = \rho V = 1{,}0 \cdot 0{,}20 = 0{,}20 \text{ kg}$$

4. I en teknisk tabell läser vi att den specifika värmekapaciteten för vatten (i flytande form) är $c = 4180$ J/kgK ($= 4{,}18$ kJ/kgK).

5. Med raderna (1)–(4) får vi nu en ekvation, som vi omedelbart löser:

$$2000 = 4180 \cdot 0{,}20 \cdot \Delta T$$
$$\Delta T = \frac{2000}{4180 \cdot 0{,}20} = 2000/836$$

6. Ett decimalt närmevärde till 2000 836–delar med två gällande siffror är 2,4. Vi drar slutsatsen att vattnets temperaturhöjning ΔT är cirka 2,4 grader. □

Exempel 13 (kemi). När kalciumkarbonat ($CaCO_3$) upphettas bildas bränd kalk (kalciumoxid, CaO) och koldioxid (CO_2). Hur mycket (hur stor massa) bränd kalk bildas om 4,0 g kalciumkarbonat upphettas?

Lösning. 1. Genom att balansera VL och HL får vi följande reaktionsformel för processen:

$$CaCO_3(s) \longrightarrow CaO(s) + CO_2(g)$$

2. Av (1) framgår att 1 mol $CaCO_3$ motsvarar 1 mol CaO, varför

$$n_{CaCO_3} = n_{CaO}$$

3. Vi börjar därför med att beräkna substansmängden kalciumkarbonat. Med hjälp av periodiska systemet bestämmer vi molmassan för kalciumkarbonat:

$$M_{CaCO_3} = 40{,}1 + 12{,}0 + 3 \cdot 16{,}0 = 100{,}1 \text{ g/mol}$$

Massan kalciumkarbonat var given i uppgiften: $m_{CaCO_3} = 4{,}0$ g. Slutsatsen är att

$$n_{CaCO_3} = \frac{m_{CaCO_3}}{M_{CaCO_3}} = \frac{4{,}0}{100{,}1} = 0{,}03996004 \text{ mol}$$

4. Molmassan för kalciumoxid, bränd kalk, får vi också med hjälp av periodiska systemet:

$$M_{CaO} = 40{,}1 + 16{,}0 = 56{,}1 \text{ g/mol}$$

Ur (2) och (3) följer att

$$m_{CaO} = M_{CaO} n_{CaO} = 56{,}1 \cdot 0{,}03996004 = 2{,}24175824 \text{ g} \approx 2{,}2 \text{ g}$$

Svar: Det bildas cirka 2,2 gram bränd kalk vid förbränningen. □

Exempel 14 (mekanik). (a) Vilken total tyngdkraft verkar på ett tåg med massan 20,2 ton?

(b) Vilket tryck utövar en bil som väger 1 ton på en yta av 20 kvadratmeter?

Lösning: Problem (a): 1. Enligt Newtons andra lag är den totala kraft som verkar i en punkt lika med produkten av massan och punktens acceleration:

$$F = mg$$

Vid jordytan gäller att acceleration på grund av gravitationen är $g = 9{,}81\ \text{m/s}^2$.

2. Vi behöver tågets massa i enheten kilogram. Eftersom 1 ton = 1000 kg får vi

$$m = 20{,}2 \quad \text{ton} = 20{,}2 \cdot 1000 = 20200 \quad \text{kg}$$

3. (1) och (2) ger

$$F_{\text{tyngd}} = mg = 20200 \cdot 9{,}81 = 198162\ \text{N}$$

Tyngdkraften är närmare 200 000 newton.

Problem (b): Tryck är i fysiken definierat som kraftenhet per ytenhet, det vill säga, kraft dividerat med area:

$$\rho = \frac{F}{A}$$

Den kraft F med vilken bilen tynger underlaget är lika stor som den tyngdkraft jorden utövar på bilen. Nära jordytan gäller $F = mg$, där $g = 9{,}81\ \text{m/s}^2$. Med $m = 1$ ton = 1000 kg får vi $F = 1000 \cdot 9{,}81 = 9810$ N. Trycket som bilen utövar är därför $\rho = F/A = 9810/20 = 490{,}5\ \text{N/m}^2$. □

Exempel 15 (optik). Ett föremål är placerat framför en konvex lins. Föremålet har höjden 2,5 cm, linsen har brännvidden 4,0 cm och och avståndet från lins till föremål är 6,0 cm.

(a) Avgör genom strålkonstruktion om bilden vid avbildning genom linsen är reell–virtuell, rättvänd–inverterad samt förstorad–förminskad.

(b) Beräkna bildens höjd och avstånd från linsen.

Lösning. (a) Strålkonstruktionen visas i figur 4. Sträckan CD dras parallellt med AB och ljusstrålar parallella med fokalplanet bryts genom brännpunkten F på motsatt sida om linsen (den sida där bilden uppstår). Den första konstruktionsstrålen för bilden är linjen $l = DF$. Därefter dras konstruktionsstrålen $k = CB$ genom linsens mittpunkt

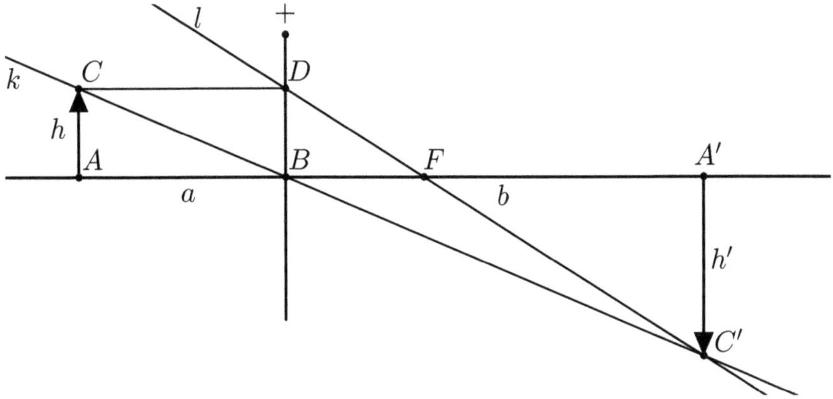

Figur 4: Strålkonstruktion till problem 15(a), avbildning genom konvex lins.

(strålar som går genom linsens mitt bryts ej). Linjerna k och l skär varandra i punkten C', vilket ger bilden $A'C'$.

Som framgår av konstruktionen är bilden $A'C'$ reell (går att fånga upp på skärm), inverterad och förstorad jämförd med AC.

(b) 1. Låt $a = |AB|$ vara avståndet föremål–lins, $b = |BA'|$ avståndet lins–bild och $f = |BF|$ fokalavståndet. Enligt uppgift är $a = 6{,}0$ cm och $f = 4{,}0$ cm. Bildavståndet b får vi genom linsformeln, ur vilken vi får en ekvation som vi omedelbart löser:

$$\begin{aligned} \frac{1}{f} &= \frac{1}{a} + \frac{1}{b} \\ \frac{1}{b} &= \frac{1}{f} - \frac{1}{a} \\ &= \frac{1}{4{,}0} - \frac{1}{6{,}0} = \frac{1}{12{,}0} \\ b &= 12{,}0 \text{ cm} \end{aligned}$$

2. Bildens höjd kan vi lista ut genom ett geometriskt likformighetsre-

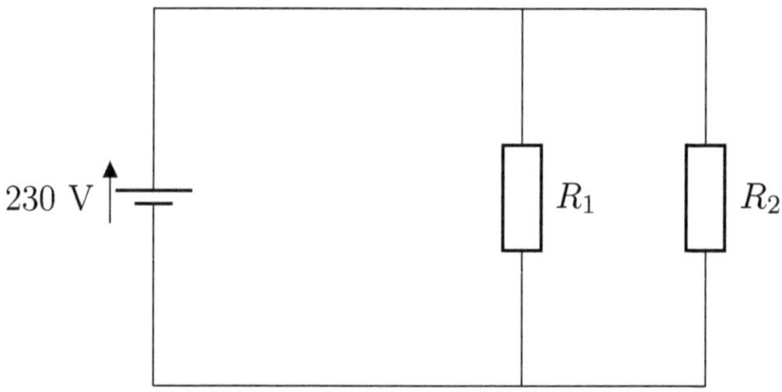

Figur 5: Kopplingsschema för värmeelementet i uppgift 16.

sonemang: trianglarna ABC och $A'BC'$ är likformiga. Alltså är

$$\frac{h'}{h} = \frac{b}{a} = \frac{12{,}0}{6{,}0} = 2$$

Bildens förstoring är således $M = 2$, vilket ger $h' = Mh = 2 \cdot 2{,}5 = 5{,}0$ cm.[4]

3. Bilden har höjden 5,0 cm och befinner sig på avståndet 12,0 cm från linsen. □

Exempel 16 (ellära). Ett visst värmestrålningselement utgörs av två stycken resistanstrådar som parallellkopplas till en spänning på 230 V, där respektive tråd har resistansen 67,2 Ω. Hur stor effekt avger värmestrålningselementet?

Lösning. I ett elektriskt kopplingsschema kan resistanstrådarna representeras som två motstånd R_1 och R_2. Situationen visas i figur 5. Låt oss börja med att bestämma ersättningsresistansen R för de två motstånden tillsammans. Ersättningsresistansen finner vi ur den välkända fysikaliska formeln

$$\frac{1}{R} = \frac{1}{R_1} + \frac{1}{R_2}$$

[4] Kvoten b/a är per definition lika med förstoringen, ofta betecknad M (eng. *magnification*).

Genom insättning av givna data erhåller vi en ekvation:

$$\frac{1}{R} = \frac{2}{R_1} = \frac{2}{67{,}2}$$

$$R = 1/(2/67{,}2) = 67{,}2/2 = 33{,}6\ \Omega$$

För effekten P gäller $P = UI$, vilket tillsammans med Ohms lag $U = RI$ ger

$$P = UI = RI^2 = U^2/R = 230^2/33{,}6 = 1574{,}4\ \text{W} \approx 1{,}57\ \text{kW}$$

Elementet avger effekten 1,57 kilowatt. □

3 Lock/portar

Teorifrågor

F1. Aritmetiska operationer: (a) Vad menas med en aritmetisk operation? (b) Vilka är de fyra första räknesätten? (c) Ge exempel på en aritmetisk operation som inte är en av dessa fyra.

F2. Vad innebär, löst talat, följande operation: (a) addition (b) multiplikation (c) subtraktion (d) division?

F3. Identifiera term, summa, differens, minuend, subtrahend, faktor, produkt, multiplikator, multiplikand, kvot, nämnare, täljare i respektive påstående:

$$8 + 10 = 18 \qquad 14 - 3 = 11 \qquad 8 \cdot 10 = 80 \qquad 56/8 = 7$$

F4. Ordna följande ord inbördes:

term summa täljare differens minuend kvot subtrahend faktor produkt multiplikator nämnare multiplikand

F5. Förklara och ge exempel på hur:

(a) addition och subtraktion, och

(b) multiplikation och division

är sammankopplade.

Problem

P1. Beräkna: (a) $25 + 57$ (b) $1,4 + 2,7$ (c) $3\frac{3}{7} + 5\frac{2}{7}$ (d) $6 \cdot 9$ (e) $1,3 \cdot 10$

(f) $\frac{1}{3} \cdot \frac{2}{5}$ (g) $70 - 38$ (h) $4,5 - 1,3$ (i) $\frac{15}{10} - \frac{4}{10}$ (j) $88/11$ (k) $15/0,3$

P2*. Beräkna värdet av den aritmetiska operationen för $a = 3$ och $b = 4$.

(a) $a \star b = (a + b)/2$ (b) $a \star b = \sqrt{ab}$ (c) $a \star b = (a - b)^3$

P3. (a) I en back finns tjugo flaskor läsk. Varje flaska innehåller ungefär 1 3–dels liter. Hur många liter läsk innehåller backen?

(b) I en annan läskback är 6 av flaskorna tomma. Hur mycket läsk finns det i de två backarna tillsammans?

P4. En viss sorts saft ska spädas 1 del saft och 5 delar vatten. Hur många deciliter ren saft behövs till 2 liter blandad saft?

P5. Växelkursen är 1 EURO = 9.32526265 SEK. Hur många euro får man för 23500 svenska kronor?

P6. Hur många glas juice räcker 3 liter till, om varje glas rymmer 2,5 dl?

P7. Hur många glas rymmer 22 stycken 1,5–liters läskflaskor till om varje glas rymmer $1/4$ liter?

P8. 36 liter medicin ska fördelas på droppflaskor som vardera rymmer 50 ml. Hur många flaskor behövs?

P9. Hur många dollar får man för 35 000 svenska kronor? Antag att växelkursen är 1 USD = 8.48313129 SEK.

P10. Utför heltalsdivisionen. Ange kvot och rest på lämplig form:

(a) 57 div 8 (b) 255 div 3 (c) 1928 div 10

P11. Hur många hela minuter och återstående sekunder motsvarar 378 sekunder?

Geometri

P12. Beräkna: (a) arean av en triangel med basen 5,6 m och höjden 3,4 m.

(b) basen i en triangel med höjden 80,50 cm och arean 458,332 cm^2.

P13. Beräkna längden på diagonalen i en fotbollsplan med måtten 50 x 90 meter.

Tillämpningar i naturvetenskap, teknik och medicin

P14 (medicin). (a) En medicin ordineras 8 ml 3 gånger per dygn. Preparatet har styrkan 80 mg/ml. Hur stor (mg) är en total dygnsdos?

(b) Antibiotika ordineras 40 mg/kg per dag till ett barn med vikten 15 kg. A. har styrkan 80 mg/ml. Hur många milliliter ska ges per dygn?

P15 (mekanik). Den kortaste avståndet mellan jorden och planeten Mars är 78 miljoner kilometer. Hur lång tid tar det att färdas denna sträcka med ett rymdskepp vars hastighet är 20 km/s? Svara i dygn.

P16 (ellära). Sambandet mellan spänning U, ström I och resistans R för en elektrisk krets eller elektronisk komponent bestämmes av Ohms lag:

$$U = RI$$

Spänning mäts i enheten Volt (V), ström i enheten Ampere (A) och resistans i enheten Ohm (Ω). Ett vanligt uttag från elnätet i ett hem har spänningen 230 V.

(a) Det går 0,8 A genom en resistor på 75 Ω. Hur stor spänning är den inkopplad till?

(b) Ett värmelement avsett för 230 V har en resistans på 20 Ohm (Ω). Hur stor ström drar det?

(c) En glödlampa avsedd för 230 V drar 0,4 A. Hur stor resistans har glödtråden?

(d) Ett eluttag för 230 V är säkrat med en propp 10 A. Vilken är den lägsta resistans som får kopplas in?

P17. Vilken total kraft krävs för att ge ett föremål på 2,5 kg en acceleration på 25 m/s^2?

Ekvationer och formler: grundhanteringen i algebra

Artikel 3

Innehåll

Abstract

Artikeln ger en översiktlig påminnelse av grundbegreppen i elementär algebra: likhet, ekvation, identitet, sambandet mellan ekvationer och formler i geometri och tillämpningar (ekonomi, naturvetenskap, teknik, etc) samt anknytningen mellan koordinatsystem och ekvationer (analytisk geometri).

1 Kärninnehåll

1.1 Några begrepp: aritmetiska likheter, identiteter och ekvationer

Här är några exempel på aritmetiska **likheter, likhetspåståenden**:

(a) $5 + 7 = 12$

(b) $3 = 3$

(c) $8x + 16 = 40$

(d) *Talet y taget tre gånger är lika mycket som talet nittio*

Med en aritmetisk–algebraisk likhet, likhetssats eller likhetspåstående menas alltså ett påstående som har den allmänna formen '$A = B$', där både A och B är uttryck som involverar talsymboler (konstanter eller variabler) och symboler för aritmetiska operationer.

Ett för taltyperna relativt allmänt sätt att utläsa **likhetstecknet** $=$ är som *är lika med*. För positiva talrelationer kan man ofta utläsa det som *är (precis) lika mycket som*, medan det för negativa tal och komplexa tal inte alla gånger känns passande. Likhetstecknet är möjligt att utläsa på olika sätt, beroende på det konkreta sammanhanget, alltså beroende på vad A och B står för, utgör, representerar. Tecknet '$=$' kan utläsas som –:

är lika mycket som

har samma värde som

är samma tal som

är samma matris som

är samma funktion som

är samma mängd som

är samma teckensträng som

Och så vidare, beroende på sammanhanget.

I likheterna (c) och (d) är x respektive y **variabler (variabelsymboler)** som avses spänna över tal, medan 8, 16 och 40 respektive 3 och 90 utgör **konstanter (konstantsymboler)**. Likheterna (a) och (b) innehåller inga variabler, eftersom det både i högerled och vänsterled står rent **numeriska uttryck**, såsom '$5 + 7$'. I (c) och (d) finner vi **algebraiska uttryck**, exempelvis '$8x + 16$'.

En **ekvation** kan uppfattas som ett likhetspåstående som innehåller minst en variabel, såsom (c) och (d), eller annorlunda uttryckt, där åtminstone det ena ledet är ett algebraiskt, icke–numeriskt uttryck.

Den tekniska definitionen av **lösningen** (eller **lösningsmängden**) till en ekvation är (mängden S av) alla de värden som vid ersättande av ingående variabler resulterar i ett matematiskt giltigt påstående.[1]

Med *att lösa en ekvation* avses ofta verksamheten eller processen av att finna lösningen (lösningsmängden) till ekvationen. Även den metod man använt, de konkreta steg man har tagit för att finna lösningen, kallas ofta för "lösningen" till ekvationen. *Var dock uppmärksam på att det kan finnas fler än en vägar fram till en ekvations lösning.* Det ena sättet att närma sig ekvationen behöver inte vara riktigare eller mer giltigt än det andra. Däremot finns det en och endast en korrekt lösningsmängd till en given ekvation: ett påstående som är sant per definition.

Exempel 1. Ekvationen '$x + 8 = 15$' har variabeln x. Insättning av värdet 7 istället för variabeln x resulterar i det aritmetiskt giltiga påståendet $7+8 = 15$. Insättning av något annat värde än 7 resulterar i ett matematiskt ogiltigt, falskt påstående. Ersätter vi till exempel x

[1]Bokstaven S av engelskans *solution.*

med 10 får vi påståendet '$10 + 8 = 15$'. Denna sats är falsk eftersom $10 + 8 = 18$, och $10 + 8 \neq 15$. Den enda möjliga lösningen är $x = 7$. Lösningsmängden är den mängd vars enda element är talet 7. Med mängdlärans notation kan man skriva lösningsmängden

$$S = S[x + 8 = 15] = \{7\}$$

□

Två ekvationer säges vara **ekvivalenta** om de har samma lösningsmängd.

I de inledande exemplen (a)–(d) lät vi det vara underförstått att de involverade 'objekten' är, ska vara tal eller talvariabler. Jämför dessa med några andra påståenden:

(e) Alfa är en kvinna som är gift med den nuvarande Kungen av Sverige

(f) N är en nation som vann fotbolls–VM år 2010

(g) Matrisen $\left[\begin{smallmatrix} 2 & 3 \\ 5 & 7 \end{smallmatrix}\right]$ multiplicerad med matrisen X är lika med (är samma matris som) identitetsmatrisen $\left[\begin{smallmatrix} 1 & 0 \\ 0 & 1 \end{smallmatrix}\right]$

I exemplen (e) och (f) kan man säga att Alfa respektive N är variabler av typen svensk medborgare respektive nation.[2] Om variabeln Alfa skulle en matematiker eller datavetare också kunna säga att det är en variabel som "antar värden i mängden av alla svenska medborgare". "Ekvationerna" (e) och (f) är förstås något konstruerade: de är formulerade med syftet att kasta ljus över det matematiska ekvationsbegreppet genom att anknyta till något hemtamt och vardagligt.

Däremot är (g) ett autentiskt exempel på en typ av ekvationer som är mycket viktiga att kunna lösa i tillämpad matematik, men som inte är den vanliga typen ekvationer i tal, som vi känner igen från

[2] Med matematiskt beteckningssätt skulle man skriva lösningen till "ekvation" (e) som "Alfa = Drottning Sylvia" eller "$S = \{$Drottning Sylvia$\}$", eftersom ersättande av "personvariabeln" Alfa med någon annan "personkonstant" ger ett falskt påstående.

grundskolan. I exempel (g) är istället de värden variabeln X får ha ett matematiskt objekt av typen 2×2–matris. Lösningen till denna *matrisekvation* kommer att ge den så kallade *inversa matrisen* A^{-1} till matrisen

$$A = \begin{bmatrix} 2 & 3 \\ 5 & 7 \end{bmatrix}$$

Lösningen till matrisekvationen går att finna genom att lösa ett linjärt ekvationssystem med fyra obekanta, och visar sig i detta fall vara[3]

$$A^{-1} = \begin{bmatrix} -7 & 3 \\ 5 & -2 \end{bmatrix}$$

Aritmetiska ekvationer är vad de allra flesta människor tänker på när de hör ordet ekvation, eftersom detta är vad man normalt studerar i skolundervisningen. Aritmetiska ekvationer kan också kallas för "ekvationer i tal" eller "ekvationer i talområden": alla konstanter hämtas ur något talområde och alla variabler spänner över något talområde.

Det finns dock många olika saker som i matematikvetenskapen, fysiken, med mera, kallas för ekvationer. Ordet används inte bara för att beteckna likhetspåståenden rörande tal. En annan i tillämpningarna viktig klass av ekvationer är *differentialekvationer*, vars eventuella lösningar utgörs av funktioner. I vid mening kan dock en 'ekvation' fattas som ett likhetspåstående som innehåller minst en 'variabel': detta hjälper en att se analogierna mellan aritmetiska ekvationer, matrisekvationer, differentialekvationer, och så vidare.

En aritmetisk ekvation som är uppfylld för precis alla möjliga tal

[3]För att verifiera att denna matris löser matrisekvationen utför vi matrismultiplikation enligt definitionen av produkten av två matriser (av korrekta dimensioner):

$$\begin{bmatrix} 2 & 3 \\ 5 & 7 \end{bmatrix} \cdot \begin{bmatrix} -7 & 3 \\ 5 & -2 \end{bmatrix} = \begin{bmatrix} 2 \cdot (-7) + 3 \cdot 5 & 2 \cdot 3 + 3 \cdot (-2) \\ 5 \cdot (-7) + 7 \cdot 5 & 5 \cdot 3 + 7 \cdot (-2) \end{bmatrix} = \begin{bmatrix} 1 & 0 \\ 0 & 1 \end{bmatrix}$$

ur något visst talområde (bortsett från några få undantag möjligen) säges vara en **aritmetisk identitet**.[4] Några exempel:

(i) De tre fundamentala räknelagarna och andra aritmetiska "axiom", såsom $ab = ba$ och $a + 0 = a$. Dessa gäller för alla tal upp till och med de komplexa.

(ii) Algebraiska samband som snabbar på arbetet med algebran, såsom kvadreringsregeln $(a+b)^2 = a^2 + 2ab + b^2$, giltig för alla $a, b \in \mathbb{C}$.

(iii) Talteoretiska identiteter, såsom $1 + 2 + 3 + \ldots + n = \frac{1}{2}n(n+1)$. Detta är en aritmetisk identitet i talområdet $\mathbb{N}$ av naturliga tal.

Högre upp i studiet av matematiken "utvidgas betraktelsen" alltså till ekvationer i matriser, differentialekvationer, och andra saker, men i detta dokument låter vi det vara underförstått att alla ekvationer vi här avser att studera är aritmetiska ekvationer.

1.2 De fyra räknesätten vid ekvationslösning: den elementära metoden

En ständigt utnyttjad princip i samband med ekvationslösning kunde formuleras såhär:

[E] *Om något av de fyra räknesätten utförs på vänsterled (VL) och högerled (HL) av en given ekvation på samma gång lämnas likheten — och alltså lösningsmängden — bevarad. Det enda undantaget är multiplikation och division med noll.*

Den här principen är så viktig i matematiken, hela vägen från grundskola till högskolestudier, att vi här föreslår ett eget namn för den och kallar den för **den elementära ekvationslösningsmetoden**.

[4]Eller mer generellt: antag f och g är funktioner från tal till tal, sådana att $f(x_1, \ldots, x_n) = g(x_1, \ldots, x_n)$, för alla argument i funktionernas definitionsmängder. Då säger vi att påståendet '$f(x) = g(x)$' är en *identitet*.

Närmare bestämt, låt a vara en talsymbol och $\star$ något av de fyra räknesätten. Innebörden av [E] är då att

$$VL = HL \iff VL \star a = HL \star a$$

för alla ingående variabler. Eftersom det råder ekvivalens kommer lösningsmängden S bevaras intakt. Undantaget här är multiplikation och division med $a = 0$, vilket genom multiplikation resulterar i en aritmetisk identitet $0 = 0$ (all information är därmed förlorad) och genom division i syntaxfel (*syntax error*).

Exempel 2. Om man subtraherar 10 i VL och HL av ekvationen $6x + 10 = 15$ erhålles likheten $6x = 5$:

$$6x + 10 = 15 \implies 6x = 5$$

Här gäller implikationen även åt vänster:

$$6x + 10 = 15 \iff 6x = 5$$

På samma sätt vid division med 6

$$6x = 5 \iff x = 5/6$$

Slutsatsen är att ekvationen har den enda lösningen $x = 5/6$.

Lösningsmängden $S = \{5/6\}$. Här gäller att

$$S\big[6x + 10 = 15\big] = S\big[6x = 5\big] = \left\{\frac{5}{6}\right\}$$

□

Notera att bråket 5 6–delar är den enda *matematiskt exakta* lösningen till ekvationen, och om ingen decimal approximation behövs i sammanhanget, är *kutymen i matematikvetenskap och högre matematikundervisning att alltid redovisa lösningen till en ekvation så exakt som möjligt.*

Det typiska sättet att redovisa de steg vi utförde i ovanstående exempel för att söka nå fram till ekvationens lösning är som följer:

$$
\begin{aligned}
6x + 10 &= 15 \\
6x &= 5 \\
x &= 5/6
\end{aligned}
$$

där stegen eventuell förses med en ”vägg” av kommentarer till höger. Detta är en typ av redovisning läsaren säkert känner igen. I vart och ett av stegen utnyttjas den elementära ekvationslösningsmetoden [E]. Låt oss förtydliga logiken här genom att numrera lösningsstegen och kommentera i högermarginalen:

(1)	$6x + 10 = 15$	antagande
(2)	$6x = 5$	subtraktion med 10 i (1)
(3)	$x = 5/6$	division med 6 i (2)

Vi behandlar alltså själva den givna ekvation, vars lösning vi söker, som ett antagande för att därefter dra matematiska slutsatser om vad som måste vara fallet för att detta antagna påstående ska kunna vara matematiskt sant eller giltigt.

Låt oss titta på ännu ett exempel:

Exempel 3. Lös ekvationen $2/x = -10$.

Lösning: Även här kan [E] tillämpas i flera steg:

(1)	$2/x = -10$ (och $x \neq 0$)	antagande
(2)	$2 = -10x$	multipl. med x i (1)
(3)	$-0{,}2 = x$	div. med (-10) i (2)

Vi har alltså att

$$\frac{-2}{x} = 10 \iff x = -0{,}2$$

Lösningen är unik, den enda möjliga lösningen är $x = -0{,}2$. Att detta verkligen är en lösning kan vi för tydlighetens skull verifiera:

$$\frac{2}{-0{,}2} = -\frac{20}{2} = -10$$

Lösningsmängden är $S = \{-0{,}2\}$. □

I sista steget ur ovanstående exempel gjorde vi en **kontrollräkning** för att verifiera att vi verkligen funnit en korrekt lösning till den i problemställningen givna ekvationen.

Dock kan väsentlig *information* gå förlorad genom vissa operationer, såsom att kvadrera VL och HL (eller, förstås, multiplikation med 0). Lösningsmängden till den kvadrerade ekvationen kan ha *fler lösningar* än den ursprungliga ekvationen (dock aldrig färre), i vilket fall man behöver vara uppmärksam på de operationer man har utfört i tidigare steg.

Exempel 4. Det gäller exempelvis att

$$x + 1 = 2 \implies (x+1)^2 = 2^2 = 4$$

Vi ser alltså att likheten är bevarad. Däremot gäller här inte den omvända implikationen, vilket innebär att information har gått förlorad: ekvationen $(x+1)^2 = 4$ har *två* lösningar $x = 1 \lor x = -3$, medan den ursprungliga ekvationen $x + 1 = 2$ har den enda lösningen $x = 1$. □

Vi skulle kunna införa en liten smula till terminologi här och kalla en aritmetisk ekvation för en **elementär ekvation** i det fall den låter sig lösas genom att i ett ändligt antal steg tillämpa den elementära ekvationslösningsmetoden på den givna ekvationen. (Detta är inte standardterminologi i matematiken.) Det krävs till exempel inga rotutdragningar eller oberoende kvadreringar av de respektive leden, såsom fallet ofta är med kvadratiska ekvationer. Ett exempel på en hel klass av ekvationer som är av det elementära slaget är *linjära ekvationer* i en variabel, såsom ekvationen $50x+80 = 230$, eller mer generellt ekvationer på formen $ax + b = c$, där a, b, c är konstanter.

Elementära ekvationer är den typ av ekvationer som alltid inleder studiet av ekvationer och algebra i all matematikundervisning på grundläggande nivåer utan undantag. Även i gymnasiets kurser i till exempel fysik och kemi *kommer man en ganska bra bit med endast kunskap om elementära ekvationer till hands.*

Exempel 5 (ekonomi). Hur mycket motsvarar 7600 svenska kronor i den japanska valutan yen om växelkursen är 1 YEN = 0.0723486265 SEK?

Lösning 1: Det vi behöver bestämma är hur många gånger 1 yen kan tas i 7600 sek — räknesättet är division:

$$\frac{7600}{0.0723486265} \approx 105046.915$$

Svar: ”Ungefär 105 047 yen.”

Lösning 2: Med ekvationer. Låt x vara det efterfrågade antalet yen. Den ekvation vars lösning besvarar vår fråga är ”Växelkursen gånger x är lika med beloppet i svenska kronor”:

$$0.0723486265 \cdot x = 7600$$

Detta är den definierande ekvationen för samma kvot som i lösning 1. Vi har alltså att

$$x = 7600/0.0723486265 \approx 105046.915$$

Svaret på frågan är förstås oförändrat: ”Cirka 105 047 yen.” □

En elementär ekvation med endast en variabel (obekant) vari samtliga konstanter (eller parametrar) utgör rationella tal, kommer också att vara lösbar inom de rationella talen, eller som man säger, *lösbar i* $\mathbb{Q}$. Detta eftersom vid varje steg på vägen till lösningen tillämpas ett av de fyra räknesätten, vilka var och en är operationer som är slutna under $\mathbb{Q}$.

I det fall där korrekt tillämpning av [E] leder fram till ett motsägel-

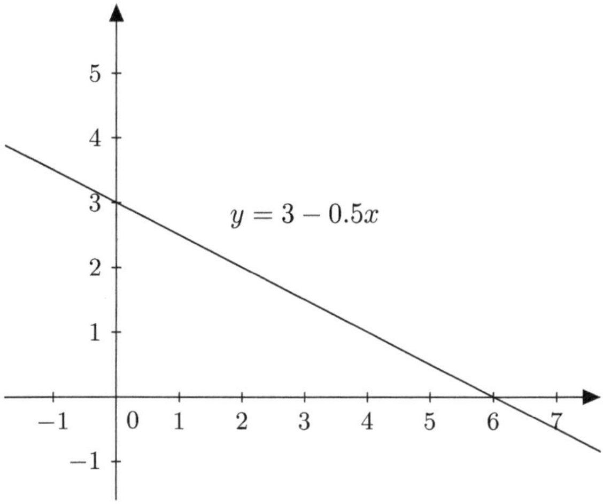

Figur 1: Ekvationen $x + 2y = 6$ är ekvivalent med (har samma lösningsmängd som) ekvationen $y = 3 - 0{,}5x$, som för reella värden på x och y genererar en rät linje i ett rätvinkligt koordinatsystem. Den räta linjen har riktningskoefficienten $-0{,}5$ (ökning per x–enhet) och skär y–axeln vid $y = 3$.

sefullt likhetspåstående, framgår omedelbart att *ekvationen saknar lösning*.

Exempel 6. Ekvationen (*) $5x+6 = 5x+12$ saknar lösning, eller som man också skulle säga, *lösningsmängden är tom.* Med mängdlärans symbolspråk $S = \emptyset$. Subtraktion av termen $5x$ ur VL och HL ger kvar $6 = 12$, en likhet som inte är uppfylld för något värde på x. Det vill säga, det finns inget tal som vid ersättande av x med detta tal, skulle göra (*) till ett aritmetiskt sant eller giltigt påstående. □

Exempel 7. Låt oss titta på en linjär ekvation i två variabler:

$$x + 2y = 6$$

Uppgiften att till exempel uttrycka variabeln y i termer av variabeln x kan förstås som att lösa ekvationen för y, varunder variabeln x behandlas på samma sätt som konstanterna. Detta ger oss en elementär ekvation. Operationerna subtraktion och division ger följande ekvivalenser:

$$x + 2y = 6 \iff 2y = 6 - x \iff y = \frac{6-x}{2} = 3 - 0{,}5x$$

För $x, y \in \mathbb{R}$ är detta alltså ekvationen för en rät linje i ett vanligt cartesiskt koordinatsystem för planet (se figur 1).

Ekvivalensen $x + 2y = 6 \iff y = 3 - 0{,}5x$ är i själva verket giltig även för $x, y \in \mathbb{C}$. Om vi dock begränsar oss till reella tal så kan lösningsmängden till ekvationen beskrivas som mängden av alla ordnade par $(x,\ 3-0.5x)$, där $x \in \mathbb{R}$ är godtyckligt. Med mängdlärans notation:

$$S = \{(x, y) \mid x \in \mathbb{R} \wedge y = 3 - 0{,}5x\}$$

□

1.3 Sambandet mellan ekvationer, kurvor och grafer i koordinatsystem

Med *analytisk geometri* syftar man traditionellt på analysen av geometriska figurer och problem med hjälp av koordinatsystem och algebra.

Koordinatsystem kan vara av många olika slag i matematiken, men det man normalt vänjer sig vid först är ”vanliga” så kallade *cartesiska* eller *rätvinkliga* koordinater för planet (och för linjen: tallinjen kan ju också betraktas som ett 1–dimensionellt koordinatsystem). Vid sidan om cartesiska koordinater finns till exempel *polära* och *sfäriska* koordinater (för två respektive tre dimensioner). I differentialgeometri och allmän relativitetsteori studeras *kröklinjiga* (eng. *curvilinear*) koordinatsystem för analysen av olika sorters ’rum’ och fysikens ’rumtid’.

Det moderna **cartesiska, rätvinkliga** koordinatsystemet för det geometriska planet introduceras under mitten av 1600–talet, inspirerat av matematikern och filosofen René Descartes skrift *La Géométrie* från

1637, publicerad som ett appendix till den ännu mer berömda filosofiska avhandlingen *Discours de la méthode*, "Avhandling om metoden".[5] Den latiniserade formen av det franska personnamnet Descartes är *Cartesius*, därav beteckningen "cartesiska koordinater".

Vi påminner oss om principskissen för **det 2–dimensionella cartesiska koordinatsystemet**:

1. Fixera två räta linjer i planet som bildar rät vinkel mot varandra. Dessa räta linjer kallas för koordinatsystemets **axlar**. Skärningspunkten mellan axlarna kallas för koordinatsystemets **origo**. Den ena axeln brukar kallas *abskissa* eller x*–axel* och den andra *ordinata* eller y*–axel*.
2. Förse linjerna med gradering givet ett visst val av enhetssträcka '1 hel'. Detta ger alltså två tallinjer, "tallinjaler" i rät vinkel mot varandra.
3. Läget för en punkt P i planet kan nu enkelt anges med ett par av reella tal (x, y) som mäter hur många enheter utmed abskissa respektive ordinata punkten befinner sig, räknat med signum $+/-$ och val av positiv–negativ orientering utmed axlarna.

Vanliga skrivsätt för att uppge koordinaterna för en punkt P i planet är

$$P = (x, y) \quad \text{eller} \quad P : (x, y)$$

Origo har koordinaterna $(0, 0)$. I figur 2 visas ett cartesiskt koordinatsystem med några punkter och deras koordinater utritade. Vilken axel som är x–axel och vilken y–axel är förstås valfritt, men När man ritar koordinatsystem på papper eller en skärm, för illustrationer till problem, bevis, med mera, är kutymen att rita x–axeln vågrätt och y–axeln lodrätt, samt välja positiv riktning åt höger på x–axeln och uppåt på y–axeln.

[5]Den fullständiga franska titeln lyder *Discours de la méthode Pour bien conduire sa raison, et chercher la vérité dans les sciences*, alltså ungefär *Avhandling om metoden att rätt bruka sitt förnuft och söka sanningen i vetenskaperna*. På svenska brukar man referera till denna filosofiska klassiker av Descartes som *Om metoden* kort och gott. Den gavs alltså ut år 1637, vilket är knappt fyra år efter Inkvisitionens rättegång mot Galileo Galilei år 1633, till följd av dennes utgivning år 1632 av en annan av idé– och vetenskapshistoriens klassiker, *Dialog om de två världssystemen*, rörande den nya heliocentriska modellen för astronomin.

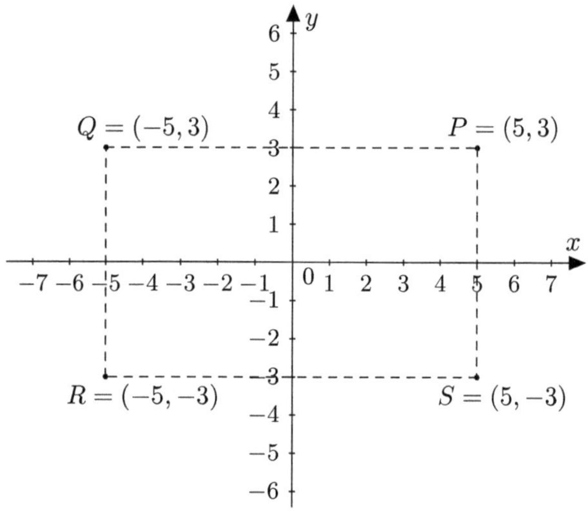

Figur 2: Ett cartesiskt koordinatsystem vari fyra punkter och deras koordinater är utritade. Konventionen är att det ordnade parets (x, y) första element anger punktens x–koordinater och det andra dess y–koordinater.

Cartesiska koordinater för den tredimensionella rymden utarbetas helt i analogi med motsvarande för två dimensioner, med den enda skillnaden att vi nu får ytterligare en axel i koordinatsystemet, som helt enkelt brukar kallas för *z–axeln*. Efter mönster av namnen abskissa och ordinata finns även *applikata* för z–axeln, vilket dock är ett för matematisk svenska ovanligt ord. För det mesta säger man ”x–/ y–/ z–axel”. Läget för en punkt P i den euklidiska rymden beskrivs av tre koordinater (x, y, z), enligt ordningen x–, y– och till sist z–axel.

Det kreativa momentet i analytisk geometri är att geometriska problem och begrepp därmed låter sig 'samordnas' eller 'koordineras' med aritmetik och algebra, studiet av tal och ekvationer.

Exempel 8. Låt oss, som man säger, 'plotta grafen' till ekvationen

$$y = x^2$$

i rätvinkliga koordinater. Vad det betyder i det här fallet är att vari-

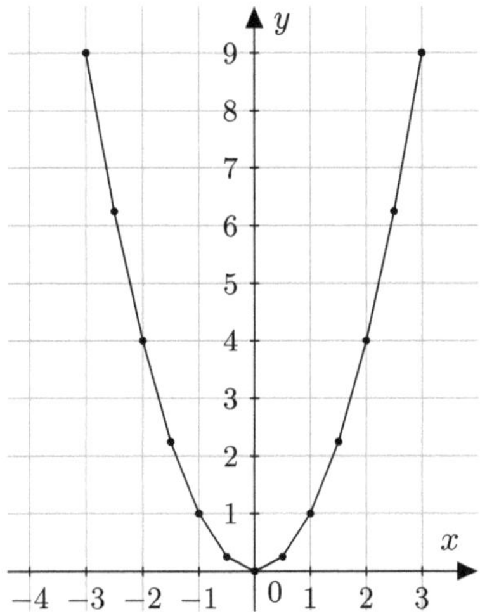

Figur 3: Vi plottar några talpar ur grafen till ekvationen $y = x^2$ i ett rätvinkligt koordinatsystem för att bilda oss någon uppfattning om den kurva som genereras.

era x över några få värden som stoppas in istället för den oberoende variabeln x för att beräkna motsvarande värde på y. Som vi ser ger varje möjligt värde på x som stoppas in i ekvationen ett entydigt bestämt värde på y; ekvationen beskriver alltså det som kallas för en 'funktion' i matematiken. Detta ger oss åtminstone en viss uppfattning om kurvans utseende. Resultatet av beräkningen sammanställer vi i en värdetabell, varefter vi prickar in punkterna i ett koordinatsystem.

x	± 3	± 2.5	± 2	± 1.5	± 1	± 0.5	0
y	9	6.25	4	2.25	1	0.25	0

Dessa punkter förbinds i figur 3 med sträckor för att ge en bild av kurvan. Ju fler lösningar till ekvationen som plottas desto mer kommer en fin, kontinuerlig kurva att framträda.[6] □

En *'kurva'* i matematiken behöver inte vara krökt, utan även den

[6] Närmare bestämt utgör kurvan en *parabel*. Bevis för att grafen till en ekvation på formen $y = x^2$ blir just en parabel i ett rätvinkligt koordinatsystem finner man i texter om *kägelsnitten* ellips, parabel och hyperbel.

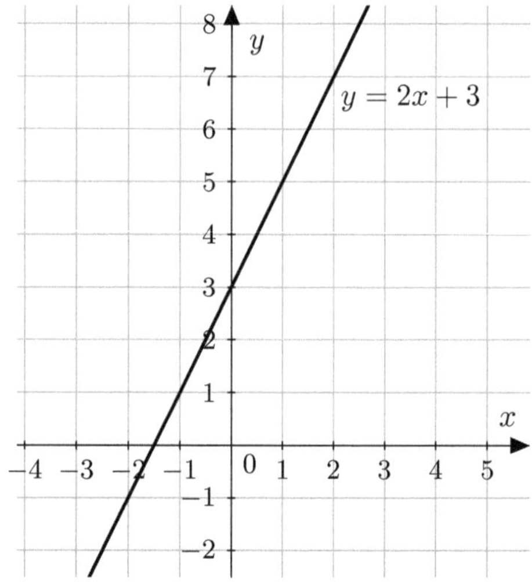

Figur 4: Grafen till funktionen $y = 2x + 3$ i ett cartesiskt koordinatsystem för planet utgör en rät linje. I ett polärt koordinatsystem blir grafen istället ett slags spiral (figur 5).

räta linjen är ett exempel på en kurva.[7] När man säger 'ekvationen för' den och den kurvan menar man oftast ekvationen för kurvan i cartesiska koordinater, om inget annat är sagt. Det behöver dock understrykas:

Ekvationen för en och samma kurva kommer att se olika ut — ibland väldigt olika ut — beroende på vilket och vilken typ av koordinatsystem man rör sig med. Omvänt, en och samma ekvation (funktion) ger upphov till olika — ofta väldigt olika — kurvor beroende på i vilket koordinatsystem man ritar grafen till ekvationen.

Ekvationen $y = 2x + 3$ genererar eller motsvarar, som vi vet, en viss sorts rät linje i det cartesiska koordinatsystemet (se figur 4). Men i ett polärt koordinatsystem för planet, där koordinaterna anger vinkel mätt i förhållande till positiv x-axel och avstånd från origo, blir grafen till exakt samma ekvation istället en *arkimedisk spiral* (figur 5). Man säger ibland 'den räta linjen $y = 2x + 3$', ett förkortat uttrycks-

[7]Den räta linjen är en kurva med *krökningen* $\kappa = 0$ i varje punkt.

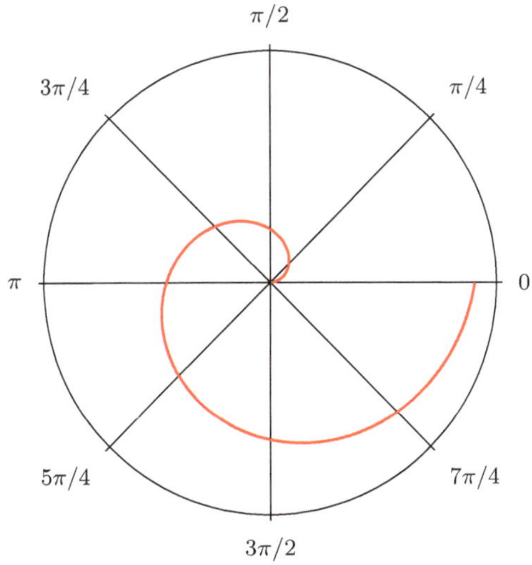

Figur 5: Grafen till funktionen $y = 2x + 3$ blir en arkimedisk spiral i det polära koordinatsystemet för planet — den blir inte en rät linje!

sätt. Men noga taget är förstås varken ekvationen $y = 2x + 3$ eller dess lösningsmängd S en rät linje, vare sig i fysisk eller matematisk mening. Man måste alltså kunna skilja mellan själva ekvationen och dess visualisering i något visst koordinatsystem eller dess anknytning till något objekt i geometrin.

Ordet *graf* i matematiken är dubbeltydigt, så här gäller det att vara klar över vissa skillnader. Dels kan man med 'grafen' syfta på själva den kurva som genereras i ett visst koordinatsystem. Man säger till exempel att 'grafen till $y = x^2$ är en parabel'. Men då är det *underförstått* att man syftar på den kurva som ekvationen $y = x^2$ genererar, motsvarar i ett cartesiskt koordinatsystem. I exempelvis ett polärt koordinatsystem — där som sagt koordinaterna anger vinkel och avstånd till origo — ser kurvan ut på ett helt annat sätt: den blir också till en sorts spiral och inte en parabel.

Å andra sidan syftar 'grafen' till en ekvation på mängden av alla de par av (reella) tal (x, y) som *satisfierar* ekvationen, som gör den till ett sant påstående. Det är då ett annat ord för *lösningsmängden* till ekvationen. Detta är den mer 'tekniska' definitionen av grafen till en ekvation. Det är alltså viktigt att vid behov kunna skilja mellan:

ekvationen – ekvationens graf – kurvan

När man gör den distinktionen syftar kurvan på grafen framställd i ett bestämt koordinatsystem eller på det geometriska objekt man studerar och vill analysera.[8]

Grafen till en funktion $f : A \to B$, vilken som helst, definieras i matematiken generellt som mängden av alla ordnade par $(x, f(x))$, där $x \in A$, alltså funktionens definitionsmängd. Eller, med andra ord, grafen är lösningsmängden till ekvationen $y = f(x)$. Med mängdlärans notation:

$$\text{graf}(f) = \{(x, y) : x \in A \wedge y = f(x) \in B\}$$

Denna definition har alltså ingen direkt anknytning till koordinatsystem, geometri eller matematisk analys, utan är abstrakt och gäller alla typer av funktioner.

1.4 Hanteringen av formler och ekvationslösning i tillämpningar

1.4.1 Begreppet formel

En **formel** i matematik och empiriska tillämpningar har i regel formen av en ekvation i flera variabler, som upprättar ett (funktions)samband mellan ingående storheter, oftast mellan en utvald och ett antal andra storheter (t.ex. cirkelns area – cirkelns radie eller totalkraft – partikelns massa och acceleration). I geometrin liksom i empiriska tillämp-

[8]Till detta kommer förstås en tredje användning av termen "graf" i matematiken, nämligen syftande på en *diskret graf*, alltså en abstrakt nätverksstruktur av noder och trådar som förbinder noderna. Här uppstår dock sällan någon förvirring kring vad det är man syftar på. "Grafer" i denna tredje bemärkelse studeras inom den gren av diskret matematik som heter grafteori.

ningar är det ett oavvisligt villkor *att ingående storheters dimensioner respekteras*, det vill säga "enheterna måste matcha varandra".

En allmän matematisk beskrivning av formelsambandet är som en ekvation på formen

$$f(x_1, x_2, \dots, x_n) = 0 \qquad (*)$$

där f är en funktion, typiskt en reellvärd funktion av n reella variabler (definitionsmängden behöver inte vara hela $\mathbb{R}$). Men mycket ofta tecknas formelsambandet

$$y = g(x_1, x_2, \dots, x_m) \qquad (**)$$

för en utvald variabel y (area, volym, kraft, energi, etc).

Till att börja med något vi kunde kalla för **tolkningsregeln för algebrans tillämpning**:

En generell tolknings– och hanteringsprincip för 'läsningen' av en formel inom naturvetenskap, teknologi, ekonomi och andra tillämpningar är att under sin själva matematiska hantering skall den normalt behandlas som en 'rent matematisk' ekvation, det vill säga enligt helt och hållet interna matematiska begrepp och regler.

Till dessa regler för det matematiska opererandet hör även att hålla reda på enheterna, så att de matchar varandra.

Notera att den allmänna tolkningsregeln inte har att göra med någon extern, av vetenskapen och matematiken oberoende verklighet, utan det är som en praktisk konvention för hur en viss sorts verksamhet kan bedrivas på ett sätt som underlättar kommunikationen mellan forskare, ingenjörer, tekniker, läkare, och så vidare, och är klargörande i själva framställningen av den vetenskapliga kunskapen. Det är alltså som en sorts *språkregel*, en manual för att tolka trafikskyltar.

Givet exempelvis Ohms lag ur elläran kan jag svara på vissa frågor, utan någon djupare kännedom om den roll Ohms lag och termerna 'spänning', 'resistans' respektive 'ström' har i fysiken. På samma sätt är det givet en formel ur geometrin eller ekonomin eller något annat fält. Naturligtvis kommer jag inte kunna tillämpa Ohms lag korrekt på alla möjliga fysikaliska situationer utan mer kunskaper i fysik, men gällande vissa klasser av frågor räcker det med att behärska algebran.

Exempel 9. Sambandet mellan spänning U, ström I och resistans R för en elektrisk krets eller komponent bestämmes enligt *Ohms lag* som:

$$U = RI$$

Spänning mäts i enheten volt (V), ström i enheten ampere (A) och resistans i enheten ohm (Ω). Ett vanligt uttag från elnätet i ett hem har (effektiv)spänningen $U = 230$ V. Antag att fysikläroboken ställer frågan: "Ett visst värmeelement avsett för 230 V har en resistans på 20 Ω. Hur stor ström drar värmeelementet?" Givet sambandet i Ohms lag får vi ekvationen $230 = 20I$. Med ledning av hanteringsprincipen för formler behöver jag ingen mer kunskap om innebörden av termern 'ström' för att kunna konstatera att $I = 230/20 = 11{,}5$ A. Det är så jag förväntas läsa, tolka fysikuppgiften! Här behöver jag endast kunskaper i algebra och dess hantering i tillämpningar. □

1.4.2 I geometrin

Från geometrin känner vi igen formler för omkrets, area och volym. Några exempel:

Rektangelns areaformel: $A = bh$

Triangelns areaformel: $A = bh/2$

Cirkelns omkrets: $O = 2\pi r$

Cirkelns area: $A = \pi r^2$

Rätblockets volym: $V = Bh$

Pyramidens volym: $V = Bh/3$

Klotets volym: $V = \frac{4}{3}\pi r^3$

Klotets area: $A = 4\pi r^2$

Notera att samtliga dessa formler är skrivna på formen (**) enligt ovan, men var och en av dem kunde också *skrivas om* på formen (*) utan större ansträngning. Exempel:

Cirkelns area: $A - \pi r^2 = 0$

Rätblockets volym: $V - Bh = 0$

Klotets volym: $V - \frac{4}{3}\pi r^3 = 0$

□

Vi kan också ur respektive formel lösa ut och erhålla en formel för andra inblandade storheter i HL, till exempel en formel för klotets radie givet dess volym.

Exempel 10 (geometri). Bestäm en formel för:

(a) cirkelns radie givet dess omkrets

(b) klotets radie givet dess volym

Lösning: (a) Vi löser ekvationen för r (behandlar r som den obekanta och övriga som givna konstanter):

$$O = 2\pi r$$
$$r = \frac{O}{2\pi}$$

(b) Helt analogt löser vi ekvationen för r givet klotets volymformel:

$$V = 4\pi r^3/3$$
$$r^3 = 3V/4\pi$$
$$r = \sqrt[3]{3V/4\pi}$$

"Klotets radie är precis lika stor som kubrikroten ur tre gånger dess volym dividerat med fyra pi." □

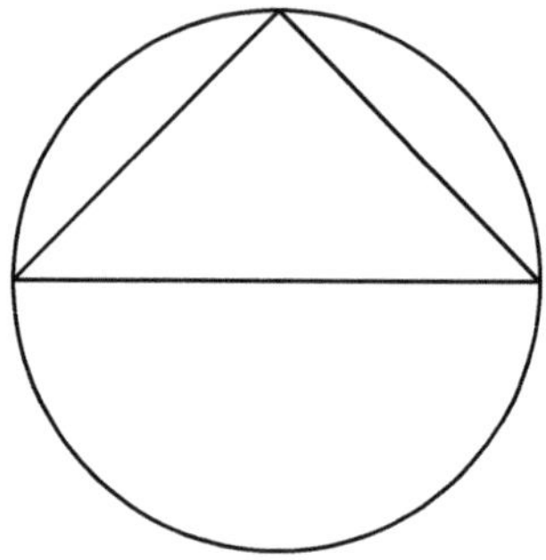

Figur 6: En triangel med omskriven cirkel. Problem 0: beräkna arean av området utanför triangeln men innanför cirkeln.

Exempel 11 (geometri). Beräkna arean av området utanför triangeln men innanför cirkeln, såsom visas i figuren.

Lösning: 1. Låt r beteckna cirkelns radie. Arean av cirkeln respektive triangeln kan vi beräkna genom geometrins formler för dessa figurers area.

2. Cirkelns area är $A_C = \pi r^2$.

3. Triangeln är likbent och har basen $2r$ och höjden r. Detta ger triangelns area som

$$A_T = bh/2 = 2r \cdot r/2 = r^2$$

4. Ur (2) och (3) drar vi slutsatsen att den efterfrågade arean är

$$A = A_C - A_T = \pi r^2 - r^2 = (\pi - 1)r^2$$

På ett ungefär $2{,}14r^2$. □

Exempel 12 (geometri). (a) Ställ upp en formel för arean A av ett rum med måtten $x \times y \times 2{,}5$ meter (längd × bredd × höjd).

(b) Ange ett möjligt mått på väggarna sådant att arean $A = 15$

m^2.

Lösning: (a) Rummet kan tänkas uppbyggt av sex rektanglar. Arean av en rektangel får vi enligt rektangelns areaformel. Två av väggarna har arean $2{,}5x$ och de övriga två väggarna $2{,}5y$ kvadratmeter. Sammanlagt får vi

$$A = 2{,}5x + 2{,}5y = 2{,}5(x + y)\ \mathrm{m}^2$$

där x och y har enheten m.

(b) Den efterfrågade arean samt resultatet ur uppgift (a) ger oss följande ekvation

$$\begin{aligned} 2{,}5(x + y) &= 15 \\ x + y &= 6 \end{aligned}$$

En möjlighet är att sätta längden $x = 4$ m och bredden $y = 2$ m. □

1.4.3 I ekonomi

En allmän skillnad mellan formler i geometri och naturvetenskap jämfört med ekonomi, är att ekonomiska modeller ju beskriver en samhällelig verklighet som ytterst sett grundar sig på mänskliga beslut och överenskommelser: till exempel om vad man kan göra med/köpa för pengar och hur lån, ränta, och så vidare ska fungera och beräknas. Det är skilda verkligheter man närmar sig och de matematiska modellerna har olika sorters bruk i människans tillvaro.

Exempel 13 (ekonomi). Ställ upp en formel för antalet SEK givet ett visst antal YEN, och omvänt, utgående från sambandet mellan de två valutorna enligt exempel 5.

Lösning: Låt K_y vara beloppet/kapitalet i valutan YEN och låt K_s vara beloppet i valutan SEK. Enligt uppgift är 1 YEN $= k =$

0.0723486265 SEK. Då har vi

$$K_s = kK_y$$

Division av VL och HL med k ger det omvända (inverterade) sambandet

$$K_y = K_s/k$$

□

Exempel 14 (ekonomi). Med så kallad *enkel ränteräkning*, som gäller upp till 1 *ränteperiod*, ska *räntan* r beräknas enligt *formeln för enkel ränteberäkning* som

$$r = kpt$$

där k är det ursprungliga *kapitalet*, p *räntesatsen* och t *räntetiden* räknat i andel av 1 ränteperiod (oftast är 1 period = 1 år).

(a) Räntesatsen på ett visst placeringskonto är 1,82% och ränteperioden är 1 år. En placerare sätter in 12 000 SEK på kontot. Till vilken summa växer kapitalet på 8 månader?

(b) På vilken tid blir räntan för kapitalet 200 kronor? Ange svaret med noggrannheten 1 dygn.

Lösning: (a) Här är

$$\begin{aligned} p &= 0{,}0182 \\ k &= 12\ 000 \text{ kr} \\ t &= 8/12 = 2/3 \text{ år} \end{aligned}$$

Insättning i ränteberäkningsformeln ger

$$r = kpt = 12000 \cdot 0{,}0182 \cdot (2/3) \approx 145{,}60 \text{ kr}$$

Det nya kapitalet K efter 8 månader blir alltså

$$K = k + r = 12000 + 145{,}60 = 12146{,}60 \text{ kr}$$

(b) Här har vi samma räntesats och startkapital, och en given ränta $r = 200$ kr. Vi löser ut tiden t ur följande ekvation:

$$\begin{aligned} kpt &= r \\ t &= r/kp \\ t &= 200/(12000 \cdot 0{,}0182) = 0{,}9157509\ldots \text{ år} \end{aligned}$$

Räntetiden omvandlat till enheten dygn är 0,9157509·365 d = 334,249... d ≈ 334 dygn. □

1.4.4 I naturvetenskap och teknologi

Här är några fler exempel på formler ur fysik och kemi, som kanske är bekanta för läsaren sedan tidigare:

Newtons andra lag (kraftekvationen): $F = ma$

Kinetisk energi: $E_k = \frac{1}{2}mv^2$

Newtons universella gravitationslag: $F = Gm_1m_2/r^2$

Matematisk pendel: $T = 2\pi\sqrt{l/g}$

Brytningslagen: $n_1 \sin(\alpha_1) = n_2 \sin(\alpha_2)$

Linsformeln: $1/a + 1/b = 1/f$

Termodynamiskt samband energi–värme (specifik värmekapacitet): $E = cm\Delta T$

Gasernas allmänna tillståndsekvation: $pV = NkT$

Coulombs lag för elektrisk attraktion: $F = kQ_1Q_2/r^2$

Ohms lag: $U = RI$

Sambandet energi–massa (egentligen viloenergi–vilomassa) i Einsteins relativitetsteori: $E = mc^2$

Låt oss titta på några fler exempel på användande av Ohms lag:

Exempel 15 (ellära). Ett vanligt uttag från elnätet i ett hem har spänningen 230 V.

(a) Ett värmelement avsett för 230 V har en resistans på 20 Ohm (Ω). Hur stor ström drar det?

(b) En glödlampa avsedd för 230 V drar 0,4 A. Hur stor resistans har glödtråden?

Lösning: (a) Ur Ohms lag får vi ekvationen $230 = 20I$, med lösningen $I = 230/20 = 23/2 = 11{,}5$ A.

(b) Ohms lag ger den elementära ekvationen $230 = R \cdot 0{,}4 \iff R = 230/0{,}4 = 2300/4 = 575\ \Omega$.

□

Exempel 16 (ellära). Bryt ut en formel för resistansen givet spänning och ström ur Ohms lag $U = RI$.

Lösning: Vi ska alltså lösa ut variabeln R ur formeln $U = RI$. Division av VL och HL med I ger $U/I = R$, vilket är ekvivalent med ursprungsekvationen så länge $I \neq 0$:

$$U = RI \iff R = U/I \quad (I \neq 0)$$

Svar: $R = U/I$, så länge $I \neq 0$. □

Exempel 17 (relativitetsteori). Vilket totalt energiinnehåll motsvarar 1 gram uran?

Lösning: Ljushastigheten i vakuum är $c \approx 3 \times 10^8$ m/s. Vi omvandlar $1\ \text{g} = 1/1000\ \text{kg} = 10^{-3}$ kg. Insättning i Einsteins ekvation ger

$$\begin{aligned} E = mc^2 &= 10^{-3} \cdot (3 \cdot 10^8)^2 = 10^{-3} \cdot 9 \cdot 10^{16} = 9 \times 10^{13} \quad \text{J} \\ &= 90 \times 10^{12} = 90 \quad \text{TJ} \end{aligned}$$

Svar: Ungefär 90 tera–joule. □

Exempel 18 (klassisk mekanik). (a) Vilken tyngdkraft verkar mellan Jorden och Månen?

(b) Med vilken acceleration faller en kropp m nära jordytan?

Lösning: (a) Enligt tabell är

den universella gravitationskonstanten $G = 6{,}674 \times 10^{-11}$ (för m, kg, s)

jordens massa $= M_j = 5{,}97237 \times 10^{24}$ kg

månens massa $= M_m = 7{,}34767309 \times 10^{22}$ kg

medelavstånd jord–måne $R_{jm} = 3{,}844 \times 10^8$ m

Insättning av dessa numeriska mätdata i Newtons gravitationslag ger den genomsnittliga tyngdkraft som verkar mellan jord och måne som

$$F = \frac{GM_jM_m}{R_{jm}^2} = \frac{6{,}674 \cdot 5{,}97237 \cdot 7{,}34767309}{3{,}844^2} \times \frac{10^{-11} \cdot 10^{24} \cdot 10^{22}}{(10^8)^2}$$
$$= 19{,}82056248 \times 10^{19} \approx 1{,}98 \times 10^{20} \text{ N}$$

Svar: Kraften mellan Jord och Måne är ungefär 2 gånger storleksordningen 10 upphöjt till 20 newton.

(b) Med Newtons andra lag och gravitationslagen kombinerade får vi följande ekvation:

$$ma = GmM_j/R_j^2$$

Här ser vi att den lilla kroppens massa m kan förkortas bort ur VL och HL av ekvationen, vilket ger

$$a = GM_j/R_j^2$$

Insättning av numeriska värden för gravitationskonstanten och jordens massa och radie, samt en del beräkningar, ger $a = 9{,}81$ m/s^2, vilket är *accelerationskonstanten vid jordytan.* □

1.5 Något om enkla andragradsekvationer

En **andragradsekvation** innehåller minst en andragradsterm, såsom $3x^2$, dock inga termer av högre grad (såsom x^3). För att finna lösningarna till en given andragradsekvation behöver man (oftast) dra kvadratroten ur något tal. Dessa ekvationer går därmed ett steg vidare från de elementära ekvationer som låter sig lösas genom att applicera de fyra räknesätten på ekvationens två led.

De andragradsekvationer vi tittar på i denna artikel är vad som brukar kallas *enkla andragradsekvationer*, vilket bara betyder att vi inte behöver gå vägen genom så kallad kvadratkomplettering eller den allmänna lösningsformeln för andragradare, för att kunna lösa ekvationen.

Exempel 19. Lös den enkla andragradsekvationen:

(a) $4x^2 - 25 = 0$ (b) $2x^2 - 10 = 0$ (c) $x^2 + 9 = 0$

(a) Genom att applicera [E]–metoden i två steg får vi först att:

$$4x^2 - 25 = 0 \iff x^2 = 25/4$$

För att komma vidare härifrån behöver vi dra kvadratroten ur HL:

$$\sqrt{25/4} = \sqrt{25}/\sqrt{4} = 5/2$$

Att detta är en lösning till ekvationen i (a) kan vi verifiera genom en kontrollräkning:

$$4 \cdot (5/2)^2 = 4 \cdot (25/4) = 25$$
$$25 - 25 = 0$$

Det stämmer. Emellertid ger oss även negativet till roten, alltså $(-5/2)$, en lösning till ekvationen. Vi har alltså två lösningar, $x_1 = 2.5$ respektive $x_2 = -2.5$.

Det typiska sättet att i läromedlen redovisa de tagna lösningsstegen är som följer:

$$
\begin{aligned}
&4x^2 - 25 = 0 \\
&4x^2 = 25 \\
&x^2 = 25/4 \\
&x = \pm\sqrt{25/4} = \pm 5/2
\end{aligned}
$$

(b) Låt oss nu titta på ekvationen:

$$
\begin{aligned}
&2x^2 - 10 = 0 \\
&x^2 = 5 \\
&x = \pm\sqrt{5}
\end{aligned}
$$

I detta fall har ekvationen endast *irrationella* lösningar, eftersom kvadratroten ur 5 är irrationell. Vid behov kan lösningarna approximeras med decimaltal till önskat antal decimaler. Till tre decimalers noggrannhet har vi de *approximativa lösningarna* $x_1 \approx 2{,}236$ och $x_2 \approx -2{,}236$.

(c) Hur är det då med denna ekvation? Om vi följer samma steg som ovan måste gälla:

$$
\begin{aligned}
&x^2 + 9 = 0 \\
&x^2 = -9 \\
&x = \pm\sqrt{-9}
\end{aligned}
$$

Kvadratroten ur ett negativt tal är emellertid odefinierad i de reella talen. Ekvationen *saknar lösning* i $\mathbb{R}$. Om man däremot går över till det komplexa talområdet $\mathbb{C}$ har ekvationen två lösningar, $3i$ respektive $-3i$. □

I figur 7 visas lösningarna ur ovanstående exempel grafiskt som skärningspunkter eller frånvaro av skärningspunkter mellan motsvarande parabel och x–axeln. De två lösningarna till ekvationen (a) $4x^2 - 25 =$

0 utgör nollställena till andragradsfunktionen $y = 4x^2 - 25$; och på motsvarande sätt med ekvationerna (b) och (c).

Andragradsekvationer och andragradsfunktioner dyker ofta upp i geometrin och i naturvetenskapliga och tekniska tillämpningar. Följande andragradsfunktion beskriver till exempel fritt fall nära jordytan:

$$y = h - \frac{1}{2}gt^2$$

Detta är den klassiska mekanikens modell för fritt fall utan luftmotstånd eller annan friktion: ”Positionen i horisontalled är lika med höjden minus halva accelerationskonstanten gånger kvadraten på den tid som förlöpt sedan fallet påbörjades.” Här är y höjden över marken i enheten meter, h den höjd från vilken föremålet släpps, t är tiden i sekunder och g är accelerationskonstanten nära jordytan, som har värdet $g \approx 9{,}81\ \mathrm{m/s^2}$. Fallsträckan, den sträcka i meter som föremålet fallit efter tiden t sekunder, är den andra termen i differensen, alltså:

$$\text{fallsträcka} = \frac{1}{2}gt^2$$

Problem 1 (Mekanik). Ett föremål faller mot jordytan från höjden 10 meter.

(a) Ställ upp en ekvation för fritt fall från denna höjd.

(b) Var befinner sig föremålet och hur långt har det fallit efter en halv sekund?

(c) Hur lång tid tar det för föremålet att nå marken?

Bortse från luftmotstånd och gör approximationen $g \approx 9.8\ \mathrm{m/s^2}$.

Lösning: (a) Insättning av $h = 10$ och $g = 9.8$ i ekvationen för fritt fall nära jordytan ger ekvationen

$$y = 10 - 4.9t^2$$

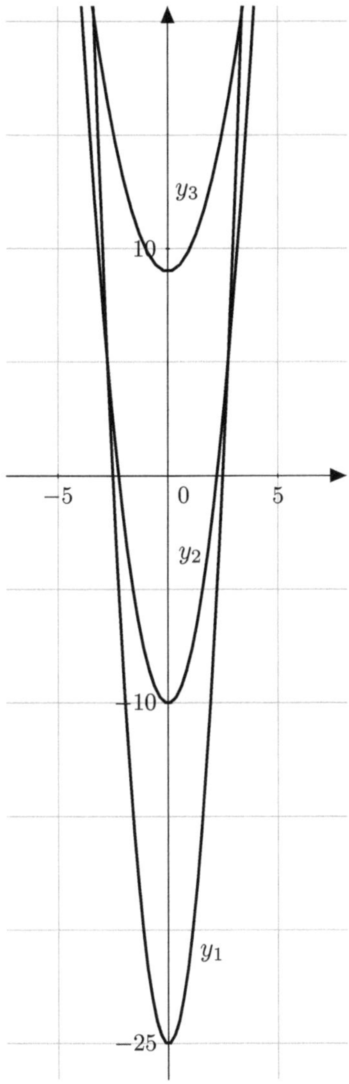

Figur 7: Figuren visar beteendet kring x–axeln för kurvorna $y_1 = 4x^2 - 25$, $y_2 = 2x^2 - 10$ samt $y_3 = x^2 + 9$. Kurvorna y_1 och y_2 skär x–axeln, eftersom ekvationerna $y_1 = 0$ respektive $y_2 = 0$ bägge två har reella lösningar. Parabeln y_3 skär inte den reella x–axeln, då ekvationen $y_3 = 0$ endast har lösningar i de komplexa talen $\mathbb{C}$.

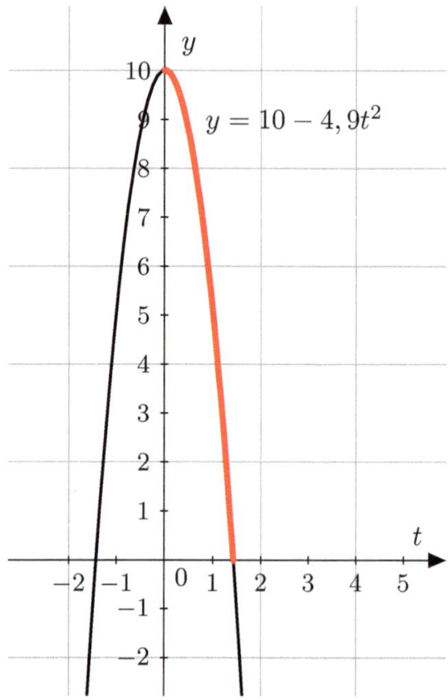

Figur 8: Funktionen $y = 10 - 4,9t^2$ utgör en modell för fritt fall nära jordytan från höjden $h = 10$ meter. Här ritas grafen till funktionen i cartesiska koordinater. Det är bara den del av kurvan som är rödmarkerad som har fysikalisk innebörd i den givna modellen av problemet.

(b) Insättning av $t = 0.5$ sek ger

$$y(0.5) = 10 - 4.9 \cdot 0.5^2 = 10 - 4.9 \cdot 0.25 = 10 - 1.225 = 8.775$$

Fallsträckan är $s = 1.225$ m. Svar: Föremålet befinner sig 8.775 meter över marken efter en halv sekund och har då fallit 1.225 meter.

(c) För att beräkna den totala falltiden löser vi ekvationen $y = 0$:

$$10 - 4.9t^2 = 0 \iff$$
$$10 = 4.9t^2 \iff$$
$$t = \sqrt{10/4.9} \approx 1.4$$

Den negativa lösningen till ekvationen saknar i detta fall fysikalisk betydelse. Kvadratroten beräknades med Googles inbyggda miniräknare. Svar: Det tar cirka 1.4 sekunder för föremålet att nå jordytan. □

Vi återkommer till temat ekvationer och funktioner av andra graden i artikeln ”Ekvationer och polynom av andra graden” ur DFM portfölj IV om analytisk geometri och algebrans fördjupning.

2 Lock/portar

Teorifrågor

F1. Förklara med hjälp av exempel vad man i matematiken menar med:

(a) ett likhetspåstående (en likhet) (b) en (aritmetisk) ekvation

(c) lösningen till en ekvation (d) en aritmetisk identitet

F2. Vad innebär (vad vi här kallar) den elementära ekvationslösningsmetoden.

F3. Förklara med stöd av exempel följande begrepp och skillnader mellan dem:

(a) ett koordinatsystem (b) ekvationen för en kurva (c) grafen till en ekvation (funktion)

Problem

P2. Lös ekvationerna (för hand eller med miniräknare). Svara i bråkform och som decimaltal, eventuellt avrundat till ett närmevärde med två decimaler:

(a) $5X = 167$ (b) $y \cdot 17 = 19954$ (c) $18{,}19x = -40{,}55$

Visa med kontrollräkning att dina svar verkligen utgör (approximativa) lösningar till ekvationerna.

P3. Lös ekvationerna:

(a) $9x + 15 = 51$ (b) $-4{,}5x + 8 = -25$ (c) $-4/x = 10$

P4. (a) Lös ut variabeln y ur ekvationen $-6x + 4y = 3$.

(b) Rita grafen till den så beskrivna funktionen i ett cartesiskt koordinatsystem.

P5. Ställ upp en lämplig ekvation för var och en av följande frågeställningar:

(a) Hur många dollar får man för 28 000 svenska kronor? Antag att växelkursen är 1 USD = 8.48313129 SEK.

(b) 936 liter medicin ska fördelas på droppflaskor som vardera rymmer 50 ml. Hur många flaskor behövs?

(c) Ett tåg rör sig 200 meter på 3 sekunder. Med vilken medelhastighet (i m/s) rörde sig tåget?

P6. *Ellära och Ohms lag.* Ett vanligt uttag från elnätet i ett hem har spänningen 230 V.

(a) Det går 0,8 A genom en resistor på 75 Ω. Hur stor spänning är den inkopplad till?

(b) Ett värmelement avsett för 230 V har en resistans på 20 Ohm (Ω). Hur stor ström drar det?

(c) En glödlampa avsedd för 230 V drar 0,4 A. Hur stor resistans har glödtråden?

(d) Ett eluttag för 230 V är säkrat med en propp 10 A. Vilken är den lägsta resistans som får kopplas in?

P7. Det kortaste avståndet mellan jorden och planeten Mars är 78 miljoner kilometer. Hur lång tid tar det att färdas denna sträcka med ett rymdskepp vars hastighet är 20 km/s? Svara i dygn.

P8. (a) Plotta grafen till funktionen $y = 2,5x^2 - 6$ i ett cartesiskt koordinatsystem. (b) Var skär kurvan x–axeln?

P9. Lös andragradsekvationen (ange närmevärden till rötterna till tre decimalers noggrannhet i det fall ekvationen saknar rationella lösningar):

(a) $9x^2 = 16$ (b) $x^2 - 3 = 7$ (c) $x^2 + 16 = 0$

Feluppskattning och närmevärden vid hantering av mätdata

Artikel 4

Innehåll

Abstract

I den här artikeln fortsätter vi ämnet för "Kvantitetens principer och hantverk: om att mäta och räkna" med en lite närmare behandling av de helt grundläggande och allmänna begrepp och metoder som hänger samman med osäkerhet och precision i mätningar och närmevärden. Vi tittar på enkla felberäkningar och påminner oss om avrundning, gällande siffror och grundpotensform (eng. *scientific notation*).

1 Kärninnehåll

1.1 Storhet, mätetal, enhet, feluppskattning och felgräns

Några inledande påminnelser. I matematikens tillämpningar rör man sig med massor med olika slags **storheter**, ett svenskt ord som närmast motsvaras av engelskans *physical quantity*, men det svenska ordet innefattar också ekonomiska och andra slags storheter utanför verksamhetsområdena teknik, fysik, kemi och biologi. En storhet kan exempelvis vara arean av en given husvägg, volymen hos en oljetank, spänningen över ett batteri i en elektrisk krets eller avståndet mellan en planet och Solen vid en given tidpunkt.

Med en storhet menas i det här sammanhanget (och i naturvetenskapen) alltså något som låter sig mätas eller bestämmas genom att man uppger ett visst **mätetal** och en **enhet** för storheten. Typexempel på enheter är meter för en storhet av kategorin/dimensionen längd, sekund för en storhet av dimensionen tid och kilogram för en storhet av dimensionen massa ("vikt"). Mätetalet för en storhet i samband med *faktisk, teknisk, experimentell–observationell mätning* är alltid ett rationellt tal, typiskt på decimalform.

Både enheten och den storhet man vill mäta tillhör samma kategori eller typ av storheter. I fysiken och övrig naturvetenskap kallar man denna kategori för storhetens respektive själva enhetens **dimension**. Exempel på dimensioner är längd, area, volym, tid, massa, kraft, laddning, strömstyrka, spänning, temperatur, ljusstyrka, och så vidare.

Det inom dagens vetenskap etablerade internationella systemet för vetenskaplig mätning heter som vi vet *Système International d'unités* ("The International System of Units"), förkortat **SI**. Detta infördes alltså strax efter den franska revolutionen och började breda ut sig från början av 1800–talet.

Mätvärdet på en storhet uppges enligt det allmänna skrivsättet

$$\textbf{storhet} = \textbf{mätetal} \text{ (stycken av) } \textbf{enhet}$$

Vi skriver ju till exempel ”$m = 56{,}81$ kg”, vilket skulle kunna utläsas: ”Massan m är 56,81 kilogram”. Skrivsättet signalerar alltså att en viss storhet, betecknad med bokstaven m, i ett givet sammanhang anges eller har uppmätts till 56,81 kilogram (och är således av typen eller dimensionen massa; storheten skulle exempelvis kunna vara vikten hos någon bestämd person i en statistisk undersökning).

När man faktiskt mäter en fysikalisk storhet är det dessutom viktigt att man uppger rimliga, realistiska, **felgränser** för mätvärdet. Man utgår ifrån att varje empirisk mätning eller observation av en (kontinuerligt varierbar) storhet har ett visst fel, en viss osäkerhet i sig. Varje mätning förlänas bara en viss noggrannhet, som av princip aldrig antas vara exakt med marginalen noll. Det sagda reflekterar en grundläggande formell **mätningsprincip** som relaterar metoderna ’storhet’, ’mätetal’, ’felgräns’ och ’enhet’ till varandra:

Ingen mätning förväntas vara exakt till vilken skala som helst. Man räknar alltid med att mätningen har en viss noggrannhet, en viss upplösning, ett ’fel’ som ligger inom någon viss felgräns större än noll.

Med en **feluppskattning** menas (att ange) ett intervall av rationella tal inom vilket ’det exakta’ eller ’egentliga’ värdet på storheten föreställs ligga.

Ett inom vetenskaperna mycket vanligt skrivsätt för att uttryckligen uppge feluppskattning och felgräns (osäkerhet, noggrannhet) är

$$\textbf{storhet} = \textbf{mätetal} \pm \textbf{felgräns} \text{ (stycken av) } \textbf{enhet}$$

Exempel 1. Antag att man har uppmätt spänningen över ett batteri till 21,2 V med felgränsen 0,1 V (se figur 1). Detta skulle i fysiken kunna skrivas på det här kortfattade sättet:

$$U = 21{,}2 \pm 0{,}1 \text{ V}$$

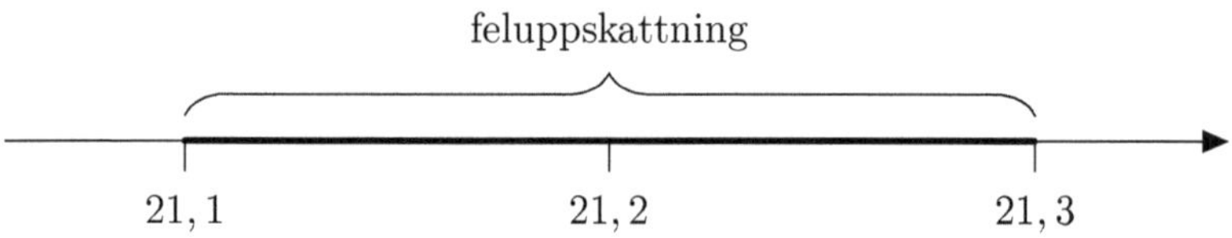

Figur 1: En feluppskattning är ett intervall inom vilket det (så föreställda) 'exakta' eller 'egentliga' värdet på en storhet (föreställs) ligger. Med mätetalet 21,2 V inom en felgräns av 0,1 V utgörs feluppskattningen för mätningen av intervallet från 21,1 till 21,3 (med matematisk notation $[21.1, 21.3]$).

Det står: "(Spänningen över batteriet) U är 21,2 plus minus 0,1 volt". Spänningen får förväntas ligga någonstans i intervallet från 21,1 till 21,3, sådan är feluppskattningen. Storheten här är batteriets spänning (U), mätetalet är 21,2, felgränsen är 0,1 och enheten är volt (V). Enhetens dimension är helt enkelt elektrisk spänning. □

I det speciella fall där den undre och övre feluppskattningen ligger på olika avstånd från mätetalet får man istället använda något annat skrivsätt. Man kan i texten ange en undre respektive övre gräns för felet, såhär exempelvis:

$$21{,}20 - 0{,}15 \leq U \leq 21{,}20 + 0{,}10 \text{ V}$$

Man skulle också kunna skriva

$$U = 21{,}20 \text{ V} \quad -0{,}15/+0{,}10$$

eller något åt det hållet.

Om felgränsen inte är uttryckligen angiven utgår man som allmän regel från att den är bestämd genom antalet gällande siffror i mätetalet.

Exempel 2. I en övning ur en lärobok får man informationen att fokalavståndet för en viss konkav spegel är

$$f = 36{,}0 \text{ cm}$$

Då ska man utgå ifrån att antalet gällande siffror är tre, där den sista siffran 0 ska betraktas som osäker. Om inget annat är sagt innebär detta att det är okej att utgå ifrån att värdet är avrundat (enligt vanliga avrundningsregler). Man kan alltså utgå ifrån att

$$35{,}95 \text{ cm} \leq f \leq 36{,}05 \text{ cm}$$

(om inget annat är sagt). □

Vid beräkningar i ett övningssammanhang eller en tentamen, eller för att faktiskt få en uppfattning om ungefär var värdet på en given storhet ligger, behöver man dock (för det mesta) hursomhelst inte göra några noggrannare felberäkningar! Det räcker med att avrunda slutberäkningen till ett *rimligt* antal decimaler, så att det inte är högre precision i resultatet av beräkningarna än i givna mätdata.

1.2 Gällande siffror och avrundning

Det finns lite olika avrundningssystem, som skiljer sig åt ifråga om hur man behandlar fallet där den på avrundningssiffran följande siffran är 5. Det vi är vana vid i Sverige ("svensk avrundning") följer *regeln att avrundning sker nedåt mot avrundningssiffran om efterföljande siffra är mindre än 5, men i annat fall uppåt, så att avrundningssiffran ökar med 1.*

Exempel 2.

2,34 avrundat till en decimals noggrannhet ger 2,3

567,5233 avrundat till ental är 568

6,798245 avrundat till nästa sista decimalen är 6,79825.

□

Reglerna för att räkna med **gällande siffror** (eng. *significant figures*), också kallat **värdesiffror**, är en konvention som har att göra med den internationella tolkningen av mätvärden och andra data. Reglerna förklaras lättast med några exempel:

Exempel 2. (a) 2,34 har tre gällande siffror. Det betyder att 2:an och 3:an ska betraktas som säkra, medan 4:an är en smula osäker. Om inget annat är sagt kan man räkna med att det korrekta värdet ligger $\pm 0{,}5$ på den sista gällande siffran, i det här fallet alltså mellan 2,335 och 2,345.

(b) 2,340 har fyra g.s., 2,3400 fem g.s., och så vidare.

(c) 0,0000545 har endast tre g.s. 0:orna före den första siffra som inte är 0 räknas inte som gällande. Att det blir många 0:or kan ju till exempel bero på att man använder en viss enhet. Enhetsomvandling till en enhet där mätetalet får färre 0:or framför den första 5:an innebär ju inte att själva mätvärdet får högre eller lägre precision.

(d) 5000,00 har faktiskt sex g.s. på grund av decimalkommat.

(e) Däremot kan man inte uttala sig om hur många g.s. ”5000” har, eftersom värdet lika gärna kunde vara avrundat från 4999 som från 4580. Behöver man alltså vara tydlig med antalet gällande siffror kan man använda decimaler (såsom i ”7,0 cm”) eller använda grundpotensform. I så fall skriver man $5{,}000 \times 10^3$, och detta ska då tolkas som 5000 med 4 g.s. Man kan också skriva till exempel ”5000 med 3 g.s.”, vilket innebär att värdet på storheten kan förväntas ligga någonstans mellan 4995 och 5005. □

Om man inte känner till felgränsen för ett givet mätvärde är den vanliga utgångspunkten att värdet kan betraktas som det vore avrundat till den sista gällande siffran. Enligt svenska avrundningsregler innebär detta att man får anta att felgränsen är en halv enhet i sista värdesiffran.

1.3 Matematiska beräkningar med felgräns (felanalys)

I praktiken är det inom (experimentell) naturvetenskap, medicinsk forskning och teknologi, för det allra mesta, av yttersta vikt att man tar med felgränserna i de beräkningar man gör. Det innebär att man i slutändan behöver kunna besvara frågan ”Inom vilka felgränser kan det och det beräknade värdet förväntas vara korrekt?” Noggranhet, fel eller felgräns betecknas ofta med den grekiska bokstaven litet epsilon:

$$\varepsilon$$

Och här gäller (för det mesta) $\varepsilon > 0$.

Vid beräkningar som endast inbegriper de fyra räknesätten är det en relativt enkel sak att bestämma gränserna för hur stort felet kan förväntas vara. Låt oss titta på ett

Exempel 3. Två bitar av trä har massorna $m_1 = 4{,}6 \pm 0{,}1$ kg respektive $m_2 = 175{,}2 \pm 0{,}2$ kg. Beräkna kropparnas sammanlagda massa M och uppge rimlig felgräns.

Lösning: Här är felgränsen för mätningarna $\varepsilon_1 = 0{,}1$ kg respektive $\varepsilon_2 = 0{,}2$ kg. Vi sätter $M = m_1 + m_2 = 4{,}6 + 175{,}2 = 179{,}8$ kg. Det största möjliga felet uppåt får vi genom beräkningen

$$\varepsilon_1 + \varepsilon_2 = 0{,}1 + 0{,}2 = 0{,}3$$

Det största möjliga felet nedåt får vi analogt till

$$-\varepsilon_1 - \varepsilon_2 = -0{,}1 - 0{,}2 = -0{,}3$$

Resultatet av beräkningen presenterar vi på formen

$$M = 179{,}8 \pm 0{,}3 \text{ kg}$$

□

Exempel 4. En maskinkomponent av metall har formen av en rektangel. Med skjutmått får man följande mått på längd och bredd:

$$a = 24{,}7 \pm 0{,}1 \text{ mm}$$
$$b = 15{,}5 \pm 0{,}1 \text{ mm}$$

Beräkna komponentens area och uppge en rimlig felgräns.

Lösning: 1. Största möjliga korrekta värde på arean, givet informationen från mätningen, är

$$(24{,}7 + 0{,}1) \cdot (15{,}5 + 0{,}1) = 24{,}8 \cdot 15{,}6 = 386{,}88$$

2. Det minsta möjliga korrekta värdet på arean är

$$(24{,}7 - 0{,}1) \cdot (15{,}5 - 0{,}1) = 24{,}6 \cdot 15{,}4 = 378{,}84$$

3. Produkten $24{,}7 \cdot 15{,}5 = 382{,}85$. Låt oss jämföra de tre talen

$$378{,}84 \quad 382{,}85 \quad 386{,}88$$

Här behöver vi vara lite försiktiga med avrundning tills vidare. Avvikelserna från den beräknade produkten är $382{,}85 - 378{,}84 = 4{,}1$ (avvikelse nedåt) respektive $386{,}88 - 382{,}85 = 4{,}03$ (avvikelse uppåt).

4. Produkten bör rimligtvis inte uppges med fler gällande siffror än mätdata, utan vi behöver avrunda svaret. Om vi avrundar till en decimals noggrannhet får vi talen

$$378{,}8 \quad 382{,}9 \quad 386{,}9$$

med avvikelserna 4,1 respektive 4,0 från approximationen 382,9.

5. Vi sätter lämpligen felgränsen för produkten till $\varepsilon^{\times} = 4{,}1 \text{ mm}^2$. Detta garanterar oss en tillräcklig vid feluppskattning för att kunna täcka minsta respektive största värsta–fall–scenario. Resultatet av

beräkningen får presenteras

$$ab = 382{,}9 \pm 4{,}1 \text{ mm}^2$$

□

Eftersom felberäkningar, som vi ser, kan vara en smula tidskrävande använder man gärna formler för beräkning av hur felen 'fortplantar' sig, så kallade **felfortplantningsformler**. Till exempel kan man lätt lista ut att följande formel fungerar för addition av två storheter i samma enhet:

$$\varepsilon^+ = \varepsilon_1 + \varepsilon_2$$

Felgränsen för summan av storheterna är som högst summan av de ingående mätvärdenas respektive fel.

Hur är det med multiplikation av två storheter? Låt oss försöka komma fram till en fungerande formel, med ledning av lösningen till exempel 4. Antag att de två storheterna med felgränser är

$$a = x_1 \pm \varepsilon_1$$

respektive

$$b = x_2 \pm \varepsilon_2$$

För enkelhetens skull, låt oss i det här fallet anta att x_1 och x_2 är positiva tal och att dessa mätetal är större än sina felgränser. Vi kan tänka oss att storheterna här utgör längd och bredd på en rektangel. Låt oss nu se vad som händer om vi prövar *värsta–fall–scenariot* för det 'verkliga' värdet på storheternas produkt ab, givet informationen från mätningen. Utnyttjande räknelagarna får vi att

$$(x_1 + \varepsilon_1)(x_2 + \varepsilon_2) = x_1x_2 + x_1\varepsilon_2 + x_2\varepsilon_2 + \varepsilon_1\varepsilon_2$$
$$(x_1 - \varepsilon_1)(x_2 - \varepsilon_2) = x_1x_2 - x_1\varepsilon_2 - x_2\varepsilon_1 + \varepsilon_1\varepsilon_2$$

Vi skulle nu kunna säga att en undre gräns för felet i beräkningen x_1x_2 för produkten ab är $x_1\varepsilon_2 + x_2\varepsilon_1 - \varepsilon_1\varepsilon_2$, men denna fungerar inte uppåt. Om vi vill ha en felgräns som fungerar både uppåt och nedåt väljer vi istället den något grövre feluppskattningen $x_1\varepsilon_2+x_2\varepsilon_1+\varepsilon_1\varepsilon_2$. Som vi ser fungerar följande formel för felfortplantning:

$$\varepsilon^{\times} = x_1\varepsilon_2 + x_2\varepsilon_1 + \varepsilon_1\varepsilon_2$$

Vi noterar också att om båda osäkerheterna ε_1 och ε_2 går mot 0, så går även produktfelet $\varepsilon^{\times}$ mot 0.

Både ε^{+} och $\varepsilon^{\times}$ i ovanstående formler är alltså kontinuerliga funktioner av de två variablerna ε_1 och ε_2, vars värde går mot noll när felgränserna går mot noll.

Feluppskattningar kan ibland förbättras. Har man ett mycket stort antal mätvärden beräknas medelvärden och standardavvikelse, och här får man vissa speciella statistiska formler för feluppskattning. Det område av tillämpad matematik som analyserar felfortplantning kallas för **felanalys**. Det är faktiskt ett rätt så matematiskt komplicerat område som kräver metoder från såväl statistik som matematisk analys. De felberäkningar och felfortplantningsformler vi tittat på här, om än enkla, ger dock läsaren den allmänna idéen. Kurser i felanalys brukar ingå i programmen för exempelvis ingenjörer och fysiker.

Ibland är det inte så viktigt och därför onödigt omständligt med en väldigt precis feluppskattning. Detta kan bero på att man är mer intresserad av att få ett "hum" om var någonstans värdet på någon viss storhet ligger. Man kan vilja veta ungefär vilken storleksordning det rör sig om. Så är det ju ofta med de beräkningar eleverna förväntas utföra inom skolans undervisning i matematik och naturvetenskap (och på tentamina). Det brukar då *betraktas som tillräckligt att man avrundar resultatet av beräkningarna till ett rimligt antal decimaler.* Om man till exempel har en decimals noggrannhet i indata, så är det inte rimligt att ha fler decimalers noggrannhet i utdata. En tumregel för multiplikation och division brukar vara att man aldrig ska ha fler gällande siffror i svaret än det minsta antal gällande siffror som finns i indata. När avrundningen utförs är det bra att signalera detta med hjälp av tecknet

$$\approx$$

som betyder "är ungefär lika med", "är approximativt lika med". Det används både vid avrundning och för att signalera att ett rationellt tal är ett närmevärde till exempelvis någon given irrationell talsymbol. Vi återkommer till närmevärden i nästa avsnitt.

Exempel 5. En segelbåt rörde sig 248 meter på 1 min 16 s. Beräkna båtens medelhastighet under denna tid. Svara i enheten knop (1 knop = 0,514 m/s).

Lösning: 1. Vi omvandlar tiden till enheten sekund och beräknar först medelhastigheten i meter per sekund:

$$v = \frac{s}{t} = \frac{248 \text{ m}}{76 \text{ s}} = 3{,}263 \text{ m/s}$$

2. Enhetsomvandling till knop:

$$3{,}263 \text{ m/s} = \frac{3{,}263}{0{,}514} = 6{,}348 \approx 6{,}3 \text{ knop}$$

3. Segelbåten rörde sig med lite över 6 knop. □

1.4 Närmevärden och approximation (numerisk analys)

Ett **närmevärde** är en *approximation* av någon matematisk talsymbol, funktionsvärde eller uttryck i formen av ett rationellt tal. Det typiska är att närmevärdet uppges som ett decimaltal, men ibland förekommer i matematiken att man uppger ett bråk som närmevärde.

Exempel 6. Arkimedes klassiska approximation av talet π utgörs av en instängning mellan följande två bråk:

$$\frac{22}{7} < \pi < \frac{223}{71}$$

Beräknar vi 22 7–delar till två decimaler får vi 3,14 (som också är mindre än π eftersom $3{,}14 < 22/7$). Både 22 7–delar och 3,14 kallas för närmevärden till π. □

För att signalera att ett tal är ett närmevärde brukar man som sagt utnyttja skrivsättet $\approx$. Så gäller att

$$\pi \approx 3{,}14$$

Till tio decimalers noggrannhet har vi att

$$\pi \approx 3{,}1415926535$$

Här förekommer också det skrivsätt där man använder likhetstecknet '=' tillsammans med tre prickar '...' efter den sista siffran i närmevärdet:

$$\pi = 3{,}14\ldots$$

De tre prickarna kan utläsas "och så vidare". Det som står är dock inte att π liksom är en 3:a med en följd av decimala siffror som liksom fortsätter ut och förbi pappret i all oändlighet. Låt oss pröva att utläsa påståendet ovan på ett antal olika sätt, för att undanröja eventuell förvirring beträffande skrivsättet:

$\pi = 3{,}14\ldots$
$\rightleftarrows$
"Pi är lika med 3,14 och så vidare"
Pi är 3,14 till två decimaler
3,14 är det bästa närmevärdet av pi till två decimalers noggrannhet
Pi kan approximeras med 3,14 inom en felgräns av $+0{,}01$

Vid beräkningar med närmevärden till rent matematiska talsymboler, såsom π, $\sqrt{2}$ eller φ (det gyllene snittet), utnyttjas i stort samma principer som vid feluppskattning med experimentella data. Då förstås med skillnaden att närmevärden inte bestämmes genom upprepade mätningar och statistiska genomsnitt, utan genom teoretiska 'rent matematiska' resonemang och (dator)beräkningar. Det är viktigt att vara på det klara med att 'närmevärde' är ett annat begrepp än 'mätetal', även om de har vissa likheter med varandra. Det förstnämnda gäller matematisk approximation, det andra har att göra med empiriska mätningar, även om både närmevärden och mätningar har att göra med felgräns och feluppskattning.

Exempel 7. Hur stort blir felet vid beräkning av omkretsen på en cirkel med diametern 1000 m om man använder närmevärdet $\pi \approx 3{,}14$? Med detta närmevärde får vi omkretsen till $3{,}14 \cdot 1000 = 3140$ m. Med det finare närmevärdet 3,14159 får vi omkretsen till 3141,59 m. Skillnaden mellan beräkningarna är ungefär 1,6 m. Felet i beräkningen med närmevärdet 3,14 till π är alltså något över 1 meter, dock under 2 meter. □

Analysen av avrundning och närmevärden samt hur fel i samband med dessa sprider sig genom beräkningar ingår i det stora viktiga område av tillämpad matematik som heter **numerisk analys**. Generellt talat handlar numerisk analys om konkreta numeriska beräkningar och metoder att behandla matematiska problem numeriskt när det är svårt eller omöjligt att finna analytiska lösningar ('exakta' eller 'teoretiska' lösningar). För detta syfte förutsätter numerisk analys *omfattande datorkraft*.

Notera att numerisk analys och felanalys är studieområden som påminner om och delvis är besläktade med varandra, men att de ändå handlar om två olika saker: i det ena fallet om rent matematiska men numeriska beräkningar, i det senare fallet om hur mätetal och felgränser bör uppskattas i samband med observationella–experimentella mätdata inom de empiriska vetenskaperna.

1.5 Grundpotensform (scientific notation)

Det vanliga och mycket effektiva sättet att uppge värden på olika naturkonstanter eller specifika mätningar inom de olika vetenskaperna heter **grundpotensform**, på engelska *scientific notation*. Grundpotensform innebär att uppge mätetalet på formen

$$s \times 10^n$$

alltså s gånger 10 upphöjt till n. Exponenten n är något heltal och kallas för storhetens **storleksordning**. Talet s kallas för **signifikand** eller **mantissa**, och utgör ett rationellt tal på decimalform med heltalsdelen minst 1 och högst 9, det vill säga $[s] \in \{1, 2, \ldots, 9\}$. Den allmänna regeln är att s ska ha just så många siffror som är gällande enligt mätningar och beräkningar.

Exempel 7. (a) Sveriges årliga energiförbrukning uppgick år 2006 till 625 TWh (tera–watt–timmar), vilket på grundpotensform skulle skrivas

$$6{,}25 \times 10^{14} \text{ Wh}$$

(b) Ett accepterat värde på *den universella gravitationskonstanten* G till 4 g.s. är

$$G = 6{,}674 \times 10^{-11} \text{ N} \cdot \text{m}^2/\text{kg}^2$$

(c) Antalet element (atomer, molekyler) i substansmängden 1 mol av ett givet ämne anges av *Avagadros konstant/tal*

$$N_A = 6{,}02214179 \times 10^{23} \text{ stycken/mol}$$

Definitionen av Avagadros tal är att det är antalet atomer i 12 g av den vanliga kolisotopen C–12. Med andra ord innehåller 12 g kol över sexhundratusen miljarder miljarder atomer (enligt den naturvetenskapliga atommodellen av materien). □

Anledningen till att man föredrar 10–potenser är för det första att det innebär en standardisering av skrivsättet i vetenskap och teknologi, som undanröjer alla tvetydigheter vad beträffar antalet gällande siffror i ett mätvärde. Mätvärdet ”7000 g” uppfattas som tvetydigt: antalet gällande siffror skulle kunna vara alltifrån en till fyra. Om man däremot med grundpotensform skriver ”$7{,}0 \times 10^3$ g” så är konventionen den att antalet gällande siffror är två. Om vi istället skriver ”$7{,}000 \times 10^3$ g” så vore antalet gällande siffror större, fyra stycken.

Antalet gällande siffror påverkas inte av enhetsomvandling. Med omvandling av mätvärdet $7{,}0 \times 10^3$ g till kilogram får vi $7{,}0 \times 10^0$ kg, där antalet gällande siffror fortfarande är två.

För det andra underlättas beräkningar av grundpotensformens val av en tiopotens som faktor, eftersom decimalsystemet är byggt på basen tio. Låt oss titta på ett exempel.

Exempel 7. Baserat på informationen i exempel 7(a), hur stor var den genomsnittliga energiförbrukningen per person i Sverige år 2006?

Lösning: 1. Enligt SCB (Statistiska CentralByrån) uppgick Sveriges folkmängd år 2006 vid slutet av året till 9 113 257.

2. Division av total energiförbrukning F med folkmängden S ger genomsnittlig förbrukning per person. Vid beräkningen kan det underlätta något att skriva om folkmängden på grundpotensform. Kvoten mellan signifikanderna beräknades med hjälp av Googles inbyggda kalkylator:

$$\frac{F}{S} = \frac{6{,}25 \times 10^{14}}{9{,}113257 \times 10^6} = \frac{6{,}25}{9{,}113257} \cdot \frac{10^{14}}{10^6} = 0{,}68581408381 \times 10^8$$

3. Vi avrundar till tre gällande siffrors (decimalers) noggrannhet, då detta är det antal som är givet i totalförbrukningen. Eftersom vi räknar inom decimalsystemet är det lätt att skriva om den decimala faktorn till normalform för signifikanden genom att flytta decimal-

kommat ett steg åt höger och sänka exponenten med 1:

$$\text{förbr./sv. pers. år 2006} = 6{,}86 \times 10^7 \text{ Wh}$$

4. Förbrukningen per svensk medborgare var under år 2006 cirka 70 miljoner Wh. □

För det tredje är fördelen med 10–potenserna att de gör det lätt att uttrycka och handskas med oerhört små eller oerhört stora kvantiteter på ett smidigt sätt. Räkning med 10–potenser ligger ganska så långt från vad man med (den en smula tveksamma) beteckningen brukar kalla ”vardagsmatematik”: att räkna ut vad det kostar i affären eller att bestämma mängden färg till ommålningen av stugan.

2 Lock/portar

Teorifrågor

F1. Vad är sambandet mellan storhet, mätetal, enhet och felgräns? (Skriv en "formel".)

F2. (a) Vilken regel gäller för (svensk) avrundning av tal?

(b) Vad menas med gällande siffror?

(c) Vilka internationella regler gäller för räkning med gällande siffror?

F3. (a) Vad är felanalys?

(b) Hur kan man bestämma felgränserna i en beräkning genom något av de fyra räknesätten med två givna mätvärden?

(c) Vad är en felfortplantningsformel? Kan du ge något exempel?

(d) Vilken allmän tumregel gäller för beräkningar med mätdata, där det inte är så noga med exakta felgränser (såsom i samband med skolundervisning)?

F4. (a) Vad innebär grundpotensform, mantissa/signifikand och storleksordning för ett tal?

(b) Givet signifikanden, vad kan man säga om antalet gällande siffror hos värdet?

(c) Av vilka anledningar används grundpotensform i vetenskapliga sammanhang?

Problem

P1. Inom vilken feluppskattning ligger betecknad storhet enligt given information:

(a) $s = 3566{,}50 \pm 0{,}03$ m (b) $t = 32{,}4 \pm 0{,}1$ ms (c) $v = 340{,}0 \pm 0{,}2$ m/s

P2. Avrunda: (a) 43,3 till ental (b) 984,05 till en decimals noggrannhet (c) 9853 till närmaste hundratal

P3. Uppge antalet gällande siffror i följande data:

(a) 945,22 kg (b) 0,00088 s (c) 4,000001 m

P4. Skriv talet 76000 på ett sätt som tydligt visar att antalet gällande siffror är (ett förslag är att använda grundpotensform):

(a) två (b) tre (c) fem (d) sex

P5. Man får följande information om två storheter, betecknade S och T:

$$S = 34{,}20 \pm 0{,}10 \quad [\text{enhet}]$$
$$T = 95{,}30 \pm 0{,}12 \quad [\text{enhet}]$$

Gör en beräkning med feluppskattning av:

(a) summan $S + T$ (b) differensen $S - T$ (c) produkten ST (d) kvoten S/T

P6. I en förgreningspunkt förenas två elektriska likströmmar. Med en amperemeter mäts dessa till

$$I_1 = 3{,}20 \pm 0{,}01 \text{ A}$$
$$I_2 = 4{,}64 \pm 0{,}01 \text{ A}$$

Beräkna den totala utgående strömmen från punkten och uppge explicit felgräns.

P7. Arean hos en liten rektangulär platta av aluminium ska beräknas. Längden mäts till $a = 5{,}6 \pm 0{,}1$ mm och bredden till $b = 3{,}1 \pm 0{,}1$ mm. Beräkna plattans area och uppge felgränser för beräkningen.

P8. En pilgrimsfalk störtdök från 288 meters höjd till marknivå på 2,25 sekunder. Vilken medelhastighet höll falken under dykningen?

P9. Hur stort blir som mest felet vid beräkning av arean av en cirkel med radien $r = 100$ m om man använder närmevärdet $\pi \approx 3{,}14$?

P10*. En bil med massan $m = 1{,}20$ ton rör sig med hastigheten $v = 18{,}2$ m/s (cirka 65 km/h). Den kinetiska energin hos en kropp i rörelse bestämmes av den fysikaliska formeln

$$K = \frac{mv^2}{2}$$

där m är kroppens/partikelns massa i kg och v är dess hastighet i m/s.

(a) Vilken kinetisk energi har bilen i det givna ögonblicket? (Observera behovet av enhetsomvandling.)

(b) Undersök inom vilka felgränser din beräkning är giltig.

P11. Skriv i grundpotensform (scientific notation):

(a) Ljushastigheten i vakuum $c = 299\ 792\ 458$ m/s

(b) Den samlade energiförbrukningen i Finland år 2018 = 79 mrd kWh (skriv i enheten Wh på grundpotensform)

P12. Skriv potensuttrycken på vanlig decimalform:

(a) Den allmänna gravitationskonstanten $G = 6{,}672 \times 10^{-11}$ N·m^2/kg^2

(b) Kinas BNP år 2017 = $12{,}24 \times 10^{12}$ USD

P13. En bläckstråleskrivare kan ha en droppstorlek på bara 3 pl (en pikoliter = 10^{-12} liter). Hur många sådana droppar bläck går det på 4,0 ml utskrift från en bläckstråleskrivare? Svara i grundpotensform.

Matematikens primära taltyper: heltal, rationella, reella, komplexa

Artikel 5

Innehåll

Abstract

I denna artikel ges en översiktlig påminnelse om matematikens vanliga taltyper eller talområden.

1 Kärninnehåll

1.1 Inledning

1.1.1 Våra talbegrepp bildar en familj

I modern matematik räknar och opererar man huvudsakligen, i de allra, allra flesta fall med dessa olika taltyper eller talområden: *heltal, rationella tal, reella tal* samt *komplexa tal.* Detta gäller matematikens undervisning och tillämpning under hela grundskola och gymnasium samt lejonparten av kursinnehållet i utbildningen av ingenjörer, fysiker, läkare, med mera.[1]

Inom dessa olika talområden upp till och med de reella urskiljer vi visserligen de *positiva* respektive de *negativa* talen, men de positiva talen är i både logisk och historisk bemärkelse primära. Det är de som kommer först i ordningen, medan negativa tal får hela sin konstruktiva roll och mening genom hur de relateras till de 'vanliga' positiva talen.

Det är i flera sammanhang viktigt att man kan urskilja dessa olika taltyper och förstå att det rör sig om olika talbegrepp och inte ett

[1]Exempel på andra och för de flesta utbildningar och yrkesinriktningar mer exotiska typer av 'tal' är kvaternioner, hyperreella tal och transfinita kardinaltal.

enda. Det finns likheter här och där, men inte en specifik definierande egenskap som skulle vara den enda anledningen till att vi kallar just allt detta för en och samma sak: nämligen "tal", motsvarande engelskans *number*. Talbegreppen, eller vad man tänker på som tal i matematiken och vetenskapen, har en lång historia inom vilken bilden varierar. Under antiken och medeltiden fanns exempelvis inte något allmänt enhetligt begrepp om "reellt tal", inte om "negativa tal" och definitivt inte "komplexa tal".

De olika talbegreppen karakteriseras alltså av vad filosofen *Ludwig Wittgenstein* kallade för *familjelikheter*. Såhär skriver Wittgenstein mot slutet av sitt liv, i det centrala verket *Filosofiska undersökningar*, vilket räknas som en av 1900–talets tongivande filosofiska klassiker:

> 67. Jag kan inte karakterisera dessa likheter bättre än genom ordet "familjelikheter"; ty det är så som de olika likheter, vilka består mellan medlemmarna av en familj, griper in i och korsar varandra: växt, anletsdrag, ögonfärg, sätt att gå, temperament, etc., etc. — Och jag kommer att säga: 'spelen' bildar en familj.
>
> Och likaså bildar de olika talsorterna en familj. Varför kallar vi någonting för ett "tal"? Väl därför att det har en — direkt — släktskap med en del ting som man hittills kallat tal; och därigenom, kan man säga, erhåller det en indirekt släktskap med annat som vi också benämnt *så*. Och vi utsträcker vårt begrepp tal liksom vi vid spinnandet tvinnar fiber till fiber. Och trådens styrka ligger inte i att någon fiber genomlöper hela dess längd utan däri att många fibrer går omlott.
>
> Om emellertid någon skulle säga: "Alltså finns det något gemensamt för alla dessa företeelser — nämligen disjunktionen av alla dessa gemensamma egenskaper" — då skulle jag svara: här leker du bara med ord. Man kunde lika gärna säga: det finns något som löper genom hela tråden — nämligen detta att fibrerna kontinuerligt går om lott.[2]

[2] Citatet är hämtat ur Anders Wedbergs svenska översättning av Wittgensteins *Philosophiche Untersuchungen*.

1.1.2 Sätt att dela in talen i typer

En första indelning av matematikens taltyper som spontant skulle kunna förekomma en, baserat på analysen i artikeln ”Kvantitetens hantverk och principer”, vore följande:

(i) icke–negativa reella tal, som mängd betecknad $\mathbb{R}^{\geq 0}$

(ii) reella tal, inklusive negativa tal, $\mathbb{R}$

(iii) komplexa tal $\mathbb{C}$

I kategorin (ii) förser vi talsymboler ur kategorin (i) med **signum, tecken, förtecken** $+/-$ och definierar räkneregler överensstämmande med vektorgeometrin för en rät linje (ett 1–dimensionellt linjärt rum). I kategorin (iii) utvidgar vi kategorin (ii) med en symbol $i = \sqrt{-1}$ som tillåter kvadratrötter ur negativa tal; detta förutsätter dock att vi rör oss utanför den reella tallinjen till ett i viss mening 2–dimensionellt talbegrepp.

Den i litteraturen sedvanliga huvudsakliga indelningen av våra talområden ser dock snarare ut såhär:

(I) heltal $\mathbb{Z}$ (av ty. *Zahlen*)

(II) rationella tal $\mathbb{Q}$ (jmf. ital. *quoziente*, eng. *quotient*)

(III) reella tal $\mathbb{R}$

(IV) komplexa tal $\mathbb{C}$

(I)–(III) har det gemensamt att varje *positivt tal* a förses med ett motsvarande *negativt tal* $(-a)$, talets a additiva invers, negativ eller motsats. Den grundläggande principen för indelningen är heltal–rationellt–reellt, och därefter införande av signum $+/-$ för samtliga taltyper. Och därefter inträder i sin tur de komplexa talen, för vilka distinktionen positiv–negativ inte kan anpassas på samma naturliga sätt.

Att denna övergripande indelning av taltyperna förefaller lämplig har olika anledningar:

(1) En är att talområdena $\mathbb{Q}, \mathbb{R}$ respektive $\mathbb{C}$ var för sig utgör *algebraiska strukturer av typen kropp.* $\mathbb{Z}$ är inte en kropp, men en struktur av typen *kommutativ ring med etta*, vilket i termer av definition ligger "ganska nära" en kropp.

(2) En har att göra med *sättet man i detalj bygger upp talsystemen*, där beräkningar med komplexa tal återföres till reella tal, som i sin tur ytterst sett återföres på rationella tal, som i sin tur återföres på heltalens aritmetik (den mängdteoretiska konstruktionen av talsystemen).

(3) Ytterligare en tredje är *begrepps– och kulturhistorisk*, i synnerhet det att mer eller mindre utvecklade begrepp om positiva heltal och bråk av dessa uppträder i samtliga kulturer, och föregår i tiden *de facto* långt utvecklingen av den moderna matematikens övriga talbegrepp.

(4) En fjärde baseras på *didaktiska överväganden*, till exempel det att vi först får lära oss och bli bekanta med heltal och bråk; och därtill kan finnas någon anledning jag försummat att nämna.

Som en äkta delmängd av de rationella finner vi även **mängden av decimaltal (ändliga decimalbråk)**, som vi kan välja att beteckna

$$\mathbf{D}$$

exempelvis. Vad jag vet finns ingen standardiserad enkel beteckning för mängden av decimalbråk, men givet den oöverskådliga praktiska och vetenskapshistoriska betydelse decimaltal faktiskt har, finner jag det klart motiverat att "hylla dem" med en egen beteckning.

Området $\mathbf{D}$ bildar inte på egen hand en algebraisk struktur av typen kropp, eftersom division mellan decimaltal bara sällan ger en kvot som går att uttrycka exakt som ett decimaltal; däremot bildar de ändliga decimalbråken en kommutativ ring med etta — liksom heltalen

$\mathbb{Z}$.

1.2 Heltalen och de rationella talen i högre upplösning

1.2.1 Positiva heltal, naturliga tal, heltal: $\mathbb{Z}^+, \mathbb{N}, \mathbb{Z}$

De positiva heltalen $\mathbb{Z}^+$ är talen ett, två, tre, och så vidare:

$$1, \quad 2, \quad 3, \ldots$$

Det är de tal med vilka vi räknar ett helt antal enheter, och med vilka vi rangordnar i första, andra, tredje.

De naturliga talen $\mathbb{N}$ utökar de positiva heltalen med det enda talet noll, betecknat

$$0$$

I mängdläran kallas de naturliga talen också för **ändliga kardinaltal**, därför att man med dem uttrycker kardinaliteten för (alltså antalet element i) ändliga mängder.[3]

Heltalen $\mathbb{Z}$ är, som påpekades i föregående avsnitt, de naturliga talen utökade med alla negativa heltal

$$-1, \quad -2, \quad -3, \ldots$$

1.2.2 Bråk och de rationella talen $\mathbb{Q}$

Ett tal säges i matematiken vara **rationellt** om och endast om *det låter sig uttryckas exakt som ett enda bråk* '*a b*–delar'. Man säger också: om det låter sig *skrivas som* ett bråk.

[3] I en del engelskspråkig litteratur används "the natural numbers" istället som synonym till "the positive integers", men det vanligaste är att följa kutymen i mängdläran och låta $0 \in \mathbb{N}$. Att följa denna terminologi och notation är även vad svenska språknämnder rekommenderar.

Bråk — naturligtvis ofta(st) bråk av typen decimalbråk/decimaltal — är det som alltid och utan undantag kommer till användning i samband med faktisk, empirisk mätning av storheter i hantverk, naturvetenskap, ingenjörskonst, med mera.

Två bråk kan ha **samma värde**; vi har till exempel att

$$\frac{1}{3} = \frac{2}{6} = \frac{3}{9}$$

Detta att två bråk har 'samma värde' kan förklaras på två med varandra sammanhängande sätt:

(a) de två bråken uttrycker 'precis lika mycket', lika stor kvantitet/mängd av samma delbara helhet

(b) det ena bråket kan *förlängas* så att det blir exakt samma bråk som det andra; eller

1 3–del av en meter är lika mycket som 2 6–delar av en meter (eller pannkaka eller något). Vi ser också hur 1 3–del kan förlängas till 2 6–delar genom att multiplicera med 2 i bråkets bägge led (nämnare och täljare):

$$\frac{1}{3} = \frac{1 \cdot 2}{3 \cdot 2} = \frac{2}{6}$$

Förklaringen till detta att 'precis lika mycket av en 1–helhet' är liktydigt med möjligheten att förlänga/förkorta är att om man multiplicerar bråkets täljare och nämnare med samma heltalsfaktor $n \neq 0$, kompenseras en ökning av antalet delar med faktorn n av en minskning av varje dels storlek jämfört med 1–helheten med exakt samma faktor n — den ena ökningen tar så att säga ut effekten av den andra.

Villkoret (b) är dock, till skillnad från (a), något som har karaktären av ett tekniskt, *matematikvetenskapligt kriterium* på detta 'har samma värde'. Två bråk som har samma värde får **identifieras under likhetstecknet** och betraktas som uttryck, som **representanter**, för ett och samma rationella tal.

Exempel 1. Här är tre typer av tal, som samtliga är rationella:

$$7 \quad 8/5 \quad 1{,}618$$

Heltalet 7 är rationellt, då det kan uttryckas som och identifieras med bråket '7 hela'. Åtta femtedelar är ju ett bråk, och därför rationellt. Decimaltalet 1,618 eller 1.618 kan också skrivas som bråket 1618 1000–delar. □

Det kan vara bra att formulera **definitionen av rationellt tal** i formen av en matematisk sats:

[1] *Ett tal är rationellt om och endast om det exakt kan uttryckas, skrivas som ett enda bråk.*

Vi kan också uppställa **ett första identitetskriterium**[4] för $\mathbb{Q}$:

[2] *Två bråk representerar samma rationella tal (har samma värde) om och endast om det ena kan förlängas till det andra med någon heltalsfaktor* $n \neq 0$.

1.2.3 Decimaltalen D

Exempel 1 är en påminnelse om att varje decimaltal i själva verket är en speciell typ av bråk: det är ett bråk som kan uttryckas som summan av något heltal och si och så många tiondelar, hundradelar, och så vidare. Även decimaltalen förses med signum $+/-$. Ett annat och äldre ord för decimaltal är av denna anledning *(ändligt) decimalbråk.* Däremot gäller inte det omvända: inte varje rationellt tal är ett decimaltal.

Exempel 2. En tredjedel kan approximeras med decimaltal men inte uttryckas exakt som ett enda decimaltal. Decimalutveckling av 1 3–

[4] I högre algebra och mängdlära omformuleras identitetskriteriet till följande, som vi kunde kalla **det andra identitetskriteriet** för $\mathbb{Q}$: $a/b = c/d \iff ad = bc$. Detaljerna kring detta går vi igenom i artikeln "Bråkräkning: de rationella talens grundritning".

del till 7 decimalers noggrannhet ger

$$\frac{1}{3} \approx 0{,}3333333$$

eller $1/3 = 0{,}3333333\ldots$; men $1/3$ är *inte* matematiskt exakt lika med 0,3333333. Multiplicerar vi nämligen högerledet med 3 får vi 0,9999999, ett tal strikt mindre än 1, vilket visar att VL är strikt större än HL. □

Den typiska metoden för att approximera ett bråk som decimaltal, alltså decimalutveckla bråket, är genom den vanliga *divisionsalgoritmen* (med uppställningar som trappan, liggande stolen, kortdivision, etc).

Exempel 3. Arkimedes visade att bråket 22 7–delar är ett närmevärde till π. Låt oss approximera $22/7$ till tre decimaler. Detta gör vi här genom divisionsuppställningen ”liggande stolen”, se figur 1. □

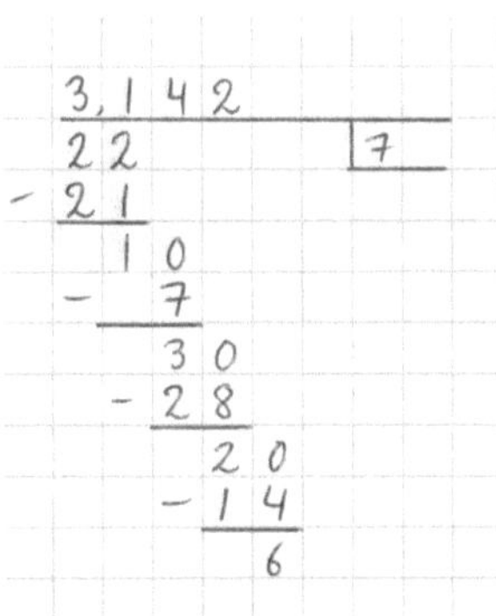

Figur 1: Approximation av $22/7$ som decimaltal med tre decimaler utförd genom divisionsuppställning.

För det allra mesta kan ett givet bråk inte uttryckas exakt som ett enda decimaltal. Låt oss understryka dessa två faktum genom att sätta dem på display som en matematisk sats:

[3] *Varje decimaltal (decimalbråk) är ett rationellt tal; det kan uttryckas som ett enda bråk. Däremot är inte varje rationellt tal* *ett decimaltal.*

Med mängdlärans språk skulle man säga att *decimaltalen utgör en äkta delmängd av de rationella talen*, och med mängdlärans notation:

$$\mathbf{D} \subset \mathbb{Q}$$

1.3 De reella talen i högre upplösning

1.3.1 Inkommensurabla storheter under antiken

Hur kommer det sig då att man i matematiken har upplevt ett behov (eller sett sig tvingad) att införa ytterligare ett talområde 'de reella talen', som också i någon mening motsvaras av tallinjen, men som ändå är mer omfattande än de rationella talen?

Enligt den gängse matematikhistoriska berättelsen sägs matematiker och filosofer i det antika Grekland, *pythagoréerna* närmare bestämt, under en period ha levt i övertygelsen att alla storleksförhållanden mellan storheter i geometrin, musiken och i verkligheten överhuvudtaget i princip skulle gå att uttrycka helt exakt (!) som förhållanden mellan heltal, det vill säga som bråk. "Det där intervallet är 3 4–delar av det här", och så vidare. Detta är vid första påseendet en begriplig tanke. När man praktiskt–empiriskt mäter en storhet (eller med ögat bedömer storleksförhållanden) utnyttjar man ju heltal och bråk (idag oftast bråk av typen decimaltal). Det finns inget som helst *empiriskt* begrepp om att 'mäta längden av en fysisk stav', som inte skulle ge ett mått i formen av ett rationellt mätetal.

Under den rent matematiska analysen av geometriska storheter visade det sig dock så småningom att bråken inte tycktes räcka riktigt hela vägen. Det kom, förtäljer historien vidare, som en mycket stor överraskning när pythagoréerna gjorde den upptäckten att diagonalen och sidan i en "perfekt", alltså *geometrisk* kvadrat, och en del andra geometriska förhållanden, inte kan uttryckas exakt som ett enda bråk

— åtminstone i *matematiska* bemärkelser av orden 'exakt' respektive 'upptäckt'. Ett annat sätt att beskriva det här epokgörande momentet i vetenskapens och filosofins historia vore kanske följande:

Matematikerna i det antika Grekland gjorde någon gång den upptäckten, att förhållandet mellan vissa geometriska storheter (såsom diagonalen och sidan i en kvadrat eller det gyllene snittet) inte låter sig matematiskt analyseras på ett ändligt sätt i formen av ett enda bråk.

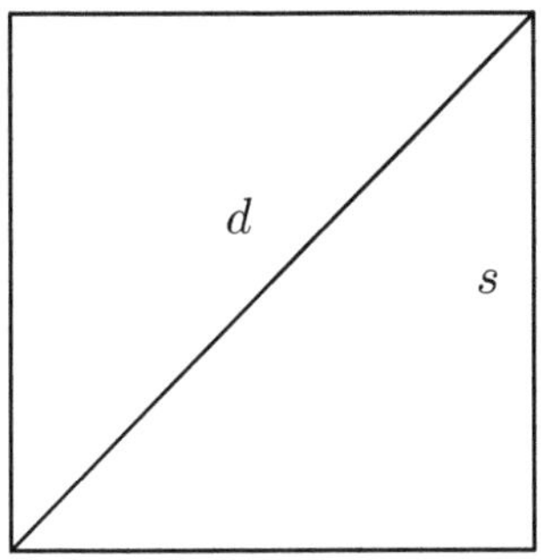

Figur 2: Diagonalen och sidan i en kvadrat är inkommensurabla. Kalla storleksförhållandet mellan diagonalen d och sidan s för F. Då finns det inget bråk som exakt uttrycker F.

De grekiska matematikerna kom därför att dela in par av geometriska storheter i sådana som är **kommensurabla** (ung. "jämförbara" eller "som går att mäta tillsammans med samma måttstock") och sådana som är **inkommensurabla** ("ojämförbara"). Diagonalen och sidan i kvadraten utgör exempel på inkommensurabla storheter. Storleksförhållandet mellan kommensurabla storheter går att uttrycka exakt med ett enda bråk. Storleksförhållandet mellan inkommensurabla storheter går endast att approximera med bråk.

Exempel 4. (a) Omkretsen och sidan i en kvadrat är kommensurabla storheter. Storleksförhållandet mellan omkretsen och sidan är 4:1, fyra till ett, eller uttryckt som bråk "omkretsen är 4 hela (1–delar) av sidan".

(b) Om sträckan CD går att beskriva som a b–delar av en sträcka AB, så är CD och AB kommensurabla.

(c) Volymen av en cylinder omskriven ett klot är precis tre halvor ($3/2 = 1{,}5$) av klotets volym, underförstått att radien r i klotet är lika med cylinderns radie och att cylinderns höjd h är lika med klotets diameter $2r$:

$$V(\text{cylinder}) = \frac{3}{2}V(\text{klot})$$

Alltså är den omskrivna cylinderns och klotets volymer kommensurabla storheter. Detta samband visades först av Arkimedes, på sin tid en bedrift, idag en relativt enkel härledning i elementär modern geometri (en övning). □

Däremot har det (såvitt jag vet) aldrig varit någon matematiker som direkt har påstått att förhållandet mellan till exempel diagonalen och sidan i kvadraten inte låter sig approximeras med bråk, och det utan någon *given gräns* för finheten i närmevärde. Exakt hur grekerna föreställde sig möjligheten av att approximera inkommensurabla storheter är mer av en idéhistorisk frågeställning. Kalla storleksförhållandet mellan diagonalen d och sidan s för F (se figur 2). Här är några exempel på approximationer av, närmevärden till F genom en successivt finare följd av decimaltal:

$$F \approx 1{,}5$$
$$F \approx 1{,}41$$
$$F \approx 1{,}414$$
$$F \approx 1{,}4142$$

Och så vidare. Dessa är också de första decimala närmevärdena ur decimalutvecklingen till det irrationella talet $\sqrt{2}$.

1.3.2 Irrationella tal $\mathbb{R} - \mathbb{Q}$

De grekiska matematikerna hade inget allmänt talbegrepp, som motsvarar den moderna matematikens 'reellt tal' respektive 'irrationellt tal'. Med de insikter grekerna hade gjort i ryggen börjar man dock under matematikens utveckling i Europa från renässansen så småningom röra sig med ytterligare ett talbegrepp 'irrationella tal'.[5]

Som en allmän abstraherad aritmetisk–algebraisk talkonception uppträder alltså begreppet om de reella talen långt senare än antiken, först efter decimalsystemets framträdande på den europeiska scenen och ungefär vid tiden för den naturvetenskapliga revolutionen. Man börjar röra sig med variabelsymboler x, y, z för reella tal, och så vidare.

Till den här aritmetiska och algebraiska konceptionen om 'de reella talen' hör bilden av en sammanhängande klass av tal som går att ordna utmed en rät linje, den elementära matematikundervisningens *tallinjen*; eller som jag själv ibland säger i min undervisning, *"tallinjalen"*.

Det reella tal som enligt modern matematik motsvarar storleksförhållandet mellan diagonalen och sidan i en geometrisk kvadrat känner vi igen som *kvadratroten ur två*, med matematisk notation

$$\sqrt{2}$$

I läroböckerna är $\sqrt{2}$ vanligen det första exemplet på ett reellt tal som inte är rationellt, utan som man säger "irrationellt". Beviset för att heltalet 2 inte kan uttryckas som kvadraten på något bråk är både en illustration som ger bakgrunden till förekomsten av 'irrationella tal' i modern matematik och är dessutom det (troligtvis) mest klassiska exemplet på ett argument av den logiska formen *reductio ad absurdum*.

[5] I sin bok *Universal Arithmetick* (kap. 1, art. I) beskriver Newton ett "number" som ett abstraherat storleksförhållande mellan "quantities", vilka kunde vara av tre typer: "whole", "fraction" eller "surd". Det sistnämnda "surd" motsvarar då vårt begrepp irrationellt tal.

Vi återkommer till det här beviset rörande $\sqrt{2}$ i artikeln "Kvadratroten ur två, eller, diagonalen och sidan i en kvadrat".

Ett reellt tal säges överhuvudtaget vara **irrationellt** om det inte är rationellt, vilket implicerar att det (i en matematisk bemärkelse) inte låter sig uttryckas helt exakt som ett enda bråk. Man kan också säga: *ett irrationellt tal låter sig inte analyseras på ett ändligt sätt som ett enda bråk.*

Exempel 5. (a) De flesta heltalsrötter är irrationella (se artikeln "Identifiering av samtliga irrationella heltalsrötter"). Kvadratroten ur ett primtal är alltid irrationell, således utgör alla *primtalsrötter* en oändlig klass av bevisligen irrationella tal:

$$\sqrt{2},\ \ \sqrt{3},\ \ \sqrt{5},\ \ \sqrt{7},\ldots$$

(b) Ytterligare exempel utgörs av *speciella matematiska konstanter*, såsom:

$$\pi \quad \varphi \quad e$$

Talet φ (grekiskans lilla fi) är *det gyllene snittet*, till vilket det bästa närmevärdet till tre decimalers noggrannhet är 1,618. Längst till höger i listan finner vi *talet* e, till tre decimaler 2,718, en matematisk konstant till stor användning inom den matematiska analysen och dess tillämpningar. Talet e är basen för den naturliga logaritmen och exponentialfunktionen. □

Däremot kan varje irrationellt tal *entydigt approximeras med bråk* — såsom och i synnerhet decimaltal — till varje given noggrannhet ε, så länge denna felgräns tillåts vara åtminstone lite större än noll. Att approximationen sker *entydigt* innebär att man inte kan finna två närmevärden till det irrationella talet som ligger inom disjunkta (åtskilda) intervall på den rationella tallinjen. — Det är så 'man tänker' i modern matematik, det vill säga, det är så vi opererar med och resonerar i huvudfåran av modern matematik och dess tillämpningar. Det är ett centralt faktum om hur man i praktiken tänker sig 'de reella talen' i modern matematik:

[4] *Varje irrationellt tal kan på ett entydigt sätt approximeras med bråk (såsom decimaltal) till varje given noggrannhet/felgräns ε något större än noll.*

Detta betyder, åtminstone i princip, att om a är ett irrationellt tal och vi exempelvis väljer noggrannheten, felgränsen $\varepsilon = 10^{-6} = 0,000001$ (en miljondel), så finns det minst ett rationellt tal q som ligger inom ett avstånd av en miljondel från a; och på samma sätt med varje annan felgräns vi kunde välja, om det så vore $\varepsilon = 10^{-1000000000000}$ (en biljondel) eller $\varepsilon = 10^{-10^{1000}}$.

För praktiska syften räcker det dock (för det mesta) gott och väl med en approximation av en given irrationell talsymbol till några få decimaler. Även i de mest sofistikerade teknologiska och naturvetenskapliga beräkningar används garanterat aldrig mer än 50 decimaler till π, för att ta ett viktigt exempel. NASA lär som mest nyttja 15–16 decimaler för sitt rymdprogram och GPS (*Global Positioning System*) för ortsbestämning på jordytan med hjälp av satelliter. Vid precisionsbestämning av fundamentala fysikaliska konstanter görs beräkningarna med högst 40 decimaler till π.[6]

Det finns i praktiken naturligtvis aldrig något behov av något sådant som en "oändlig följd av decimaler" efter decimalkommat. Och omvänt finns naturligtvis de praktiska begränsningar som den tekniska utrustningen sätter. Däremot kan det finnas en matematikvetenskaplig fascination i det att undersöka mönster i till exempel decimalutvecklingen av π (som man numera med datorernas hjälp beräknat till flera miljarder decimaler). Detta är också kunskap som — rent hypotetiskt — även skulle kunna innebära naturvetenskapligt intressanta eller tekniskt användbara upptäckter; sådant är omöjligt att utesluta på förhand. Det lär inte vara något ovanligt fenomen i naturvetenska-

[6]För mer info, se Wikipedia "Number Pi", och NASA:s artikel "How Many Decimals of Pi Do We Really Need?" på

https://www.jpl.nasa.gov/edu/news/2016/3/16/how-many-decimals-of-pi-do-we-really-need/

pernas historia, att vad som först bara finns som rent matematiska begrepp och insikter, senare kommer att bli betydelsefull kunskap för vetenskaplig och teknologisk forskning.

1.3.3 Decimaltal, decimalutveckling, reellt tal — tre skilda matematiska begrepp

Talet π kan således inte uttryckas ändligt som ett enda decimaltal eller något annat bråk. Däremot kan det approximeras med bråk inom ospecificerad felgräns. Arkimedes fann exempelvis följande instängning av π mellan bråk:

$$3\frac{10}{71} < \pi < 3\frac{1}{7}$$

Det vanliga idag är att man som närmevärde väljer decimaltal till ett valt antal decimaler. Ju fler decimaler man lägger till desto mindre och mindre blir felet i närmevärde. Detta kallas för att **decimalutveckla** det irrationella talet. I praktiken får man alltså nöja sig med decimala närmevärden till π. I skolans matematikundervisning lär man sig att använda något av dessa två närmevärden[7]:

$$\pi \approx 3$$
$$\pi \approx 3{,}14$$

De första fjorton decimalerna av π i denna dess, så kallade oändliga, decimalutveckling är

$$\pi = 3{,}14159265358979\ldots$$

[7]Hur grova dessa närmevärden faktiskt är kan man få en uppfattning om ifall man jämför beräkningen av omkretsen av en cirkel med diametern 10 000 meter (1 mil), med den bättre approximationen $\pi \approx 3{,}1415$. Skillnaden mellan beräkning med de två respektive närmevärdena är som vi ser 1415 meter, det vill säga över 1,4 kilometer!

De tre punkterna efter decimalerna utläses också "och så vidare". De signalerar att det egentligen inte tar slut efter "8979", utan att följden av decimaltalsapproximationer till π kan fortsättas utan något matematiskt givet slut. Det påstående som står är dock inte att talet π liksom är lika med en 3:a följd av en oändlig men osynlig sekvens av siffror. Ett annat sätt att uttrycka väsentligen samma påstående som ovan, och som kan undanröja eventuell förvirring över skrivsättet, vore det här:

> "Approximationen av talet π med en följd av decimaltal har det bästa närmevärdet 3,14159265358979 till fjorton decimaler. Detta är dock ett närmevärde med ett fel större än 0 (det är inte en exakt likhet)."

Notera alltså att *decimalutveckling* inte är samma begrepp som *decimaltal*, och inte heller samma som *reellt tal.* Som man, vanligtvis, tänker på decimalutvecklingen inom matematikvetenskapen är den att uppfatta såsom en *(oändlig) talföljd*, vars enskilda element utgör decimaltal. Närmare bestämt kallar man denna tänkta talföljd för **decimalsummeföljden** eller **decimalutvecklingen** till det reella talet. Talet π har följande decimaltal till första sex element i sin decimalsummeföljd:

$$
\begin{aligned}
D_0 &= 3\\
D_1 &= 3{,}1\\
D_2 &= 3{,}14\\
D_3 &= 3{,}141\\
D_4 &= 3{,}1415\\
D_5 &= 3{,}14159\\
&\dots
\end{aligned}
$$

En oändlig talföljd är ett annat slags 'matematiskt objekt', kan man säga, jämfört med ett decimaltal. En decimalsummeföljd är alltså inte samma sak som ett decimaltal. Det är tre skilda begrepp: reellt tal, decimaltal respektive decimalutveckling.

Även ett reellt tal q av typen $\mathbb{Q}$ tal har en associerad decimalutveckling/ decimalsummeföljd, en oändlig talföljd av approximerande decimaltal. Om $q \in \mathbf{D}$ kommer förstås alla decimaler efter ett visst steg att vara 0 i utvecklingen, och i så fall säger man att q har en "ändlig decimalutveckling". De flesta rationella tal har dock inte en "ändlig decimalutveckling", däremot har de en periodisk utveckling, vilket också särskiljer det rationella talet från det irrationella.

1.3.4 Reella tal $\mathbb{R}$

De reella talen omfattar alla rationella tal, och alltså även decimaltalen, men dessutom de irrationella talen.

Ett reellt tal är alltså en aritmetisk/matematisk konstant, en talsymbol, en kvantitativ symbol som kan approximeras med bråk, om än inte alltid helt exakt, med godtycklig finhet i närmevärdet. Undantaget är då de rationella talen, vilka kan "approximeras" med bråk med felet noll, det vill säga skrivas som ett bråk. Det vanliga idag är att man använder decimaltal som närmevärden till en irrationell talsymbol, som approximerande bråk. Av de talsymboler vi rör oss med i matematiken och dess tillämpningar är det, i normalfallet, endast de reella som låter sig approximeras med bråk (decimaltal), medan till exempel komplexa tal kräver minst två rationella tal som närmevärden.[8]

[8]Ett annat undantag till det sagda är de så kallade 'hyperreella talen', en symbolisk konstruktion man opererar med i den så kallade *icke–standardanalysen*. Ett hyperreellt tal a^* kan förutom en reell del a även ha en 'infinitesimal' del θ, sådan att $a^* = a + \theta$, samtidigt som $0 < |\theta| < \varepsilon$, för alla rationella $\varepsilon > 0$. Eftersom en infinitesimal är oskiljaktig från 0 inom de rationella talen, kan det hyperreella talet a^* entydigt approximeras med bråk inom varje given felgräns, utan att därmed vara identiskt med det reella talet a.

Sociologiskt sett hör det som i teknisk mening refereras till som modern "icke–standardanalys" inte till "mainstream" av matematisk undervisning, forskning eller tillämpning; däremot är "den intuitiva idéen" om infinitesimaler, alltså om *försvinnande små storheter*, ett heuristiskt och symboliskt verktyg som ständigt

Mängden av reella tal brukar betecknas

$$\mathbb{R}$$

"dubbelstreckad fetstil" alternativt med vanlig fetstil **R**. Delmängden av irrationella tal kan tecknas som en mängddifferens:

$$\text{Irr} = \mathbb{R} - \mathbb{Q}$$

Mängden av irrationella tal har ingen standardiserad enkel beteckning, valet av "Irr" är lokalt för denna text. De irrationella talen är förstås en äkta delmängd av de reella:

$$\text{Irr} \subset \mathbb{R}$$

I universitetsmatematiken säger man att talområdet $\mathbb{R}$ är en 'utvidgning' av talområdet $\mathbb{Q}$. De reella talen är det mest omfattande talområde man rör sig med i merparten av all matematikundervisning på planeten Jorden.

Det finns ingen i litteraturen allmänt accepterat matematisk standarddefinition av 'reellt tal' i samma mening som det gör det för exempelvis 'primtal' eller 'rationellt tal'. Följande matematiskt giltiga påstående om de reella talen säger dock för många syften och behov tillräckligt mycket om de beslut man fattat rörande användningen av ordet 'reellt tal' under matematikens utveckling från artonhundratalet:

[5] *Varje reellt tal låter sig på ett entydigt sätt approximeras med bråk till varje given noggrannhet (felgräns) ε större än noll. Ett reellt tal är rationellt om och endast om det kan uttryckas exakt som ett enda bråk, i annat fall irrationellt. Däremot kan, som sagt, varje irrationellt tal approximeras med bråk (såsom*

utnyttjas i analytiska resonemang och tillämpningar av analys. Det är således i den bemärkelsen något som tillhör "standardrepertoaren" i en högre matematisk utbildning.

decimaltal) till vald noggrannhet.

Detta säger något *väsentligt*, *essentiellt* om hur man under den begreppshistoriska utvecklingsprocessen har vänt och vridit på termerna för att slutligen landa i de och de bestämda regleringarna; i synnerhet säger det mycket om den process som tog sin början under 1800–talet och som i matematikens historieskrivning brukar betecknas analysens aritmetisering. Det är alltså möjligt att uppfatta [5] som någonting *närliggande* en definition eller axiom, något i en liknande logisk–begreppslig roll.[9]

Vid faktisk numerisk beräkning med irrationella tal får man av *principskäl* nöja sig med närmevärdesbestämning och feluppskattning, ungefär på samma sätt som när man handskas med mätvärden och experimentella data i fysik och kemi och annan vetenskap. Det ger också en förklaring till att man i sina matematikstudier ofta uppmuntras att hålla sig till algebran så långt som möjligt för att blott i ett sista skede av en beräkning införa siffror och göra en numerisk uträkning. I annat fall är risken att approximationsfel smyger sig in här och var, vilket inte sällan kan påverka slutresultatet av beräkningen markant.

Låt oss som ett första exempel på ”reell aritmetik”, alltså numeriska beräkningar med reella tal, som får illustrera den allmänna idéen titta på beräkning av en kvadratrot.

Exempel 6. Beräkna $\sqrt{3}$ till två korrekta decimaler.

Lösning: 1. Heltalsdelen: Vad är det största positiva heltal vars kvadrat är mindre än eller lika med 3? Svaret är 1, eftersom $2^2 = 4$. Det innebär att heltalsdelen till kvadratroten ur 3 är 1.

2. Första decimalen: Låt oss nu pröva oss fram för att se vad den första decimalen efter decimalkommat måste vara. Jag gissar att den andra decimalen borde ligga nära 6. Genom att kvadrera 1,6 avgör

[9]Med Wittgenstein kan man, tror jag, kalla det för en *grammatisk anmärkning* om termen ’reellt tal’.

jag därefter om jag behöver minska eller öka gissningen:

$$1{,}6^2 = 2{,}56 < 3$$
$$1{,}7^2 = 2{,}89 < 3$$
$$1{,}8^2 = 3{,}24 > 3$$

Stopp. Där kan vi dra slutsatsen att $\sqrt{3}$ till en decimal är 1,7.

3. Andra decimalen: Låt oss pröva 1,75 genom kvadrering:

$$1{,}75^2 = 3{,}0625 > 3$$
$$1{,}74^2 = 3{,}0276 > 3$$
$$1{,}73^2 = 2{,}9929 < 3$$

Slutsatsen är att $\sqrt{3}$ till två korrekta decimaler är 1,73.

4. På analogt vis kan man så fortsätta med tredje, fjärde och femte decimalen. Resultatet visade sig bli att $\sqrt{3}$ till två decimalers noggrannhet är 1,73.

(Vid beräkning av produkterna ovan använde jag för enkelhetens skull visserligen miniräknare, dock inte $\sqrt{}$-knappen. Produkterna $1{,}6 \cdot 1{,}6$, $1{,}75 \cdot 1{,}75$, etc kunde i praktiken förstås ha beräknats med vanlig multiplikationsuppställning.) □

De fyra räknesätten utförda med ett irrationellt och ett rationellt tal (förutom 0) ger som resultat alltid ett irrationellt tal. Därmed har vi till exempel att '11π' och '$-4\sqrt{2}$' också är irrationella tal. Såhär skulle man typiskt kunna resonera för att inse varför det förhåller sig så:

1. Antag motsatsen: antag till exempel att 11π vore rationellt. Detta är synonymt med att säga att det då skulle finnas ett rationellt tal q sådant att $11\pi = q$.
2. Enligt definitionen av kvoten mellan två tal följer ur (1) att $\pi = q/11$.
3. Kvoten $q/11$ är ett rationellt tal.
4. Men π är bevisligen ett irrationellt tal (vilket bevisades under 1800–

talet), och alltså har vi nått fram till en motsägelse. Slutsatsen är att antagande (1) är felaktigt.

Ungefär sådär går det att resonera i alla liknande situationer. Vi sammanfattar denna 'räkneregel' för irrationella tal:

[6] *De fyra räknesätten utförda med ett irrationellt och ett rationellt tal (som inte är noll) ger som resultat alltid ett irrationellt tal.*

Exempel 7. Följande operationer resulterar i irrationella tal:

$$2\pi + 3$$
$$150\sqrt{3} - 88$$
$$4{,}5993\varphi$$

I två av uttrycken utnyttjar vi sats [6] två gånger. □

Däremot behöver något av de fyra räknesätten utförda med två irrationella tal inte alltid resultera i ett irrationellt tal. Exempelvis är ju

$$\sqrt{7} \cdot \sqrt{7} = 7$$

enligt det sätt kvadratroten ur ett tal är definierad.

1.3.5 Negativa tal $\mathbb{R}^-$

Ett 'vanligt' positivt reellt tal a försett med signum '−' ger ett till a motsvarande **negativt tal** $(-a)$, som kännetecknas av de teckenregler som framgår av den vanliga talpilsmodellen för negativa tal på tallinjen (multiplikation med ett negativt tal innebär ett halvt varvs vridning på tallinjen, och så vidare). I synnerhet kännetecknas a och $(-a)$ av att vara varandras additiva inverser:

$$a + (-a) = 0$$

för alla $a \in \mathbb{R}$. Mängden av negativa tal kan betecknas $\mathbb{R}^-$.

Egenskapen hos x att vara ett negativt tal skrivs i en del läromedel i analys som "$-\infty < x < 0$", vilket kan utläsas: "negativ oändlighet är mindre än talet x som är mindre än 0". Man säger alltså att negativa tal är "mindre än noll", vilket blott är ett uttryckssätt som speglar sättet ordningsrelationen $\leq$ och $<$ har konstruerats. Det är inte en metafysisk gåta. Av den anledningen betecknas ibland området av negativa tal som $\mathbb{R}^{<0}$.

Införandet av negativa tal gör det möjligt att definiera en 1–ställig (unär) operation, som vi här kallar **negativet**, **motsatsen** eller **den additiva inversen** till a, och för denna används av hävd samma beteckningssätt $(-a)$ som för negativa tal (och subtraktion). Negativet till ett positivt tal är motsvarande negativa tal, och negativet till ett negativt tal är motsvarande positiva tal, och till exempel gäller $(-6) = -6$ och $(-(-8)) = 8$. Ett reellt tal taget utan eventuellt negativt förtecken kallas för det reella talets **absolutbelopp** eller **absolutvärde**, vilket brukar betecknas $|a|$. Med matematisk notation kan definitionen av absolutbelopp skrivas med "cases"–notation:

$$|a| = \begin{cases} a, & \text{om } a \text{ är positivt eller } 0 \\ -a, & \text{annars} \end{cases}$$

Exempelvis är $|-9| = 9$ och $|5| = 5$.

Negativoperatorn (de negativa talen) och dess egenskaper behandlas i närmare detalj i andra dokument ur portfölj III(b) av DFM.

1.4 Efter de reella talen: komplexa tal $\mathbb{C}$

De reella talen ingår i matematikvetenskapen i ett ännu större talområde som kallas för *de komplexa talen*. De komplexa talen gör det möjligt att 'dra roten ur negativa tal', det vill säga lösa ekvationer såsom $x^2 = -9$.

Införandet av de komplexa talen visade sig vara ytterst användbart för att lösa och uttrycka en hel del matematiska, vetenskapliga och tekniska problem respektive samband. De komplexa talen är till exempel ett helt centralt verktyg inom *kvantfysiken* och dess kvantmekaniska formalism. De *vågfunktioner* som ingår i de berömda *Schrödingers ekvationer* för beskrivningen av partiklar och andra kvantmekaniska system är just komplexvärda funktioner. Komplexa tal är dessutom ett ytterst praktiskt verktyg i datorgrafik (t.ex. fraktalgeometri) och elektroteknik.

Figur 3: Detalj av Mandelbrotfraktalen. Mandelbrotmängden definierades och utforskades först av matematikern Benoit Mandelbrot (1924–2010). Resultaten av sin matematiska forskning presenterade Mandelbrot år 1982 i boken *The Fractal Geometry of Nature*. Mandelbrotmängden utgör ett välkänt exempel på en matematisk upptäckt vars ena förutsättning var att man tog sig friheten att laborera med komplexa tal, den andra uppfinnandet av datorn. Det vore ett ytterst knepigt och tidsödande arbete att försöka rita upp all den komplexitet och detaljrikedom som gömmer sig i Mandelbrotmängden endast med papper och penna. [Källa: Wikipedia 9 mars 2018, bilden skapad av Wolfgang Beyer, Creative Commons 3.0 Unported license]

Konstruktionen av de komplexa talen går till såhär: Vi introducerar en **imaginär enhet** i med den speciella egenskapen

$$i^2 = -1$$

Inom det reella talområdet är produkten av ett tal med sig självt alltid icke–negativ (på grund av det reella talsystemets utformande), så införandet av den imaginära enheten är ett avsteg eller tankesprång bort från de reella talen. Produkten bi av i och ett reellt tal b kallas för ett **(rent) imaginärt tal**. Ett **komplext tal** z är en summa av ett reellt tal a och ett imaginärt tal bi:

$$z = a + bi$$

Talet a kallas för **realdelen** till z och talet b för **imaginärdelen** till z, vilka brukar betecknas $\mathrm{Re}(z)$ respektive $\mathrm{Im}(z)$. Det följer att ett imaginärt tal är ett komplext tal för vilket realdelen är lika med noll. Mängden eller området av komplexa tal brukar betecknas

$$\mathbb{C}$$

Den grundläggande regel som gäller för räkning med komplexa tal är den här, vad man kunde kalla **den första strukturspecifikationen** för komplexa tal:

[7] *Förutom den speciella egenskap som objektet i uppfyller, att $i^2 = -1$, ska addition och multiplikation med de komplexa talen uppfylla åtminstone följande samma fundamentala räknelagar som de reella talen: kommutativitet, associativitet, distributivitet och 0 och 1 som neutrala element.*

Den vanliga bildmässiga, diagrammatiska representationen av komplexa tal är som pilar i ett tvådimensionellt koordinatsystem, som i det sammanhanget kallas för **det komplexa talplanet**. Metoden kallas för **arganddiagram**.[10] På den horisontella axeln finner vi realdelen

[10]Efter en fransk bokhandlare och amatörmatematiker, Jean–Robert Argand (1768–1822).

och på den vertikala axeln imaginärdelen. Detta är *en 2–dimensionell analogi till den 1–dimensionella reella tallinjen.*

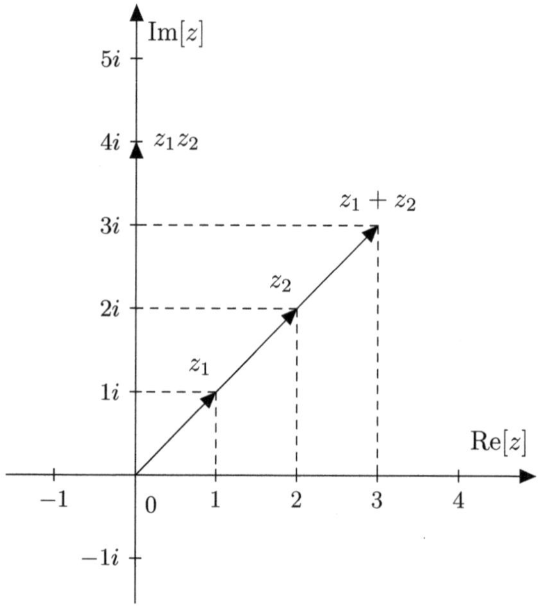

Figur 4: Alla komplexa tal kan representeras tvådimensionellt genom det komplexa talplanet. I arganddiagrammet ovan visas de komplexa talen $z_1 = 1+i$ och $z_2 = 2+2i$ samt deras resulterande summa $z_1+z_2 = 3+3i$ respektive produkt $z_1 z_2 = 4i$.

Låt oss titta på ett exempel på hur beräkningar med komplexa tal kan gå till:

Exempel 8. Låt $z_1 = 1 + i$ och $z_2 = 2 + 2i$ vara komplexa tal. Beräkna:

(a) summan av talen (b) produkten av talen

Lösning: I figur 4 åskådliggörs de komplexa talen $z_1 = 1 + i$ och $z_2 = 2 + 2i$.

(a) Följande regel [7] får vi att

$$(1 + i) + (2 + 2i) = 1 + 2 + i + 2i = 3 + 3i$$

(b) Låt oss nu se vad som händer när vi multiplicerar dessa komplexa tal med varandra enligt regel [7]:

$$\begin{aligned}(1+i)(2+2i) &= 1\cdot 2 + 1\cdot 2i + i\cdot 2 + i\cdot 2i \\ &= 2 + 2i + 2i + 2\cdot i^2 \\ &= 2 + 4i + 2\cdot(-1) \\ &= 4i\end{aligned}$$

Produkten av dessa två komplexa tal är alltså det imaginära talet 4i, vilket också illustreras i figur 4. □

Den transparenta kopplingen till det *geometriska* planet innebär möjligheten av att anknyta komplex aritmetik till geometri och geometriska problemställningar. Detta gör det komplexa talplanet till ett ytterst användbart matematiskt verktyg, inom fysik, programmering, bildhantering, med mera. Ett exempel på anknytningen komplexa tal–datorgrafik är den berömda fraktalen *Mandelbrotmängden*, som matematiskt definieras för komplexa tal och med hjälp av datorn ritas upp i det komplexa talplanet (se figur 3).

För mer om komplexa tal, se dokumentet ”De komplexa talen: en introduktion” ur DFM IV.

1.5 Sammanfattande åskådliggörande av talområdena och deras inbördes relationer

Vanligtvis betecknas *mängden av heltal* med $\mathbb{Z}$. Som delmängder av heltalen finner vi i matematiken *mängden av positiva heltal*

$$\mathbb{Z}^+ = \{1, 2, 3, \ldots\}$$

de naturliga talen

$$\mathbb{N} = \{0, 1, 2, 3, \ldots\} = \mathbb{Z}^+ \cup \{0\}$$

samt *mängden av negativa heltal*

$$\mathbb{Z}^- = \{-1, -2, -3, \ldots\} = \mathbb{Z} - \mathbb{N}$$

Med bokstaven $\mathbb{Q}$ betecknas *mängden av alla rationella tal*, vilket är alla tal som på något sätt kan skrivas som ett enda bråk a b–delar, där a är ett heltal och b ett positivt heltal. I mängdlärans notation:

$$\mathbb{Q} = \{a/b : a \in \mathbb{Z} \wedge b \in \mathbb{Z}^+\}$$

Samtliga heltal är rationella. Som en äkta delmängd av de rationella finner vi dessutom *mängden av decimaltal* **D**, alltså (ändliga) decimalbråk. Ett decimaltal eller decimalbråk har den allmänna formen

$$[N.d_1 d_2 \ldots d_m]_{\text{tio}} = N + d_1 10^{-1} + d_2 10^{-2} + \ldots + d_m 10^{-m}$$

eventuellt försedd med negativt signum, där $N, m \in \mathbb{N}$.

Mängden av reella tal brukar skrivas med tecknet $\mathbb{R}$. Som äkta delmängder av de reella talen finner vi, förutom alla rationella tal, mängden av alla *positiva tal*:

$$\mathbb{R}^+ = \mathbb{R}^{>0} = \{x \in \mathbb{R} \mid x > 0\}$$

och mängden av alla *negativa tal*:

$$\mathbb{R}^- = \mathbb{R}^{<0} = \{x \in \mathbb{R} \mid x < 0\}$$

Som tidigare kan *mängden av icke–negativa tal* (de positiva talen samt noll) betecknas[11]

$$\mathbb{R}^{\geq 0} = \{x \in \mathbb{R} \mid x \geq 0\}$$

Ytterligare en delmängd av $\mathbb{R}$ utgörs förstås specifikt av *mängden av alla irrationella tal*, som kan betecknas och med mängdlärans sym-

[11]Med från analysen vanlig *intervallnotation* kan dessa mängder även skrivas $(0, \infty)$ $(-\infty, 0)$ $[0, \infty)$

bolspråk beskrivas

$$\text{Irr} = \mathbb{R} - \mathbb{Q}$$

alltså som en mängddifferens; det finns ingen standardiserad enkel beteckning för mängden $\mathbb{R} - \mathbb{Q}$, valet av "Irr" är lokalt för denna text. Det är förekomsten av irrationella tal som gör att $\mathbb{R}$ avviker från $\mathbb{Q}$. De irrationella talen kännetecknas av att alltid gå att approximera med bråk till given noggrannhet, men aldrig möjliga att analysera fullständigt som ett enda bråk.

Alltså: Heltalen utgör en äkta delmängd av decimaltalen, vilka i sin tur utgör en äkta delmängd av de rationella, vilka i sin tur utgör en äkta delmängd av de reella. De reella talen ingår slutligen i *de komplexa talen*

$$\mathbb{C}$$

vilket är det största talområde (talkropp) man rör sig med inom lejonparten av alla studier och tillämpningar av matematik.[12]

Med mängdlärans notation:

$$\mathbb{Z}^+ \subset \mathbb{N} \subset \mathbb{Z} \subset \mathbf{D} \subset \mathbb{Q} \subset \mathbb{R} \subset \mathbb{C}$$

Med ett *eulerdiagram* (med rektanglar istället för cirklar) kan delmängdsrelationerna mellan talområdena visualiseras på det sätt som framgår av figur 5. Den streckade linjen drar en gräns mellan negativa och icke–negativa tal, med negativa tal under gränsen. Komplexa tal (där imaginärdelen inte är noll) kan generellt inte delas in i 'negativa' respektive 'positiva' tal, då denna åtskillnad endast är anpassad till reella tal.

Under 'vanlig' addition och multiplikation bildar $\mathbb{Q}, \mathbb{R}$ respektive $\mathbb{C}$ var för sig *algebraiska strukturer av typen kropp*. De rationella och reella talen är *linjärt ordnade kroppar*, vilket inte gäller $\mathbb{C}$. Kroppen

[12]Det är det största talområde man rör sig med i alla gymnasiekurser och de flesta universitetskurser i ämnet. Därutöver finns bland annat *kvaternionerna*, fyrdimensionella 'komplexa tal', vilka dyker upp i tillämpningar inom exempelvis modern fysik och datorgrafik.

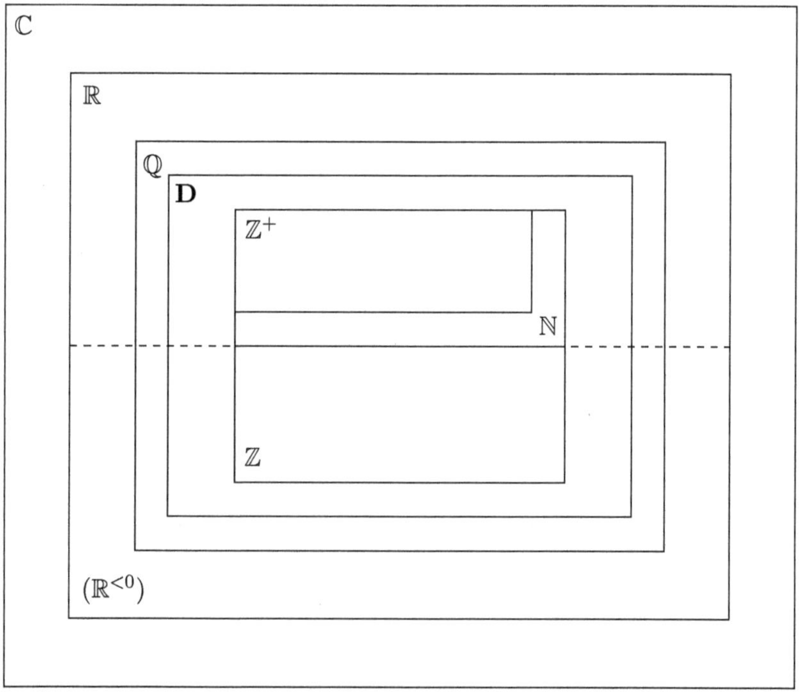

Figur 5: Relationerna mellan de olika taltyperna i vår moderna aritmetik åskådliggjorda med hjälp av ett eulerdiagram. Den streckade linjen i mitten av diagrammet drar gränsen mellan negativa och icke–negativa tal. Eftersom distinktionen inte är tillämpbar på de komplexa talen dras den streckade linjen inte ut hela vägen.

$\mathbb{R}$ är dessutom *fullständigt ordnad*, vilket till exempel kan definieras som att varje växande, uppåt begränsad oändlig följd av reella tal — *såsom en oändlig decimalutveckling* — har eller "per konstruktion" tilldelas ett gränsvärde i $\mathbb{R}$.

Heltalen $\mathbb{Z}$ och decimaltalen $\mathbf{D}$ bildar inte på egen hand algebraiska strukturer av typen kropp: division av två heltal eller decimaltal ger bara sällan en kvot som går att uttrycka exakt som ett heltal respektive decimaltal. Däremot utgör både $\mathbb{Z}$ och $\mathbf{D}$ algebraiska strukturer av typen *kommutativ ring med etta* (neutralt element 1 med avseende på multiplikation), som i termer av algebraisk definition bara ligger ett villkor bort från en kropp (i en kropp måste man dessutom kunna utföra allmän division). Det är därför inte omöjligt att man i matematikvetenskap kan få höra uttrycket "ringen av heltal" om $\mathbb{Z}$.

Denna *ringen av ändliga decimalbråk* $\mathbf{D}$ är som mängd *tät* (eng. *dense*) i $\mathbb{Q}$ såväl som $\mathbb{R}$, vilket innebär att varje $q \in \mathbb{Q}$ och $a \in \mathbb{R}$ kan approximeras med decimalbråk till varje given noggrannhet $\varepsilon > 0$.

2 Kommentarer

2.1 Logisk–matematiska anmärkningar

2.1.1 Varför ordet ”rationell”?

Det finns en viss dubbelhet hos ordet ”rationell” när det handlar om matematiken och dess historia, som kan vara på sin plats att uppmärksamma läsaren på. Å ena sidan har vi, som vi nu vet, de tekniska definitionerna av 'rationellt tal' respektive 'irrationellt tal' i matematiken. Men vilken relation finns mellan dessa tekniska betydelser av ”rationell” vs. ”irrationell” i matematiken och olika *filosofiska* eller *vardagsspråkliga* användningar av dessa ord?

Det är nu faktiskt ingen ren slump att man kallar det ena reella talbegreppet ”rationellt” och det andra ”irrationellt”. Förekomsten av irrationella tal, eller rättare sagt inkommensurabla storheter, ställde till mycket huvudbry för pythagoréerna och övriga antika grekiska filosofer och matematiker. De irrationella talen förbryllade också en del matematiker och filosofer under 1800–talet och början av 1900–talet, och gör det fortfarande för en del filosofiskt sinnade matematiker eller matematiskt sinnade filosofer, som bemödar sig om klarhet över ”matematikens grundvalar”.

Dessutom kunde man kanske tillägga att alla förklaringar av varför sambanden i den elementära aritmetiken för rationella tal ser ut som de gör troligtvis upplevs som relativt enklare och mer överskådliga, jämfört med den teoretiska apparat som kringgärdar de reella talen och matematisk analys, i vilken man rör sig med gränsvärden, supremum, cauchyföljder, dedekindsnitt, och så vidare. Jag skulle tro att människor i aritmetiken för heltal och rationella tal generellt har närmare till upplevelsen av överblick och klarhet vad beträffar de grundläggande sambanden. Det sagda anknyter med andra ord till en icke–teknisk och mer vardaglig betydelse av ordet ”rationell”.

2.1.2 Mer om decimaltalen D

Anledningen till att man i de flesta läroböcker i högre matematik inte anger någon egen *kortfattad beteckning* för decimaltalen är troligtvis att man tänker att de inte har någon "rent logisk–matematisk" särställning, oaktat deras praktiska roll i samhälle, teknik och vetenskap.

Med mängdlärans notation kan man även beskriva decimaltalen på följande korta sätt:

$$\mathbf{D} = \{m10^{-n} : m \in \mathbb{Z} \wedge n \in \mathbb{N}\}$$

och på så sätt utgör högerledet *en sorts* standardiserad beteckning för decimaltalen.

Exempel 9. Skriv följande decimaltal på formen $m10^{-n}$.

(a) 75 (b) 2,718 (c) −3,5 (d) 0, 00000101

Lösning: (a) $75 = 75 \cdot 10^0 \quad (= 75 \cdot 10^{-0})$

(b) $2,718 = 2718 \cdot 10^{-3}$

(c) $-3{,}5 = (-35) \cdot 10^{-1}$

(d) $0,00000101 = 101 \cdot 10^{-8}$

□

Mängden **D** är ett specialfall av **ringen av ändliga bråk till bas** B, där B är ett heltal ≥ 2. Denna generaliserade struktur kan, i analogi med ovanstående beskrivning, betecknas och definieras

$$\frac{\mathbb{Z}}{B^{\mathbb{N}}} = \{mB^{-n} : m \in \mathbb{Z} \wedge n \in \mathbb{N}\}$$

Denna ring är, för alla $B \geq 2$, tät i de rationella respektive reella talen; det vill säga, alla element $q \in \mathbb{Q}$ eller $a \in \mathbb{R}$ kan approximeras med godtycklig finhet $\varepsilon > 0$ med element ur ringen av ändliga bråk till bas B.

Vilken logisk eller matematisk särställning decimaltalen har eller inte har är en fråga som kan diskuteras. Däremot är det förstås så att decimaltalen har en mycket speciell *praktisk och kulturhistorisk betydelse och särställning* (på ett sätt som inga andra "ringar av ändliga bråk till en given bas" har), vilket åtminstone kan göra det klart motiverat att av *didaktisk–pedagogiska skäl* laborera med en egen beteckning i läromedel och undervisande framställningar.

Jag är till exempel övertygad om att det finns studenter (på gymnasiet men troligtvis även högskola) som inte riktigt har klart för sig skillnaderna mellan begreppen 'decimaltal' kontra 'rationellt tal' respektive 'reellt tal'. Att i det här fallet utnyttja en särskild beteckning är att sätt att lyfta fram distinktioner och medvetandegöra dem genom att göra handgripligt.

3 Lock/portar

Teorifrågor

F1. Om våra taltyper:

(a) Vilka olika taltyper (talområden, talbegrepp) rör man sig (huvudsakligen) med i modern matematik?

(b) Vad utmärker dessa olika taltyper?

F2. (a) Vilka beteckningar brukar användas för 'mängden av' dessa olika taltyper i matematikvetenskapen?

(b) Ange och skriv ned mängdrelationerna mellan dessa olika mängder.

F3. Om bråk och rationella tal:

(a) Ge exempel på tre olika (positiva) bråk som uttrycker precis lika mycket av en och samma delbara helhet.

(b) Ange ett allmänt kriterium för när två bråk får sägas representera samma rationella tal (och identifieras under likhetstecknet).

(c) Definiera 'rationellt tal'.

F4. Om decimaltal:

(a) Vad är ett decimaltal?

(b) Varför kallades decimaltal tidigare för decimalbråk?

(c) Vad är heltalsdelen respektive decimaldelen till ett decimaltal?

F5. Decimaltal kontra rationella tal:

(a) Hur förhåller sig mängden av rationella tal till mängden av decimaltal?

(b) Ge ett exempel på ett decimaltal uttryckt som ett enda bråk.

(c) Ge exempel på bråk som *inte* kan uttryckas exakt som ett enda decimaltal.

(d) Ange ett decimalt närmevärde till ditt val av bråk i (c) till två decimalers noggrannhet.

F6. Vad är skillnaden mellan decimaltal och decimalutveckling?

F7. (a) Vad innebär inkommensurabilitet? Ge exempel.

(b) Ge exempel på kommensurabla storheter i geometrin.

F8. Om irrationella och reella tal:

(a) Vad är ett irrationellt tal?

(b) Ge minst tre exempel på irrationella tal.

(c) Vad är sambandet mellan irrationella tal och rationella tal?

(d) Hur kan de reella talen karakteriseras?

(e) Vad är förhållandet mellan de irrationella talen och mängden av reella tal?

F9. Om komplexa tal:

(a) Vad utmärker den imaginära enheten i?

(b) Vad utmärker rent imaginära tal, som gör att de skiljer sig från reella tal?

(c) Hur är ett komplext tal sammansatt av realdel och imaginärdel?

(d) Hur kan till exempel det komplexa talet $z = 2 + 3i$ representeras visuellt?

(e) Enligt vilken allmän reglering kan de fyra räknesätten med komplexa tal utföras?

Problem

P1. Vilken/vilka taltyper utgör vart och ett av följande tal, och vilket/vilka talområden ingår det *inte* i?

$$\begin{array}{ccccc} 3 & 0 & (-7) & \frac{1}{4} & -\frac{3}{2} \\ \frac{2}{3} & 3,14 & (-3,33) & \pi & 4\frac{1}{4} \\ \sqrt{2} & \varphi & 1+2i & -7\pi & 0,00001 \end{array}$$

P2. (a) Skriv bråket $\frac{77}{5}$ på blandad form

(b) Skriv decimaltalet 4,669 som ett enda bråk.

(c) Skriv bråket $\frac{3}{5}$ som ett decimaltal.

(d) Approximera bråket $\frac{1}{9}$ som ett decimaltal till fem decimalers noggrannhet.

P3. Beräkna $\sqrt{5}$ till två korrekta decimaler (förstås utan att använda $\sqrt{\ }$-knappen på miniräknaren).

P4. Låt $z_1 = 5 - i$ och $z_2 = 8 + 3i$ vara komplexa tal. Beräkna:

(a) summan av z_1 och z_2

(b) produkten av z_1 och z_2.

Matematikvetenskapliga specifikationer till de fyra räknesätten i $\mathbb{Q}$

Artikel 6

Innehåll

Abstract

I denna artikel inleds en vad man skulle kalla ”renodlat” matematisk analys och specifikation för de fyra räknesätten med särskild tonvikt på beräkningar med rationella taltyper; det vill säga vi tittar inte på några särskilda tillämpningar av räknesätten, utan behandlar dem mer *in abstracto*. Denna analys och beskrivning fortsättes och fördjupas sedan i övriga artiklar av DFM III(b) och (c).

1 Kärninnehåll

Det finns ingen, i teknisk mening, matematikvetenskaplig definition av operationerna addition och multiplikation, som genomgående skulle vara giltig för alla taltyper. *Däremot finns det regler för beräkning av summan och produkten som är specifika för de taltyper beräkningen eller härledningen avser:* om det är positiva heltal, bråk, negativa tal, reella (irrationella) tal eller komplexa tal. Dessa specifikationer med hänsyn till taltyp möter egentligen samma behov som det av någon sorts allmän definition, eller om man så vill, ersätter behovet av en allmän definition (annat än schematiska beskrivningar i stil med ”Summan är att räkna två kvantiteter tillsammans”).

Matematikvetenskapliga definitioner är däremot etablerade för subtraktion och division. Men frågan om konkreta numeriska beräkningar och specifika bevis återstår alltjämt för såväl subtraktion som division. Även om det nu finns något som har formen av allmän matematikvetenskaplig definition, så måste man också där ta hänsyn till involverade taltyper specifikt.

Generellt kan *de fyra räknesätten med negativa tal* — alltså med inversoperatorn $(-A)$ — alltid behandlas genom att man *återför beräkningen på motsvarande positiva fall och använder teckenreglerna.*

Hanteringen av positiva tal är i både logisk–begreppsligt och didaktiskt avseende (naturligtvis) det primära.

1.1 Addition

1.1.1 Numeriska beräkningar

För numeriska beräkningar av summan av två rationella tal gäller:

(ii) *Additionsalgoritmen* (uppställning) för beräkning av summan av två decimalt representerade positiva heltal (eller decimaltal), till exempel genom "småskolans" uppställning för $2349 + 539$.

(ii) För summan/differensen mellan två bråk utnyttjas metoden att ställa bråken på någon *gemensam nämnare*. Som en **regel för addition med bråk** gäller:

[1] *För alla bråk:*

$$\frac{a}{c} + \frac{b}{c} = \frac{a+b}{c}$$

Det vill säga, a c–delar plus b c–delar ger totalt $a + b$ stycken c–delar.

(iii) Beräkning av summan, där minst en term är ett negativt tal, återföres på fall (i) och (ii) kombinerat med teckenreglerna för negativet.

Exempel 1. Låt oss påminna oss om hur beräkning av summan enligt (ii) kan göras.

$$\frac{7}{3} + \frac{5}{2} = \frac{7 \cdot 2}{3 \cdot 2} + \frac{3 \cdot 5}{3 \cdot 2} = \frac{14}{6} + \frac{15}{6} = \frac{29}{6}$$

Beräkningen är klar. Kvoten kan med fördel skrivas om på blandad bråkform:

$$\frac{29}{6} = 4\frac{5}{6}$$

Approximation med decimaltal kan göras genom divisionsuppställning:

$$4\frac{5}{6} = 4{,}833\ldots$$

(oändlig upprepning av 3:or). □

1.2 Multiplikation

1.2.1 Med heltalsmultiplikator

I det specialfall när multiplikatorn är ett positivt heltal låter sig produkten alltid uttryckas som en upprepad addition av multiplikanden på sig själv. Med faktorerna 5 och 7 gäller t.ex. likheten

$$5 \cdot 7 = 7 + 7 + 7 + 7 + 7$$

totalt 5 stycken 7:or, alltså '7 taget 5 gånger'. Att tänka i termer av en upprepad addition går bra i alla andra fall där multiplikatorn är ett positivt heltal. Generellt, om $n \in \mathbb{Z}^+$, så är

$$nB = B + B + B + \ldots + B$$

totalt n stycken av talet B.

Så fort multiplikatorn är något annat än ett positivt heltal är det däremot inte möjligt att tänka sig produkten helt enkelt som en upprepad addition. Vilken upprepad addition svarar till exempel '1,3 gånger 4,5' mot, för att inte tala om en produkt som '$(-\pi)$ gånger $\sqrt{2}$'?

1.2.2 Intuitiv tolkning av produkten

Hur är det med det fall där multiplikatorn är ett positivt (egentligt) bråk? — Låt oss till en början titta på några olika sätt att i det verbala språket tolka ett och samma i matematisk notation avfattade påstående, genom att tänka explicit i termer av en given delbar 1–helhet:

$\frac{1}{4} \cdot \frac{2}{3} = \frac{2}{12}$

$\rightleftarrows$

En fjärdedel gånger två tredjedelar är lika med två tolftedelar

1 4–del gånger 2 3–delar är precis lika mycket som 2 12–delar av enheten

1 4–del gånger 2 3–delar av en delbar helhet är lika med 2 12–delar av helheten

1 4–del utav 2 3–delar av en delbar helhet är lika mycket som 2 12–delar av samma enhet

1 4–dels kopior av 2 3–delar av en delbar helhet är lika mycket som 2 12–delar av just samma delbara helhet

Om vi gör oss ett bråkdiagram av den delbara helheten i formen av en rektangel kan man föreställa sig 1 4–del gånger 2 3–delar av helheten genom att först isolera 2 3–delar av rektangeln och därefter plocka ut, isolera 1 4–del av dessa två tredjedelar. Resultatet visas i figur 1. Den omvända produkten 2 3–delar gånger 1 4–del får man genom att först betrakta 1 4–del av den totala delbara helheten och därefter välja ut 2 3–delar av denna fjärdedel. Resultatet är i slutändan detsamma (multiplikation är kommutativ).

Låt oss också titta på exemplet '1,3 · 4,5'. Eftersom decimaltal egentligen är en viss sorts bråk går det att tolka även en produkt av decimaltal enligt samma svarsmönster:

$1{,}3 \cdot 4{,}5 = 5,85$

$\rightleftarrows$

Ett komma tre gånger fyra komma fem är lika med fem komma åttiofem

1,3 gånger 4,5 av en given enhet är lika mycket som 5,85 av samma enhet

1 hel och 3 tiondelars kopior av 4 hela och 5 tiondelar av en given helhet är 5 hela och 85 hundradelars hela

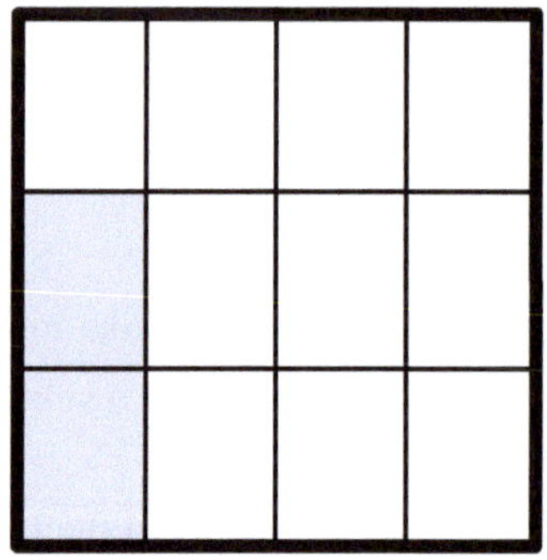

Figur 1: Figuren illustrerar multiplikation av $1/4$ med $2/3$. Den delbara helheten representeras abstrakt som bilden av en kvadrat och är utritad med tjocka streck. De vertikala linjerna inuti kvadraten delar in den i fjärdedelar. De horisontella linjerna inuti kvadraten delar in den i tredjedelar. Den färgade rektangeln visar 2 12–delar av det hela: den kan tänkas som resultatet av att ta *en fjärdedel av två tredjedelar* av kvadraten (alltså *två tredjedelar en fjärdedels gånger*).

Lägg märke till att heltalsprodukten '$5 \cdot 7$' inte måste uppfattas som en upprepad addition, utan även den kan uppfattas på exakt samma sätt som bråkmultiplikation: "Fem kopior av sju hela är lika mycket som trettiofem hela enheter."

Detta svarsmönster erbjuder ett sätt att ge en sorts förklaring av vad som är *meningen, vitsen* med multiplikation för positiva tal, som därefter gör det möjligt att ytterligare redogöra för varför vissa räkneregler fastställs och accepteras. Det rör sig inte om en matematisk definition (i samma bemärkelse som definitionen av ett primtal), men en beskrivning som är viktig därför att den påminner om hur vi använder begreppen i tillämpningar.

I typiska tillämpningar av multiplikation med bråk tänker man: Produkten $\frac{a}{b} \cdot \frac{c}{d}$ av två positiva bråk uttrycker precis lika mycket som a b–delars kopior utav c d–delar av en given delbar helhet.

Låt oss efter denna utvikning kring produktens *allmänna tolkning*, se närmare på *den precisa beskrivningen av regeln* för konkret numerisk beräkning av produkten. Denna är den egentliga matematikvetenskapliga, eller "stringenta", definitionen av produkten för två bråk (vilket dock inte är en *allmän* definition av produkten, som skulle fungera för alla taltyper).

Regeln är, som vi påminner oss, **produktformeln för bråk**:

[2] *För alla bråk är produkten av a b–delar och c d–delar precis lika med ac bd–delar. Med matematisk notation:*

$$\frac{a}{b} \cdot \frac{c}{d} = \frac{ac}{bd}$$

Notera att i det fall multiplikatorn är ett positivt heltal ($b = 1$) är produkten lika med den upprepade summan av a kopior av multiplikanden c/d.

Regeln [2] kan *motiveras* genom att för positiva bråk tänka i termer av den allmänna, intuitiva tolkningen som andelar av andelar en helhet, såsom en geometrisk kvadrat. Men samtidigt har vi att göra med en fundamental regel i modern matematik och dess tillämpningar, ett 'axiom' i betydelsen en definition eller specifikation, för vilken det inte är på sin plats att fråga efter vidare 'matematiskt bevis'.

1.2.3 Numeriska beräkningar av produkten

För beräkning av produkten finner vi:

(i) Multiplikationsalgoritmen för beräkning av produkten av två decimalt representerade heltal (eller decimaltal), till exempel "småskolans" uppställning av $352 \cdot 365$.

(ii) Produktformeln för produkten av två bråk (rationella tal).

(iii) Produkten av två rationella tal, av vilket minst ett är negativt, återföres på det positiva fallet och därefter tillämpning av teckenreglerna.

Exempel 2. Vi beräknar

$$\frac{10}{3} \cdot \frac{4}{9} = \frac{10 \cdot 4}{3 \cdot 9} = \frac{40}{27}$$

eller på blandad form

$$\frac{40}{27} = 1\frac{13}{27}$$

□

1.3 Subtraktion

1.3.1 Vetenskaplig definition av subtraktion som invers operation till addition

Det allmänna sättet att karakterisera operationen subtraktion baseras på den sedvanliga *algebraiska sammankopplingen av operationerna subtraktion och addition*, på så sätt att definitionen av differensen kan göras med hänvisning till addition.

Den allmänna matematikvetenskapliga beskrivningen och definitionen av operationen subtraktion knyter samman subtraktion och addition som till varandra inversa operationer. Detta är den algebraiska sammankoppling av operationerna, som tillåter att differensen kan definieras med hänvisning till addition. Den till addition inversa operationen subtraktion är i modern aritmetik väldefinierad för alla par av tal (upp till de komplexa) utan några undantag. Att 'bevisa' att den är väldefinierad är något som dock måste göras för specifik taltyp (vilket vi överlåter till andra artiklar i samlingen).

Låt A och B vara tal upp till de komplexa. Då är **differensen** $A - B$ mellan **minuenden** A och **subtrahenden** B det tal C som är sådant att

$$C + B = A$$

Exempel 3. Det gäller, enligt definitionen, att $10 - 7 = 3$, eftersom

$3 + 7 = 10$. Vi har att $2 - 8 = -6$, eftersom $(-6) + 8 = 2$. □

Man kan också med fördel uttrycka definitionen av subtraktion i termer av ekvationer. Med **den för subtraktion/differensen $A - B$ definierande ekvationen** menas ekvationen

$$X + B = A$$

Eftersom addition är kommutativ har denna ekvation exakt samma lösningar som ekvationen

$$B + X = A$$

Av denna anledning kallar vi båda dessa för den definierande ekvationen utan åtskillnad. I det fall vissa ekvationer av denna form hade saknat lösning eller inte hade haft en entydigt bestämd lösning, så vore uttrycket '$A - B$' odefinierat i det fallet. Men som sagt, i vår aritmetik är detta uteslutet.

[3] *Differensen $A - B$ är, per definition, den entydigt bestämda lösningen till den för differensen definierande ekvationen $X + B = A$. I det fall ekvationen skulle sakna entydigt bestämd lösning, lämnades differensen odefinierad.*

På det sätt vårt moderna talsystem är uppbyggt så är, som sagt, operationen subtraktion dock alltid väldefinierad. Differensen 'existerar', eller synonymt, den för differensen definierande ekvationen har en entydigt bestämd lösning för alla A och B.

På den tid då man än så länge inte hade uppfunnit eller infört *de negativa talen*, så var det dock inte så. Det fanns många exempel på subtraktioner som inte var definierande, utan obestämda. Exempel på det är $3 - 5$, i vilket fall ekvationen $X + 5 = 3$ skulle ha saknat lösning. Man kan fortfarande säga saker som att operationen $3 - 5$ inte är "definierad för de positiva talen", och att man måste gå över till att "röra sig med negativa tal" (med innebörden att ekvationen saknar lösning i positiva reella tal).

Lägg märke till att det av definitionen följer att $X + B = A$ om och endast om $X = A - B$, med ekvivalenspilen:

$$X + B = A \iff X = A - B$$

Exempelvis är följande ekvivalenser matematiskt giltiga:

$$X + 7 = 10 \iff X = 10 - 7$$
$$X + 8 = 2 \iff X = 2 - 8$$
$$5X + 1{,}5 = 2{,}9 \iff 5X = 2{,}9 - 1{,}5$$

Konstaterandet att en ekvation som $X + 8 = 2$ kan lösas genom att "dra bort 8:an" från vänster– och högerled, kan alltså uppfattas som en konsekvens av definitionen av subtraktion. Det är en nyttig minnesregel, men det lägger ingenting till konstaterandet att ekvationen har lösningen $X = 2 - 8 = -6$.

Låt oss sammanfatta den här "iakttagelsen" av *den algebraiska sammankopplingen av addition och subtraktion som till varandra inversa operationer*:

[4] *För alla tal A, B, C upp till och med de komplexa:*

$$A + B = C \iff A = C - B$$

Subtraktion utgör den till addition *inversa operationen*, och vice versa. Man kan säga att subtraktion har effekten att 'upphäva' resultatet av en addition, och vice versa. Om vi exempelvis till 3 adderar 4 och sedan från summan 7 subtraherar 4 igen, så får vi ju tillbaka talet 3 oförändrat. På samma sätt är division den inversa operationen till multiplikation.

1.3.2 Numeriska beräkningar av differensen

I skolan brukar man få bekanta sig med välkända metoder för att beräkna differensen mellan två rationella tal. Vad gäller tillvägagångssättet kan man urskilja åtminstone dessa fall av beräkning:

(i) av differensen mellan två decimalt representerade heltal, till exempel $1943 - 188 = 1755$;

(ii) av differensen mellan två decimaltal, till exempel $4{,}5 - 2{,}3 = 2{,}2$;

(iii) av differensen mellan två bråk generellt, till exempel $\frac{17}{5} - \frac{4}{3}$.

För (i) och (ii) kan sedvanliga algoritmiska uppställningar utnyttjas. I fall (iii) behöver man ställa bråken på någon gemensam nämnare, gärna så liten som möjligt.

Exempel 4. En gemensam nämnare till bråken 17 5–delar och 4 3–delar kan hittas genom korsvis multiplikation av bråknämnarna, vilket i detta fall ger den minsta gemensamma nämnaren $5 \cdot 3 = 15$. Förlängning av bråken ger

$$\frac{17}{5} = \frac{17 \cdot 3}{5 \cdot 3} = \frac{51}{15}$$

respektive

$$\frac{4}{3} = \frac{5 \cdot 4}{5 \cdot 3} = \frac{20}{15}$$

Med subtraktion på gemensam nämnare får vi

$$\frac{17}{5} - \frac{4}{3} = \frac{51}{15} - \frac{20}{15} = \frac{31}{15} = 2\frac{1}{15}$$

Beräkningen är klar. □

1.4 Division

1.4.1 Allmän division kontra heltalsdivision (euklidisk division)

Man gör en distinktion mellan **allmän division** (eller helt enkelt ”division”) och **heltalsdivision**, också kallat **euklidisk division**. Vad jag tror att man vanligtvis tänker på som division är det förstnämnda. Allmän division kan man alltid utföra och ger en entydigt bestämd **kvot**, såvida inte nämnaren är noll. Vårt fokus i denna artikel ligger på allmän division.

Heltalsdivision är bara definierat för *heltal* och som resultat vid denna får man en **(heltals)kvot** och en **rest**, som bara ibland är noll. Heltalsdivision är en relevant förberedelse för studiet av *divisionsalgoritmen*, med välkända uppställningar som ”trappan”, ”liggande stolen”, med mera. Och därtill *modulär aritmetik (kongruensräkning)*. Divisionsalgoritmen är ett sätt att approximera den allmänna kvoten vid division, och analyseras närmare i artikeln ”Algoritmer för de fyra räknesätten”.

Heltalsdivision eller euklidisk division handlar om den uppgift som är att bestämma hur många gånger det här heltalet går i, kan räknas i det där heltalet, och hur mycket som då blir över som rest. Om vi till exempel räknar vilket *helt antal gånger* heltalet 5 går i heltalet 38 och hur mycket som därmed blir över som rest är det möjligt att skriva resultatet av beräkningen på formen:

$$38 = 7 \cdot 5 + 3$$

Vi säger att man har utfört *heltalsdivision* av heltalet 38 med 5. Det är inte strängt taget nödvändigt att använda ett annat beteckningssätt för heltalsdivision än för allmän division. Om behov finns att hålla isär begreppen genom notationen används ibland skrivsätten ”div” och ”rest” för heltalsdivision. Med detta kan vi också skriva resultatet av heltalsdivisionen såhär:

$$38 \text{ div } 5 = 7 \text{ rest } 3$$

Talet 38 kallas för heltalsdivisionens *täljare* och talet 5 för dess *nämnare*. Talet 7 kallas för *kvoten* vid heltalsdivision av 38 med 5 och talet 3 för *resten* vid heltalsdivision av 38 med 5.

Exempel 5. Hur många timmar och minuter går det på 255 minuter?

Lösning: Svaret får vi genom att utföra heltalsdivision av 255 med 60, då det går 60 minuter på en timme. 60 går 4 gånger i 255, eftersom $4 \cdot 60 = 240$. Resten är 15.

$$255 \text{ div } 60 = 4 \text{ rest } 15$$

Svaret på frågan är: ”Det går 4 timmar och 15 minuter.” □

Lägg märke till att vid heltalsdivision av positiva heltal a med b är resten antingen 0 eller ett heltal mellan 0 och b:

$$0 \leq r < |b|$$

1.4.2 Allmän division: matematikvetenskaplig definition

Tanken är nu att ge en mer abstrakt, teoretiskt renodlad sammanfattning utifrån de inledande exemplen i föregående avsnitt. Den matematikvetenskapliga definitionen av division är att kvoten är det tal som multiplicerat med nämnaren ger täljaren. I det fall ett dylikt tal inte existerar så lämnas kvoten odefinierad.

Den allmänna matematikvetenskapliga definitionen av division knyter alltså samman division och multiplikation som till varandra inversa operationer. Den till multiplikation inversa operationen division är i modern aritmetik väldefinierad för alla täljare och för alla nämnare *förutom noll* (upp till de komplexa talen).

Låt A och B symbolisera tal, vilka som helst, upp till de komplexa. Då är **kvoten** A/B mellan **täljaren** A och **nämnaren** B det tal C som är sådant att

$$C \cdot B = A$$

Kvoten skrives på sedvanligt sätt med matematisk notation

$$A/B \quad \text{eller} \quad \frac{A}{B}$$

och utläses som vanligt:

A/B

$\rightleftarrows$

kvoten mellan A och B

A dividerat med B

A delat med B

Kvoten är alltså, per definition, 'det antal gånger' man behöver ta nämnaren för att nå upp eller fram till täljaren. I det fall talet C inte existerar eller inte är entydigt bestämt är kvoten 'A/B' **odefinierad**. I vår aritmetik förekommer detta undantag, som sagt, endast i det fall $B = 0$.

För positiva rationella (eller reella) tal kan kvoten *relateras till* arean av en rektangel. Rita nämligen en sträcka med längden B längdenheter. Det är i geometrin alltid möjligt att bilda en rektangel som har arean A areaenheter. Låt bredden vara C. Enligt rektangelns areaformel är $A = BC$. Ur definitionen av kvoten följer att $C = A/B$.

Definitionen av division är också lämplig att omformulera och uttrycks ofta i termer av ekvationer. Låt oss kalla ekvationen

$$XB = A$$

den för (allmän) division definierande ekvationen och för kvoten A/B i synnerhet. Observera att eftersom multiplikation är kommutativ kommer denna ekvation att ha precis samma lösningar som ekvationen

$$BX = A$$

Av denna anledning kallar vi båda dessa ekvationer för *den definierande ekvationen* utan behov av åtskillnad.

Exempel 6. Den definierande ekvationen för kvoten $1/0{,}2$ är

$$0{,}2x = 1$$

med den uppenbara lösningen $x = 5$. För $20/(-4)$ är det $(-4)x = 20$, för $\sqrt{2}/\pi$ är det $\pi x = \sqrt{2}$, och så vidare. □

Låt oss också omformulera **definitionen av kvoten** mellan två tal som en 'sats' på display:

[5] *A/B är den entydigt bestämda lösningen till den för division definierande ekvationen*

$$BX = A$$

I det fall lösningen inte existerar entydigt, lämnas uttrycket 'A/B' odefinierat.

Denna display är alltså en definition i formen av en sats, och inte ett 'matematiskt resultat'. Något som däremot närmar sig ett 'matematiskt resultat' är följande påstående:

[6] *Den för kvoten definierande ekvationen har en entydigt bestämd lösning för alla A och B upp till de komplexa talen, med det enda undantaget när $B = 0$.*

För ekvationen $0 \cdot X = A$ gäller att den antingen saknar ($A \neq 0$) eller har oändligt många lösningar ($A = 0$), hur som helst ingen entydig lösning. 'Bevis' för ekvationens entydiga lösning när $B \neq 0$ måste göras med hänsyn till specifik taltyp, se relevanta artiklar.

Lägg märke till att det av definitionen naturligtvis följer att $BX = A$

om och endast om $X = A/B$, med ekvivalenspilen:

$$BX = A \iff X = A/B$$

Exempelvis är följande ekvivalenser matematiskt giltiga:

$$\begin{aligned} 7X = 49 &\iff X = 49/7 \\ 4X = -2 &\iff X = 4/(-2) \\ 0{,}1X = 5 &\iff X = 5/0{,}1 \end{aligned}$$

Konstaterandet att en ekvation som $0{,}1X = 5$ kan lösas genom att "dela vänster– och högerled" med 0,1 är alltså möjlig att uppfatta som en konsekvens av definitionen av division. Detta är återigen en nyttig minnes– eller tumregel, men den lägger inget ytterligare till konstaterandet att ekvationen har lösningen $X = 5/0{,}1$ (vilket är lika med 50, eftersom $50 \cdot 0{,}1 = 5 \cdot 10 \cdot 0{,}1 = 5$).

Vi sammanfattar den här *algebraiska sammankopplingen av multiplikation och division som till varandra inversa operationer* i en display:

[7] *För alla tal A, B, C, där $B \neq 0$:*

$$CB = A \iff C = A/B$$

De flesta frågetecken gällande division brukar kunna rätas ut genom att återföras på den definierande ekvationen, se kommentarskapitlet.

1.4.3 Numeriska beräkningar av kvoten

I skolan brukar man få bekanta sig med välkända metoder för att beräkna kvoten mellan två rationella tal. Vad gäller tillvägagångssättet kan man urskilja åtminstone dessa fall av beräkning:

(i) av heltalskvoten och resten mellan två decimalt representerade positiva heltal, till exempel $2943/5 = 588$ rest 3;

(ii) av den allmänna kvoten mellan två decimalt representerade positiva heltal till ett valt antal decimaler, till exempel $2943/5 = 588{,}6$ eller $22/7 = 3{,}142\ldots$;

(iii) av kvoten mellan två bråk, till exempel $\frac{17}{5}\Big/\frac{4}{3}$.

För (i) och (ii) kan någon typisk algoritmisk uppställning för division utnyttjas. I fall (iii) har vi metoden att återföra bråkdivision på multiplikation med *den multiplikativa inversen* till nämnarbråket.

Exempel 7. Låt oss påminna oss om hur beräkning av kvoten i (iii) kan göras. Det till 4 3–delar inverterade bråket är 3 4–delar. Multiplikation av täljarbråket med detta inverterade bråk ger

$$\frac{17}{5}\Big/\frac{4}{3} = \frac{17}{5}\cdot\frac{3}{4} = \frac{17\cdot 3}{5\cdot 4} = \frac{51}{20}$$

Beräkningen är klar. Kvoten kan dock med fördel skrivas om på blandad bråkform eller till och med decimalform:

$$\frac{51}{20} = 2\frac{11}{20} = 2{,}55$$

□

För reella tal som är irrationella får man av principskäl nöja sig med närmevärden, approximationer, till kvoten. Om man till exempel behöver beräkna $1/\sqrt{2}$, så gör man så att man först approximerar kvadratroten till ett visst antal decimaler, och därefter beräknar kvoten mellan 1 och det rationella närmevärdet. Man reducerar varje faktisk numerisk beräkning med reella tal till (en serie av) beräkningar med rationella tal.

Vid beräkning av kvoten mellan två komplexa tal utnyttjas en motsvarighet till den multiplikativa inversen för rationella tal.

2 Kommentarer

2.1 Exempel på hur den tekniska definitionen av division kan användas för att räta ut vanliga frågetecken

Genom den definierande ekvationen för division kan de flesta frågetecken och oklarheter gällande operationen division som brukar kunna uppstå rätas ut.

Man får inte låta sig bli förvirrad av att man ofta utläser operationen division som ”delat med”. Den har en speciell, *teknisk* eller *matematikvetenskaplig* betydelse som inte alltid har att göra med att ”dela upp någonting i högar” eller dylikt. För att undvika förvirring kan det därför ibland, under vissa omständigheter, vara bättre att använda det mer uppstyltade uttryckssättet *dividerat med* jämfört med ”delat med”, även i elementär matematikundervisning. Man kan säga att ’delat med’ är ett (en smula pittoreskt) exempel på hur bruket av en teknisk term, som påminner om och har anknytning till samma ord med andra eller helt vardagliga användningar, kan leda tanken vilse.

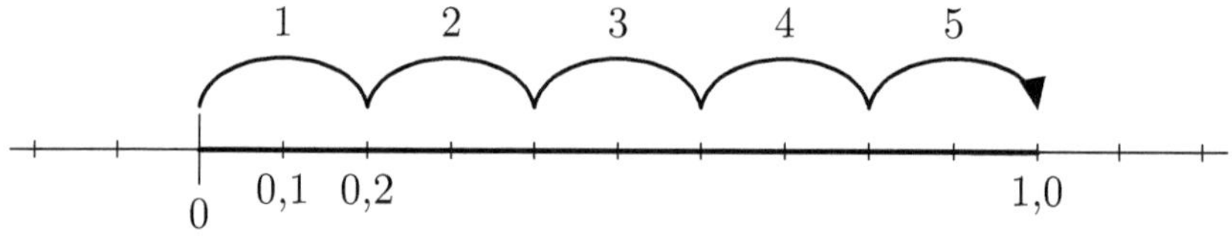

Figur 2: Illustration till det aritmetiska sambandet $1/0{,}2 = 5$. Som vi ser får 0,2 enheter på tallinjalen plats precis 5 gånger i enheten.

Exempel 8. Låt oss titta på fråga (1):

> ”Varför är 1 delat med 0,2 lika med 5?”

Detta är en typ av oklarhet som ofta dyker upp i samband med matematikundervisning på grundläggande nivåer. Till skillnad från en fråga som ”Varför är 60 delat med 5 lika med 12?” är det här inte passande att tala i termer av att ’dela upp någonting i högar’. I detta fall fungerar inte mellanstadiets *svarsmönster* ”Därför att 1 delat i 0,2 högar ger 5 — vad i hela friden?”, ett påstående som inte gör något klarare. Istället följande den vetenskapliga definitionen av division får vi ett svar enligt det här mönstret:

> ”1 dividerat med 0,2 är lika mycket som 5 därför att 5 gånger 0,2 är lika med 1.”
>
> ”Därför att 0,2 går 5 gånger i 1.”

Antalet går väldigt konkret att räkna såhär: ”0,2 0,4 0,6 0,8 1,0” — totalt fem gånger. Jämför med figur 2. Som vi ser gör definitionen det möjligt för oss att formulera ett begripligt svar på fråga (1). □

Att tala i termer av att dela upp i högar, och så vidare, är alltså tillämpbart endast i det fall nämnaren är ett positivt heltal. Det matematiskt sett mest klargörande sättet att besvara frågor om division hänger (för det mesta) samman med den här generella matematikvetenskapliga definitionen. Det är en definition som i själva verket *ser exakt likadan ut* för rationella, reella och komplexa tal.

Division med noll

Exempel 9. Antag att någon ställer frågan (2):

> ”Vad är 1 delat med 0?”

Här är ett möjligt svar:

> ”Talet 1 dividerat med 0 skulle då vara det antal gånger man måste ta 0 för att nå fram till 1. Men det går ju inte: 0 gånger något blir ju alltid 0. Därför har matematikerna bestämt att låta uttrycket ’1 dividerat med 0’ vara odefinierat.”

Ett till och med kortare sätt att förklara varför "1/0" är odefinierat i matematiken lyder såhär:

> "Operationen 1/0 är odefinierad därför att ekvationen $0 \cdot X = 1$ saknar lösningar."

Detta är ett svar lika gott som någon professionell matematiker hade kunnat ge. Multiplikation med noll ger, per reglering, definition, bestämmelse, alltid resultatet noll. □

Exempel 10. Hur är det då med uttrycket "0 dividerat med 0"? Ekvationen $X \cdot 0 = 0$ har visserligen minst en lösning, eftersom vilket tal som helst duger. Däremot finns det inte någon entydigt bestämd kandidat till uttrycket "0/0". Av denna anledning låter man det (normalt) vara odefinierat. □

Såhär kan ett strukturerat resonemang för analysen av frågan om division med noll formuleras:

1. Antag att nämnaren $B = 0$.

2. Då har vi två fall att betrakta: $A \neq 0$ eller $A = 0$.

3a. Det första fallet är då täljaren $A \neq 0$.

4a. Rad (1) och (3a) medför att den för division definierande ekvationen $BX = A$ aldrig är uppfylld, eftersom $0 \cdot X = 0 \neq A$ för alla möjliga tal X. Den *saknar lösning* i detta fall.

3b. Det andra fallet är att även $A = 0$.

4b. I detta fall får vi ekvationen $0 \cdot X = 0$. Denna har lösningar, men inte en entydigt bestämd. Vilket värde på X som helst duger ju. Den för division definierande ekvationen har i detta fall *oändligt många lösningar.*

5. Slutsatsen är att oavsett vilket värde A har så är ekvationen antingen olösbar eller så har den oändligt många lösningar.

Det är av dessa två anledningar miniräknaren returnerar division med noll som "error" eller "division by zero".[1]

Om däremot täljaren $A = 0$ och $B \neq 0$ får vi ekvationen $BX = 0$. Denna har en entydigt bestämd lösning. I detta fall har vi den enda möjliga lösningen $X = 0$. Enligt definitionen av division medför detta att $0/B = 0$ för alla tal B förutom noll. Vi sammanfattar i en display:

[8] *Division med noll är odefinierat eftersom den definierande ekvationen*

$$0 \cdot X = A$$

antingen är olösbar eller har oändligt många lösningar, beroende på om A är skilt från noll eller lika med noll. (Däremot är noll dividerat med ett tal som inte är noll alltid lika med noll.)

Samma notation för taltypen bråk som för operationen division

Eller antag att någon ställer frågan (3):

> "Varför använder man i matematiken samma symbol för bråk som för delat, egentligen?"

Talet '1 delat med 3' eller '1 dividerat med 3' likaväl som talet 'en tredjedel' får ju med matematisk notation skrivas både som $1/3$ och som $\frac{1}{3}$.

Jag valde formuleringen ovan mest därför att det i vardagslag ändå är vanligt att man talar om "matematiska symboler" för att referera till de i skrift förekommande beteckningssätt som är säregna för matematiken och som avviker i jämförelse med vanlig alfabetisk skrift. Istället för att tala om "symboler" här skulle man kunna säga man

[1] Jag har sett att en del mobiltelefoner dock returnerar oändlighetssymbolen, den välkända lemniskatan ∞, vid division med noll. Anledningen till att man gör det är förmodligen att "Oändligt många gånger" är svaret på exempelvis frågan: "Hur många gånger kan man ta 0 i 1?" — såvida man därmed medvetet utelämnar frasen "... för att nå fram till täljaren 1".

använder *samma beteckningssätt, tecken eller notation.* En möjlig omformulering av frågan vore:

> ”Hur kommer det sig att man använder samma notation för bråk som för division?”

Bråken kan sägas utgöra ett slags *talbegrepp*, medan division är en *binär operation*, som tar två tal till indata och returernar ett nytt tal som utdata. Så det är inte konstigt att man kan uppleva bruket av samma beteckning som en smula förvirrande.[2]

För att förklara det här bruket av ett och samma beteckningssätt låt oss titta på ekvationen

$$3X = 1$$

Detta är en för division definierande ekvation, vars eventuella lösning kallas för ”ett delat med tre”, eller kvoten mellan och 1 och 3, och för det mesta betecknas ”$1/3$”. Men som vi ser är bråket 1 3–del faktiskt en lösning till den definierande ekvationen, eftersom tre gånger en tredjedel är lika med en helhet:

$$3 \cdot \frac{1}{3} = \frac{3}{3} = 1$$

Det följer att kvoten mellan 1 och 3 är precis lika mycket som en tredjedel (ungefär lika mycket som 0,33). Den exakta lösningen till ekvationen är alltså

$$X = 1/3 = \frac{1}{3}$$

Här menas: ”X är lika med ett dividerat med tre, vilket är lika mycket som en tredjedel.”

Om det i en matematisk text står till exempel ”$0,24/19,3$” så innebär det 0,24 dividerat med 19,3 och inte ”0,24 stycken 19,3–delar” (vilket

[2]I en del läroböcker i matematik skiljer man *inledningvis* mellan operationen division och taltypen bråk genom själva beteckningssättet. Man kan däri exempelvis skriva $1:3$ för division men $1/3$ för bråket. I längden är det dock inte lämpligt att hålla isär operationen och taltypen genom notationen, eftersom uttrycken blir otympliga.

är ett odefinierat uttryck). Om det däremot står 23/18 kan det betyda 23 dividerat med 18 och det kan betyda 23 18–delar. Men på grund av att dessa tal har samma värde — de utgör precis 'lika mycket' av en och samma delbara helhet — spelar det ingen roll att ett och samma tecken används.

Så, ett sätt att besvara fråga (F4) ovan vore:

> ”Tag som exempel uttrycket '1/3'. Eftersom bråket en tredjedel löser den för divisionen ett dividerat med tre definierande ekvationen, så är ett delat med tre precis lika med en tredjedel. Med andra ord spelar det ingen roll att samma skrivsätt används för bråket som för kvoten.”

Detta mönsterexempel visar det allmänna sambandet. Det spelar alltså ingen (större) roll att /, och därmed jämförbara skrivsätt, så att säga *sväljer skillnaderna* mellan taltypen bråk och den aritmetiska operationen division:

[9] *I det fall A och B är positiva heltal så är kvoten mellan A och B lika mycket av en enhet som bråket A B–delar, eftersom bråket löser den för kvoten A/B definierande ekvationen BX = A.*

Det är av den anledningen man i matematiken använder samma beteckningssätt för bråk som för division.

Låt oss jämföra med ett lite större exempel:

Exempel 11. ”Vad är 127 delat med 4738?” Matematiskt sett är ett helt korrekt svar även detta, även om det kan låta en smula märkligt: ”Lösningen är 127 4738–delar.”

Det svårare problemet är att bestämma det här bråkets värde till ett valt antal decimaler. För detta kan man använda någon uppställning av algoritmerna för de fyra räknesätten. Dock är det decimala närmevärdet ingenting som flertalet av oss i dagsläget skulle vilja ägna tid åt att utarbeta för hand, utan vi skulle föredra att använda en kalkylator. Med hjälp av den inbyggda miniräknaren i min mobiltelefon får jag bråkets decimala värde till tio decimaler som

$$\frac{127}{4738} = 0{,}0268045589\ldots$$

Avrundat till fyra decimaler är alltså

$$127/4738 \approx 0{,}0268$$

en approximativ lösning till den för kvoten 127/4738 definierande ekvationen

$$4738 \cdot X = 127$$

Vi kan också kontrollräkna det här närmevärdet genom att sätta in det i den definierande ekvationen istället för X:

$$4738 \cdot 0{,}0268 = 126{,}9784 \approx 127$$

På decimalform får vi här ett närmevärde till ekvationens lösning och på bråkform den exakta lösningen. Dock säger väl oss redovisningen på decimalform förmodligen något mer om hur mycket 127/4738 "faktiskt" är. Det kan till exempel vara svårt att sätta ut 127/4738 på något slags mätinstrument som är graderad med en normal decimal skala. Men "rent matematiskt", teoretiskt sett, är bråkformen korrekt även den.

Såhär lyder ett kanske lite mer tillfredsställande svar på frågan:

> "127 dividerat med 4738 är precis lika med 127 4738–delar. Detta bråk är på ett ungefär lika mycket som 0,0268 av en enhet."

□

Samband med ekvationslösning i algebran

En liten men viktig anmärkning om ekvationslösning. Låt oss titta på ekvationen

$$12X = 3$$

Många av oss har i grundskolan säkert fått höra matematikläraren ge instruktionen att här "dela" både vänsterled och högerled i ekvationen med 12 för att på så sätt få fram lösningen till en ekvation av denna speciella form. Det är förvisso en mycket bra *minnesregel* vid ekvationslösning att tänka så — "Om man gör samma sak i vänsterled och högerled, så är likheten bevarad" — men det lägger egentligen ingenting till det enkla konstaterandet att: "Lösningen till ekvationen är tre dividerat med tolv." Vi har att göra med en definition.

Mot bakgrund av den för division definierande ekvationen såsom logiskt bestämmande för användningen av orden 'dividerat med' är det alltså en självklarhet att 3 dividerat med 12 är lösningen till ekvationen $12X = 3$. Den ekvation som står på pappret är den definierande ekvationen för $3/12$.

Efter att man *konstaterat* att lösningen till en ekvation av den här undersökta formen är vad vi, i det här exemplet, skulle beteckna som $3/12$ är det i regel av intresse att också *beräkna värdet* av lösningen $3/12$. Att beräkna värdet av ett uttryck såsom $3/12$ är att reducera det till önskad form. Det kan till exempel vara ett i jämförelse med tre tolftedelar enklare bråk eller ett decimaltal eller ett decimalt närmevärde med något valt antal decimaler. I vårt fall gäller att

$$3/12 = \frac{3}{12} = \frac{1}{4} = 0,25$$

Därmed konstaterat kan man också *redovisa lösningen* till ekvationen, såhär exempelvis:

$$X = 0,25$$

Exempel 12. Lös ekvationen $932y = 125$.

Lösning: 1. Ekvationen som står är den definierande ekvationen för kvoten 125/932. Lösningen är

$$y = \frac{125}{932}$$

2. Eftersom nämnaren och täljaren är ganska så stora tal väljer jag att inte beräkna kvoten för hand, utan använder miniräknaren. Avrundat till tre decimaler får vi kvoten till

$$125/932 \approx 0{,}134$$

3. Vi kan även göra en kontrollräkning:

$$932 \cdot 0{,}134 = 124{,}888 \approx 125$$

4. Vi sammanställer (1) och (2):

$$y = \frac{125}{932} \approx 0{,}134$$

Problemet är löst. □

Division med negativet till ett tal

Låt oss också titta på vad som händer vid division där negativet till ett tal ingår.

Exempel 13. Fråga 4:

> "Hur kommer det sig att 12 delat med -3 ger -4?"

Återigen kan den här frågan klargöras genom att analysera den definierande ekvationen för division av 12 med negativt 3:

$$(-3) \cdot X = 12$$

Det finns i vår aritmetik bara två tänkbara kandidater här, -4 respektive 4, så frågan är egentligen vilket tecken kvoten kommer att få. Av dessa två kandidater är den enda som vid multiplikation med -3 ger 12 talet -4. Multiplikation med 4 ger -12. Alltså är $12/(-3) = -4$. Det rimliga svaret på frågan (4) är alltså:

> ”Därför att negativt 4 är det enda tal som löser den för 12 dividerat med negativt 3 definierande ekvationen.”

□

En liknande analys visar att division av ett negativt tal med ett positivt ger ett negativt tal och division av ett negativt tal med ett negativt tal ger ett positivt tal. Exempelvis är $(-30)/(-3) = 10$, eftersom $10 \cdot (-3) = (-30)$. Teckenreglerna för division med negativa tal och det motsatta talet visar sig vara desamma som för multiplikation. Vid division med negativoperatorn gäller samma teckenregler som vid multiplikation.

För mer om negativa tal och negativoperatorn, se relevanta artiklar.

3 Lock/portar

Teorifrågor

F1. Definiera: (a) operationen subtraktion givet addition

(b) operationen division givet multiplikation

F2. Hur är addition–subtraktion och multiplikation–division algebraiskt sammankopplade som till varandra inversa operationer?

F3. Hur kommer det sig att –?: (a) $100/4 = 25$ (b) $1/5 = 0{,}2$

(c) $6/0{,}3 = 20$ (d) $1{,}4/0{,}7 = 2$ (e) $42/(-3) = -14$

Vad är den definierande ekvationen för var och en av dessa kvoter?

F4. Varför är division ej definierat för nämnaren 0?

F5. För bråk/rationella tal, hur beräknas numeriskt:

(a) summan (b) differensen (c) produkten (d) kvoten?

F6. Varför använder man samma skrivsätt för bråk som för allmän division?

F7. Förklara vad som menas med heltalsdivision/euklidisk division. Vad kan man i allmänhet säga om hur stor resten är vid heltalsdivision?

Problem

P1. Beräkna: (a) $25 + 57$ (b) $1,4 + 2,7$ (c) $3\frac{3}{7} + 5\frac{2}{7}$ (d) $6 \cdot 9$ (e) $1,3 \cdot 10$

(f) $\frac{1}{3} \cdot \frac{2}{5}$ (g) $70 - 38$ (h) $4,5 - 1,3$ (i) $\frac{15}{10} - \frac{4}{10}$ (j) $88/11$ (k) $15/0,3$ (l) $\frac{2}{3}\Big/\frac{7}{5}$

P2. Lös ekvationerna (för hand eller med miniräknare). Svara i bråkform och som decimaltal, eventuellt avrundat till ett närmevärde med två decimaler:

(a) $5X = 167$ (b) $X \cdot 17 = 19954$ (c) $18{,}19y = -40,55$ (d) $x + 53 = 2384$ (e) $4x - 84 = -20$

Visa med kontrollräkning att dina svar verkligen utgör (approximativa) lösningar till ekvationerna.

P3. Utför heltalsdivisionen. Ange kvot och rest på lämplig form:

(a) 57 div 8 (b) 255 div 3 (c) 1928 div 10

Diagram för visualisering av aritmetiska samband: punkttanglar, bråkdiagram, tallinjalen

Artikel 7

Innehåll

I denna artikel ges en kort sammanfattning av de olika typer av diagram som brukar användas för att visualisera, representera och få överblick på sambanden för de reella taltyperna: heltal, rationella tal (bråk), negativa tal och reella tal generellt. Vi påminner oss om dessa tre olika typer av diagram:

- Punkttanglar
- Bråkdiagram

- Tallinjen (tallinjalen)

1 Kärninnehåll

1.1 Punkttanglar som ett sätt att överblicka samband inom heltalsaritmetiken

Med **punkttanglar** kommer vi att syfta på *olika scheman av punkter på pappret eller i den exakta fantasin som representerar distinkta föremål under räkning*. Det kan vara punkter längs med en rak linje eller i en rektangulär matris, i formen av ett rätblock, eller någon annan form. Punkttangeln är ett slags heltalsdiagram, en metod för att visualisera och representera positiva heltal. Punkttangeln är en abstrakt bild av si och så många åtskilda objekt som man tänker sig kan räknas. Bilden är abstrakt såtillvida att det lämnas osagt och är irrelevant vilka specifika objekt punkterna står för (representerar) eller kan tänkas stå för: det kan vara enkronor, äpplen, hästar, planeter, eller något annat som kan vara föremål för proceduren att räkna ett antal åtskilda föremål.

Punkter arrangerade i formen av en rektangel kan vi kalla för en **punktrektangel**, i formen av ett rätblock ett **punkträtblock**, i formen av en triangel en **punkttriangel**, och så vidare. I figur 1 visas en punktrektangel, en rektangulär matris av distinkta punkter. En punktrektangel bestående av en enda rad kan vi kan kalla en **punktrad**, se figur 2.

Själva ordet ”punkttangel” är inte en etablerad term, men ett ord som förstås ligger nära till hands. Däremot kan själva metoden att utnyttja punkttanglar i matematiken sägas vara en urgammal metod för visualisering, representation av samband för de positiva heltalen. Man finner den här typen av scheman av punkter i den antika grekiska matematiken, hos *pythagoréerna* bland annat, såväl som i moderna läromedel i matematik (och både Kant och Wittgenstein reflekterar

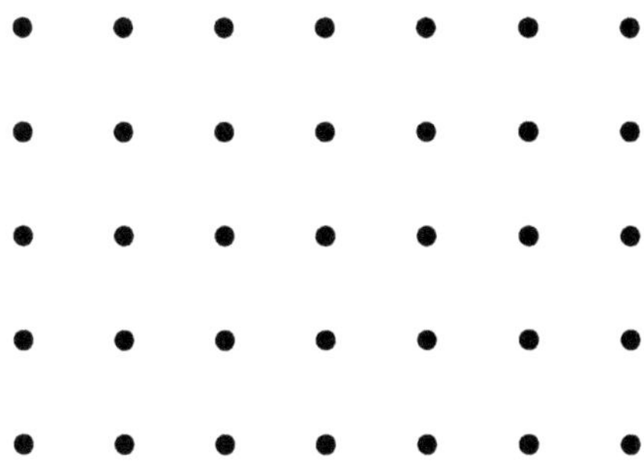

Figur 1: En punkttangel av typen punktrektangel. Detta specifika diagram kan exempelvis illustrera produkten 5 gånger 7 liksom produkten 7 gånger 5. Bilden visar att $5 \cdot 7 = 7 \cdot 5$ enheter på ett sådant sätt att den kan utnyttjas som ett paradigmexempel som uppvisar och ger ett visuellt bevis/förklaring till den kommutativa lagen $ab = ba$ för positiva heltal a och b.

över dem i sitt filosofiska tankearbete, se kommentarerna).

Punkttanglar är ett användbart sätt att åskådliggöra, överblicka, analysera, ge ett förklarande resonemang till olika aritmetiska samband för de positiva heltalen, till exempel de allmänna räknelagarna för additon och multiplikation (kommutativitet, associativitet och distributivitet). Punktrektangeln i figur 1 åskådliggör produkterna $5 \cdot 7$ såväl $7 \cdot 5$ (eftersom man kan tänka sig punkttangeln som utgörande fem rader med sju i varje rad, men likaväl som sju kolonner med fem i varje kolonn), och kan dessutom användas som ett mönsterexempel, ett *paradigmexempel*, för att ge en matematisk bakgrund till, analys av, förklaring till den kommutativa lagen för multiplikation med positiva heltal.

Punkttangeln är en sammansatt symbol inom vilken de enskilda punkterna fungerar som abstrakta representationer av de objekt vars antal man har för avsikt att räkna. Punkttanglar utgör ett exempel på ett slags åskådligt, bildmässigt verktyg för det matematiska tänkandet och opererandet som skulle betecknas som diskreta figurer, bilder, scheman. Att dessa schematiska bilder är *diskreta* innebär att de kan

Figur 2: Punktrektanglar av typen punktrad kan exempelvis illustrera sambandet *Fem plus sju är precis lika många som tolv enheter.* Fem distinkta enheter (punkter) räknat tillsammans med sju distinkta enheter (punkter) är precis lika många som tolv enheter (punkter). Med matematisk notation $5 + 7 = 12$.

betraktas som indelade i klart och tydligt avskilda delar eller enheter. Det finns ingen möjlighet att fortsätta dela in i ännu mindre delar eller att låta en sak kontinuerligt övergå i en annan.

Punkttanglar fungerar dock inte tillfredsställande när man går över till bråk och andra typer av tal än just positiva heltal. Då behövs bilder som medger kontinuerliga indelningar och övergångar. Exempel på sådana *kontinuerliga* schematiska bilder utgörs av rektangeln som en abstrakt bild av den delbara helheten vid bråkräkning samt det rätvinkliga koordinatsystemet i analytisk geometri.

1.2 Bråkdiagram som ett sätt att överblicka aritmetiska samband för positiva rationella tal

När vi lär oss bråkräkning (vanligtvis i grundskolan) får vi därmed samtidigt vänja oss vid att göra oss (tolka, rita och operera med) *olika sorters allmänna, abstrakta, bildmässiga representationer av den delbara helheten.* Bilden kan vara den av en kvadrat, en rektangel, en cirkel, och så vidare, men också tallinjen (ett 1–dimensionellt koordinatsystem). Titta på figur 3 för att påminna dig om exempel på detta. Låt oss kalla dessa bildmässiga stöd/verktyg för det matematiska tänkandet **bråkdiagram**. De är jämförbara med punkttanglar för heltalen, och med tallinjen, koordinatsystemet, mängddiagram, och liknande.

En i matematikböcker vanlig abstrakt bild av den delbara helheten

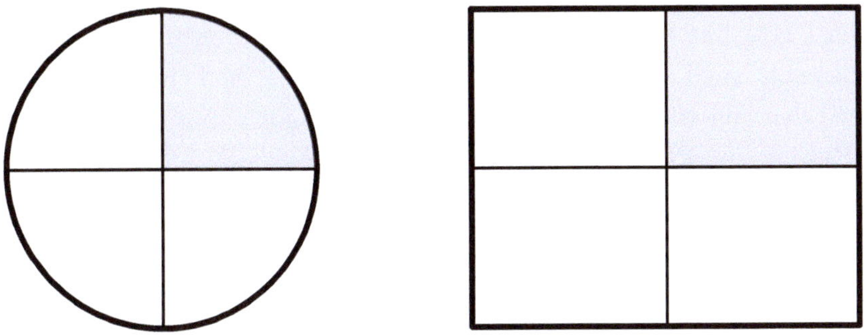

Figur 3: Cirkeln och rektangeln som två olika exempel på bråkdiagram. 'Enheten' eller '1 hel' utmärks i diagrammen genom att cirkeln respektive rektangeln markeras med lite tjockare (svarta) konturer. De tunnare räta sträckorna delar in respektive geometrisk figur i fjärdedelar, varvid bråket 1 4–del representeras och markeras ut genom till exempel en färgläggning (blått) av en sådan fjärdedel utav figurernas ytor.

är en rektangel, eller en kvadrat. Dessa bilder kännetecknas båda två av att vara *linjära bilder*. De är uppbyggda av räta linjesegment. En annan vanlig typ av bråkdiagram i matematikböcker är cirkeln ("tårtan"). Linjära bilder såsom rektangeln och kvadraten tror jag dock har den fördelen att de gör det lättare att förstå och överblicka aritmetiska samband (räknelagarna för multiplikation i synnerhet), operationer med bråk samt kopplingen till geometrin. Rektangeln övergår i tre dimensioner naturligt till rätblocket som en bild av den delbara helheten.

Dock spelar det egentligen inte så stor roll vilken bild man använder, så länge den är tillräckligt symmetrisk och enkel, eftersom det i annat fall kan bli svårt att avgöra vad som motsvarar 'två tredjedelar' exempelvis. Ett bråkdiagram som tar sin utgångspunkt i en linjär bild, såsom en kvadrat eller rektangel, kommer vi i fortsättningen att kalla för ett **linjärt bråkdiagram**.

Antag att bilden av den delbara helheten är en rektangel. Då får vi 'en halv' genom att dela rektangeln i två lika stora delar, 'en tredjedel' genom att dela den i tre lika stora delar, 'en fjärdedel' genom att dela den i fyra lika stora delar, och så vidare. Indelningen kan göras på olika sätt: med en horisontell linje tvärs igenom, med en vertikal linje, med den ena eller andra diagonalen, eller något annat sätt.

Exempel 1. Låt oss beräkna summan av bråken $1/2$ och $1/3$. Vi ska alltså bestämma hur mycket 1 2–del och 1 3–del av en och samma delbara helhet utgör sammanräknat. Bråken 1 2–del och 1 3–del kan ställas på den gemensamma nämnaren $6 = 2 \cdot 3$:

$$\frac{1}{2} = \frac{3}{6}$$
$$\frac{1}{3} = \frac{2}{6}$$

Totalt räknar vi 5 6–delar av 1 enhet:

$$\frac{3}{6} + \frac{2}{6} = \frac{5}{6}$$

Addition av de två bråken illustreras av bråkdiagrammen i figur 4. □

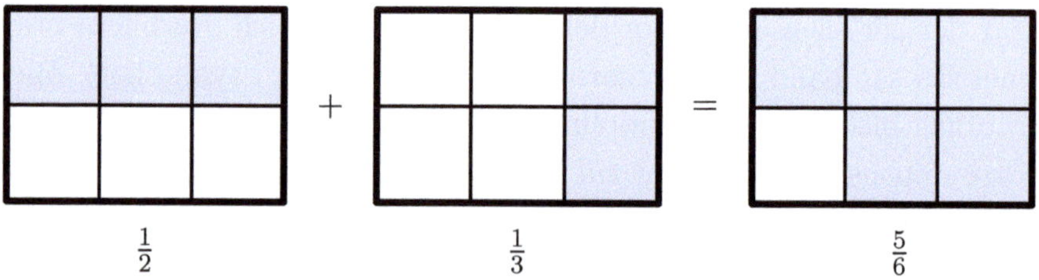

Figur 4: En abstrakt bild av bråkaddition genom bråkdiagram i vilka den delbara helheten representeras av en (godtycklig) rektangel.

Dessa bilder är inte bara ett stöd för tänkandet, utan är ett redskap för att man *själv ska kunna förstå* och *för andra människor förklara varför* de grundläggande sambanden i bråkräkning ser ut som de gör. Dessa olika bilder är oumbärliga för att klargöra bakgrunden till bråkräkningens begrepp och regler och för att på ett relativt enkelt sätt skapa överblick på de olika relationer som gäller för räkning med bråk.[1]

Dock, även om det är eller kan vara nödvändigt att använda bilder för att lära ut begreppet bråk, samt på ett klart och överskådligt sätt förklara varför vi nu räknar som vi en gång för alla gör, är det viktigt att inte tänka att själva talbegreppens användning är begränsad till just den eller den bilden. Hur de olika talbegreppen och därtill hörande operationer är reglerade kan *åskådliggöras*, *illustreras* genom ett schematiskt bruk av tallinjen, rektanglar och rätblock, eller andra bilder för den delen, men ordens användning är inte *begränsad* till dessa specifika bilder. Bilderna är komplexa symboler som pekar bortom sig själva. Vi säger ju exempelvis "en fjärdedel av norrmännen", "tre femtedelar av landets totala skatteintäkter" eller "två tredjedelar av avståndet mellan Uppsala och Stockholm". Av den anledningen kan det vara bra för den korrekta förståelsen att man gör sig många olika illustrationer av bråk och operationer med bråk. Då kommer sammanhangen eller kopplingarna att gradvis framträda tydligare för en.

Exempel 2. Låt oss illustrera bråkdiagrammens speciella nytta genom att också beräkna produkten av bråken $1/2$ och $1/3$. Detta innebär att vi ska avgöra hur mycket 1 2–del (kopior) av 1 3–del utav en given delbar enhet utgör, det vill säga att isolera 1 2–del utav 1 3–del redan isolerad. Låt oss tänka oss att vi delar vardera tredjedel av helheten i två lika stora delar. Detta ger oss totalt 6 stycken delar. Att ta en halv utav en av tredjedelarna ger oss alltså 1 6–del av 1 hel. Detta är således den eftersökta produkten:

$$\frac{1}{2} \cdot \frac{1}{3} = \frac{1}{6} \quad \text{av enheten}$$

[1]Det är så att säga inget barnsligt och under ett vuxet matematiskt tänkandes värdighet i bruket av dessa bilder, endast därför att vi lär oss dem mycket tidigt i småskolans matematikundervisning. De scheman vi tillägnar oss i samband med småskolans bråkräkning är i själva verket lika mycket en matematisk, logisk, teknik som koordinatsystem, mängddiagram, algebraiska pildiagram, och så vidare. Bilderna utgör en del av bråkräkningens logik.

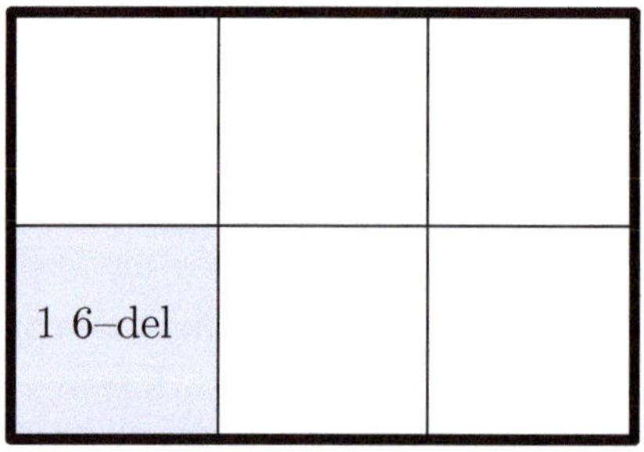

Figur 5: Kvantiteten en halv gånger en tredjedel av en enhet representeras i bråkdiagrammet genom 1 hel (den totala rektangeln) först delas in i tredjedelar med två vertikala streck och därefter i halvor genom ett horisontellt streck. Resultatet är en indelning i sex lika stora delar. Produkten är alltså en sjättedel.

Med stöd av bråkdiagram kan detta resonemang visualiseras på ett klart och överskådligt sätt. Låt oss som bild av den delbara helheten ta en rektangel, liksom i föregående exempel (se figur 5). Rektangeln delas in i 3–delar genom till exempel vertikala streck och dessa delas sedan in i halvor genom ett horisontellt streck genom mitten på rektangeln. Resultatet är helheten indelad i sex lika stora delar, vardera representerande 1 6–del. □

Den moderna matematikvetenskapliga definitionen av 'produkten' av två bråk är faktiskt produktformeln (täljarna och nämnarna multipliceras var för sig):

$$\frac{a}{b} \cdot \frac{c}{d} = \frac{ab}{cd}$$

Denna formel går att motivera genom att tänka i termer av andelar av andelar av en given 1–helhet: om c stycken d–delar av t.ex. en rektangel delas in i b delar, och man kopierar a sådana delar, så motsvarar detta precis ab stycken cd–delar av den ursprungliga rektangeln (vi tittar närmare på det här resonemanget i artikeln om bråkräkning).

Bråkdiagrammen bidrar alltså till *att förklara varför* vi har accepterat vissa regler, varför vi opererar med bråk på det sätt vi nu gör. Bilderna hjälper oss att se varför vi har antagit detta som *ett förnuftigt sätt att räkna* (eng. *a reasonable way of counting*). På samma gång kommer matematiska resonemang, som baseras på bråkdiagram i formen av linjära figurer såsom rektanglar, kvadrater och rätblock, att uppvisa den nära kopplingen mellan de grundläggande sambanden i aritmetiken och geometrin, i synnerhet anknytningen mellan multiplikation och formler för area och volym.

Här behövs dock en liten brasklapp: bara därför att dessa bildscheman (som bråkdiagrammen utgör) bidrar till att klargöra bakgrunden till geometrins formler, ska man inte betrakta dessa bilder som omedelbart hörande till området eller matematikgrenen geometri. De resonemang som bilderna illustrerar är inte avhängiga några som helst *geometriska* resonemang (bevis), utan står på egna ben. Bråkdiagrammen är menade att förklara varför vi opererar med bråk på det sätt vi nu gör. Varför det ur en mänsklig synvinkel verkar vettigt att räkna på det och det sättet.

När det handlar om positiva heltal går det, som sagt, också bra att göra sig bilder av talen genom punkttanglar. Dessa fungerar dock inte så fort man har att göra med egentliga bråk, i vilka bråkdelen är skild från noll.

1.3 Särskilt tallinjen (tallinjalen) som en allmän bild av de rationella och reella talen

En speciell linjär bild för att representera och få överblick på sambanden för rationella och reella tal, positiva och negativa tal inkluderade, är den likaså välbekanta **tallinjen** (eng. *number line*). Tallinjen utnyttjas alltså även den som diagram för representation av rationella och reella tal överhuvudtaget, och kallas också för *den reella tallin-*

jen.[2]

Den här bilden som tallinjen erbjuder är väldigt användbar — eller i praktiken oumbärlig — i samband med problemlösning och modellering. Inte minst är den ett värdefullt verktyg i matematikundervisning. Tallinjer fungerar också som axlar för koordinatsystem (analytisk geometri).

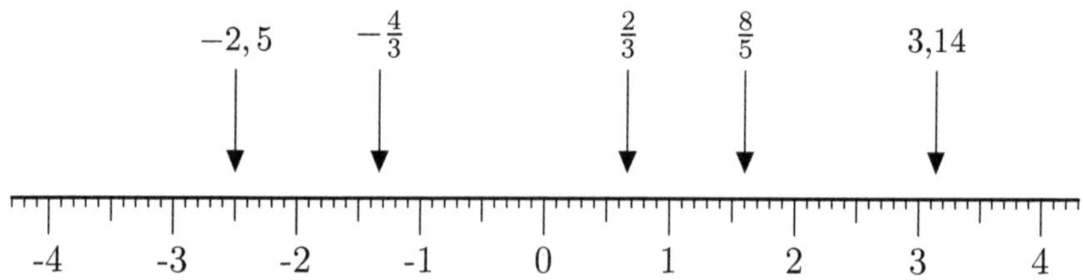

Figur 6: De rationella och reella talen kan representeras på tallinjen, eller "tallinjalen". Sträckan från 0 till 1 representerar den delbara helheten, 1 hel enhet (av något). Positiva tal representeras oftast till höger om 0:an (origo), negativa till vänster.

I figur 6 visas en tallinje med till några tal motsvarande punkter utsatta. Ritningen, principskissen, idéen är följande: en punkt på tallinjen motsvarar talet 0, och kallas för *origo*. En annan punkt på linjen fixeras och får motsvara talet 1, så att sträckan från 0 till 1 symboliserar enheten, en 1–helhet (en meter, ett kilogram, en sekund, en dollar, en joule, etc). En godtycklig sträcka/punkt på tallinjen symboliserar och motsvarar därefter det reella tal som 'mäter' storleksförhållande och placering i förhållande till origo jämfört med denna på tallinjen fixerade 'enhet'. Denna idé är som vi ser helt i linje med *den klassiska beskrivningen av ett tal som till sitt väsen ett abstraherat storleksförhållande mellan två storheter av samma kategori, dimension* (vilken man till exempel återfinner hos Newton).

Som framgår av figur 6 och ovan givna beskrivning är *grundritningen för tallinjen en vanlig graderad linjal* av trä, metall, plast, med mera.

[2]Den 'tallinje' som endast får innehålla representanter för alla heltal och bråk, försedda med signum, kallas i vissa sammanhang för *den rationella tallinjen.*

Figur 7: En vanlig fysisk linjal av plast.

Istället för tallinjen skulle man därför också kunna tala om **tallinjalen** (vilket på engelska skulle bli *the number ruler*), med bredden en enhet enligt samma gradering som på längden, och som är ändligt utsträckt, men kan sträckas ut i båda riktningar så långt som behövs. Detta är inte gängse språkbruk i matematiken, men jag tycker det är ett bra ord: läsaren har säkert haft erfarenhet av att jobba med *fysiska* linjaler, men inte med en "oändligt lång rät linje utan bredd". I likhet med en fysisk linjal kan man alltså tänka på tallinjen/tallinjalen som en *matematisk* linjal, som i tanken kan förlängas precis hur långt man vill. Egentligen spelar det ingen roll vilken bild man gör sig av tallinjen, så länge den används på samma sätt och är till hjälp för en i arbetet med matematiken. De praktiska reglerna för opererandet på tallinjen är desamma oavsett.

Det kan vara värt att understryka att ett reellt tal (naturligtvis) inte är samma sak som en sträcka eller punkt på en tallinje, men att tallinjen utgör en *representation* av ett talbegrepp. En given sträcka på tallinjen *motsvarar, representerar, symboliserar* det reella tal som så att säga uttrycker just det abstraherade storleksförhållande som sträckan står i i förhållande till enhetssträckan.

Inom euklidisk (klassisk) geometri, som den lärs ut och utövas idag, tänker man sig också att varje geometrisk sträcka eller punkt på tallinjen motsvaras av ett och endast ett reellt tal, vilket är utgångspunkten för koordinatsystemet. I moderniserade axiomatiska framställningar (re–konstruktioner) av geometrin formuleras denna regel inte sällan explicit som ett av axiomen, ett 'postulat' med Euklides egentliga term.

2 Kommentarer

2.1 Filosofihistorisk fördjupning

I Kants *Kritik av det rena förnuftet* (från 1770–talet) läser man apropå bruket av punkttanglar för att överblicka (förklara, bevisa) heltalsaritmetiska samband:

> Schemat är i sig alltid bara en produkt av inbillningskraften, men då inbillningskraftens syntes inte har någon enskild åskådning som syfte utan enbart enheten i bestämningen av sinnligheten, så måste schemat skiljas från bilden. Om jag alltså sätter fem punkter efter varandra
>
> • • • • •
>
> är detta en bild av talet fem. Om jag däremot endast tänker på ett tal överhuvudtaget, som kan vara fem eller hundra, så är denna tanke snarare föreställningen om *en metod* [min kurs.] att i en bild presentera ett visst begrepp i överensstämmelse med en mängd (t.ex. tusen) än denna bild i sig, som jag i det senare fallet svårligen skulle kunna överblicka och jämföra med begreppet. Denna föreställning om ett allmänt förfarande för inbillningskraften att åstadkomma en bild till ett begrepp kallar jag *schemat för detta begrepp* [min kurs.]. (A 140, B 180)

Kant konstaterar att det inte är 'bilder av föremålen' som ligger till grund för våra rena sinnliga begrepp, utan dessa 'scheman' för begrepp och begreppsliga relationer. Ingen bild skulle till exempel vara adekvat för begreppet om en 'triangel' överhuvudtaget, eftersom bilden aldrig kan uppnå begreppets form av allmänhet, utan den skulle alltid enbart vara begränsad till en del av den sfär som begreppet avser, förbinder sig med (A 141).

> Triangelns schema kan inte existera någon annanstans än i tankarna och betecknar en regel för inbillningskraftens syntes vad gäller rena gestalter i rummet. Än mindre når ett erfarenhetsföremål eller en bild av ett sådant föremål någonsin det empiriska begreppet, utan detta är alltid omedelbart relaterat till

> inbillningskraftens schema som en regel för bestämmandet av vår åskådning i enlighet med ett visst allmänt begrepp. Begreppet hund betecknar *en regel*, enligt vilken min inbillningskraft kan allmänt teckna gestalten hos ett fyrfotadjur utan att vara inskränkt till någon enstaka särskild gestalt som erfarenheten tillhandahåller, eller ens till varje möjlig bild som jag konkret kan framställa. (A 141)

Denna schematism hos vårt förstånd, fortsätter Kant, är en förborgad konst i djupet av den mänskliga själen, en konst "vars riktiga handgrepp vi knappast någonsin skall locka ur naturen och lägga i öppen dag" (A 141, B 181).

[Citat ur Immanuel Kants *Kritik av det rena förnuftet* i svensk översättning av Jeanette Emt (Bokförlaget Thales, Riga 2004).]

3 Lock/portar

Teorifrågor

F1. Vad är idéen bakom: (a) en punkttangel (b) ett bråkdiagram (c) tallinjen?

F2. Vilka olika slags bråkdiagram kan man göra? Vilka för– och nackdelar finns det?

Problem

P1. Rita punkttanglar som illustrerar: (a) den kommutativa lagen för multiplikation (b) den distributiva lagen (c) den associativa lagen för multiplikation

F3. Rita ett bråkdiagram som representerar: (a) '4 5–delar' (b) '3 hela och 1 6–del' (c) 'summan av 4 5–delar och 2 3–delar' (d) 'produkten av 4/5 och 2/3'.

P2. Rita en tallinje och sätt ut talet: (a) 5 (b) $-2{,}5$ (c) $\sqrt{3}$

Allmänna räknelagar för de fyra räknesätten: återuppförande av kroppegenskapen

Artikel 8

Innehåll

Abstract

Tanken med det här dokumentet är att erbjuda en påminnelse om och fördjupning i de allmänna aritmetiska räknelagar för de fyra räknesätten, som är sammanfattade i definitionen av den algebraiska strukturen kropp (engelskans *field*). Dessa räknelagar gäller för rationella, reella och komplexa tal, med andra ord, för samtliga taltyper som studeras i lejonparten av matematiken och dess tillämpningar. Texten innebär alltså även en introduktion till dels algebraiska/formellt logiska härledningar och bevis samt till algebraiska strukturer. En fördjupande introduktion till ämnet algebraiska strukturer och härledningar finns i artikeln ”En kort introduktion till abstrakt algebra”.

1 Kärninnehåll

1.1 Inledning: skillnaden mellan att presentera/återuppföra kontra att förklara/analysera räknelagarna

Till att börja med är ett 'porträttlogiskt' konstaterande på sin plats: När man *presenterar och återuppför de aritmetiska lagar/regler som är i kraft*, finns det ingenting som är särskilt komplicerat och inte heller kontroversiellt, och dessutom behöver man inte alltid göra åtskillnad mellan olika fall eller typer av tal (talsymboler), eftersom många räknelagar spänner över ett mycket stort fält.

De räknelagar som vi ska titta på i det här dokumentet är faktiskt giltiga i det rationella, det reella och till och med i det komplexa talområdet. Dessa är de 'aritmetiska lagar' som matematiker, fysiker, ingenjörer, och alla oss andra, räknar och opererar med i modern aritmetik, algebra och matematisk analys. Annorlunda uttryckt: i det *moment* i vilket man introducerar och sammanställer de lagar eller regler som är i kraft — som vi *de facto* opererar med i skolstudier eller i yrkesverksamhet — behöver man inte alltid göra åtskillnad mellan olika fall eller typer av tal.

Annorlunda förhåller det sig i den frågeställning — eller aktivitet om man så vill — *där uppgiften är ställd att analysera och förklara räknelagarna.* Att 'förklara och analysera' räknelagarna handlar om att redogöra för, relatera till frågor såsom:

> "Varför är multiplikation kommutativ, associativ och distributiv?"
>
> "Varför blir negativt gånger negativt positivt?"
>
> "Hur kan man vara säker på att division alltid är väldefinierad (för alla nämnare förutom 0)?"
>
> "Finns det ett bevis för det där sambandet?"

Och så vidare. Det är väsentligen att ställa frågan *Varför?* I denna aktivitet behöver man kunna urskilja olika fall och se till komplexiteten i begreppsbildningens historiska utveckling. Förklaringen behöver till att börja med både ta hänsyn till specifik taltyp och vilken specifik räknelag det gäller.

Man kan också komma att glida in på begreppsliga eller filosofiska spörsmål som har att göra med frågetecken kring axiomatisering, mängdlära, stringens i matematisk bevisföring, med mera. Här finns inte på samma sätt någon enkel konsensus, till skillnad från hur det oftast är med matematiken. Detta gäller tämligen generellt frågor om matematiken som närmar sig eller hör till filosofin. Däremot råder ingen (större) oenighet om hur man ska handskas med de här olika taltyperna i praktiken, alltså inom huvudfåran av den matematiska, naturvetenskapliga och teknologiska praktiken av undervisning och forskning.

I det här dokumentet kommer vi, som sagt, inte ge oss in på att försöka analysera alla räknelagar, utan bara presentera dem — eller, väl rättare sagt och troligt, *återuppföra* dem för läsaren.

1.2 Återuppförande

Vi kommer i presentationen att använda stora bokstäver

$$A, B, C, \ldots$$

som allmänna talvariabler. Eftersom de räknelagar som presenteras och studeras gäller för rationellla, reella och även komplexa tal, låter vi det i det följande vara underförstått, om vi till exempel skriver "Låt A och B vara tal" och så vidare, att det kan vara *vilka tal som helst åtminstone upp till och med de komplexa talen.* Ibland säger vi också "Låt A och B vara tal upp till de komplexa". Ett kompakt sätt att uttrycka förutsättningen är med mängdlärans notation, alltså "$A, B \in \mathbb{C}$".

Vi använder tämligen standardiserad notation för de centrala talområden man rör sig med i grundläggande och merparten av högre matematik; här håller vi oss med $\mathbb{N}$, $\mathbb{Z}$, $\mathbb{Q}$, $\mathbb{R}$, $\mathbb{C}$ som initial repertoar av *typer* eller *mängder* av tal. Typen eller mängden av positiva heltal betecknar vi $\mathbb{Z}^+$, alternativa beteckningar är $\mathbb{N}^+$ eller $\mathbb{N}_1$. Vi inför beteckningen $\mathbf{D}$ för mängden av decimaltal (decimalbråk), det vill säga alla rationella tal som kan skrivas som ett bråk på formen $a/10^n$ för något heltal a och naturligt tal n.

Vid sidan om enkla *regler (axiom) för talen noll och ett* finns det *tre fundamentala räknelagar* för addition och multiplikation. Dessa tre är *kommutativitet*, *associativitet* och *distributivitet*. Dessa räknelagar är giltiga för heltal, för rationella tal, för reella och till och med för komplexa tal. De besitter med andra ord en mycket hög grad av generalitet. De används hela tiden och är viktiga att vara på det klara med i studiet av elementär matematik och uppåt. Därtill finner vi *axiom för de inversa operationerna* subtraktion och division till addition respektive multiplikation. Dessa 'axiom' är dock, av utbredd hävd och av vissa naturliga skäl (som kommer att framgå så småningom), formulerade i termer av *existensen av additiv respektive multiplikativ invers.*

Därmed har vi alla de villkor som tillsammans gör en struktur av typen *kropp* i modern–abstrakt algebra och formell–matematisk logik. Det finns en sorts "visdom" i de strukturdefinitioner som görs i abstrakt algebra och logik, som kommer sig av att de har utkristallerats genom en lång historisk process av teoretisk undersökning av och reflektion över den matematiska begreppsbildningen och grundläggande samband för olika typer av matematiska objekt.

En anmärkning: ordet "axiom" är det *namn* som vi i denna artikel, liksom man gör i många andra sammanhang, ger de villkor som är sammanfattade i kroppegenskapen. Detta eftersom de i praktiken utgör tämligen grundläggande regler i matematikstudiet, ofta stillatigande förutsättes, med mera; men framförallt därför att de helt enkelt är *de definierande axiomen för strukturen kropp och ring.* I många härledningar och bevis, i till exempel linjär algebra och matematisk analys, hör de definierande axiomen för en fullständigt ordnad kropp till de premisser som förutsättes. Dock är ordet "axiom" mångtydigt, så i vilken mening det och det är eller inte är ett axiom beror på vilken innebörd man lägger i ordet, och vad som är "axiom" respektive "härledd regel" är inte absolut givet.

1.2.1 Prioriteringsreglerna och andra skrivkonventioner

Förutom de allmänna räknelagarna behöver man känna till några olika skrivregler, i synnerhet de så kallade **prioriteringsreglerna**. En prioriteringsregel är en helt annan typ av regel jämfört med de regler som exempelvis de tre fundamentala räknelagarna utgör. Prioriteringsreglerna är *helt konventionella.* I räknelagarna finns det (möjligtvis) ett visst inslag av konvention gällande begreppen bråk, addition, multiplikation, och så vidare, men vi kan inte säga att de är "helt konventionella". Det är vettigt att *försöka genomskåda* dem, kasta ljus över dem, fråga efter en rimlig förklaring till dem, eller till och med ge bevis för dem. Men vad gäller prioriteringsreglerna finns inget att ge ett bevis eller förklarande resonemang till, utan det är bara att fastslå vilka konventioner som gäller. Det finns en uttrycklig överenskommelse om hur man ska tolka och förenkla aritmetiska uttryck med avseende på parenteser och ordningen mellan de fyra räknesätten (och en del andra aritmetiska operationer, såsom 'upphöjt till').

En av prioriteringsreglerna säger att multiplikation och division *går före* addition och subtraktion när man skriver ned aritmetiska uttryck. Så till exempel ska uttrycket "$3+4\cdot 5$" inte uppfattas som "Produkten av talet 3 plus 4 och talet 5" (vilket är lika med 35), utan som "Talet 3 plus produkten av 4 och 5" (det vill säga 23). Denna prioriteringsregel är alltså ingen särskild aritmetisk räknelag — det är så att säga ingen matematisk upptäckt — utan den är en av några stycken *aritmetiska skrivkonventioner*, strömlinjeformanden av skrivsättet.

En annan sådan skrivkonvention är **skrivkonventionen för multiplikation**, som tillåter att multiplikationstecknet $\cdot$ får utelämnas i algebraiska uttryck för produkten av en variabelsymbol med något annat. Exempelvis får produkten $5\cdot x$ skrivas kortare som $5x$ och produkten $A\cdot B$ som AB. Denna skrivkonvention får förstås inte tillämpas på helt numeriska uttryck, såsom $4\cdot 5$, vilket skulle resultera i missförstånd.

Exempel 1. Det aritmetiska uttrycket $(4\cdot 5)+(6\cdot 9)$ får skrivas lite enklare som

$$4\cdot 5+6\cdot 9$$

med nyttjande av prioriteringsregeln multiplikation före addition. Det aritmetiska uttrycket $9\cdot 14+55-8\cdot 19$ skulle utan prioriteringsreglerna behöva skrivas:

$$(9\cdot 14)+55-(8\cdot 19)$$

Det algebraiska uttrycket $x\cdot y+4\cdot x$ får med de aritmetiska skrivkonventionerna skrivas enklare som

$$xy + 4x$$

□

För detaljer gällande prioriteringsreglerna konsultera Wikipedia eller någon annan resurs.

1.2.2 De allmänna räknelagarna för de fyra räknesätten är sammanfattade i kroppegenskapen

Låt i det följande A, B, C vara godtyckliga tal upp till och med komplexa tal; det kan alltså vara heltal, rationella, reella eller komplexa tal. Då gäller följande **allmänna räknelagar för de fyra räknesätten (kroppaxiomen)**:

[K1] *Addition och multiplikation är **kommutativa** operationer:*

(a) $A + B = B + A$

(b) $AB = BA$

[K2] *Addition och multiplikation är **associativa** operationer:*

(a) $A + (B + C) = (A + B) + C$

(b) $A(BC) = (AB)C$

[K3] *Multiplikation är **distributiv** över addition:*

(a) $A(B + C) = AB + AC$

(b) $(B + C)A = BA + CA$

[K4] *Axiom för 0 och 1 (existens av **neutrala element**)*

(a) $A + 0 = 0 + A = A$ *0 är neutralt element m.a.p. addition*

(b) $1 \cdot A = A \cdot 1 = A$ *1 är neutralt element m.a.p. multiplikation*

[K5] *Axiom för de inversa operationerna subtraktion respektive division*

(a) *Existensen av* ***additiv invers***: För varje tal A finns ett tal $(-A)$ sådant att $A + (-A) = (-A) + A = 0$.

(b) *Existensen av* ***multiplikativ invers***: För varje tal $A \neq 0$ finns ett tal A^{-1} sådant att $A \cdot A^{-1} = A^{-1} \cdot A = 1$.

Villkoren/axiomen K1–K5 innebär att både $\mathbb{Q}$, $\mathbb{R}$ respektive $\mathbb{C}$ utgör *exempel på den algebraiska strukturen* ***kropp*** (eng. *field*). Axiom K3(b) är givetvis en logisk konsekvens av K1(b) och K3(a), men jag tog ändå med det därför att det behövs i den allmänna definitionen av strukturen ring (se relevant avsnitt av kommentarsdelen).

Skrivsättet för inverserna kan utläsas på flertalet olika sätt:

$(-A)$	A^{-1}
$\rightleftarrows$	$\rightleftarrows$
A–invers	A–invers
inversen till A	inversen till A
den additiva inversen till A	den multiplikativa inversen till A
negativet till A	ett genom A
minus A	A upphöjt till minus ett

Skrivsättet för inverserna är alltså synkat med skrivsättet för subtraktion respektive det för potenser (med negativ heltalsexponent).

Särskilt *associativiteten* är ur synvinkeln av överskådlighet i beräkningar och härledningar en högst tacksam egenskap. Det är nämligen associativiteten som gör att vi ofta kan utelämna massor med parenteser, som annars hade varit nödvändiga för att skapa otvetydighet i de matematiska uttrycken. Vi behöver till exempel inte skriva $(((x+2x)+3x)+4x)+5x$, utan kan direkt skriva $x+2x+3x+4x+5x$, eftersom addition $+$ är en associativ binär operation. I samtliga de vanligaste typer av algebraiska strukturer man studerar i matematiken — monoid, grupp, ring, kropp, vektorrum — finns associativitet med som ett axiom på listan. Addition med vektorer i ett linjärt rum är associativ, specifika exempel på operationer som dock inte är associativa är skalärprodukt och vektorprodukt för geometriska vektorer (dessa är inte en del av den allmänna definitionen av linjärt rum).

Vi kan alltså sammanfatta de allmänna räknelagarna för de fyra räknesätten såhär kort och elegant:

[1] *De rationella, reella respektive komplexa talen utgör kroppar under vanlig addition och multiplikation med talen 0 och 1 som neutrala element.*

En sak som skiljer heltalen $\mathbb{Z}$ och decimaltalen **D** från de tre talområdena i [1] är att de förstnämnda inte för sig bildar kroppar, utan istället är *exempel på den algebraiska strukturen* ***kommutativ ring med etta*** (eng. *commutative ring with one*), ettan 1 kallas också för **enhetselement** (eng. *unit, identity element*). Detta innebär att $\mathbb{Z}$ och **D** åtminstone satisfierar villkoren K1–K5(a), vilka vi för enkelhetens skull kallar för **ringaxiomen.**[1] Algebraiskt sett ligger alltså heltalen bara ett villkor bort från en kropp, nämligen genom det att K5(b) inte är satisfierat, så att allmän division inte går att utföra: ekvationen $bx = a$ har bara i vissa fall heltalslösningar. Vi sammanfattar:

[2] *Heltalen och decimaltalen bildar kommutativa ringar med etta (dock inte kroppar) under vanlig addition och multiplikation.*

Det vi inte har talat om är den vanliga storleksordnande ordningsrelationen $<$, vilken vi inte explicit går in på här utan återkommer till i artikeln "Storleksrelationen *mindre än (eller lika med)*", DFM III(b).

En sak som skiljer de komplexa från de reella talen är den linjära ordningssrelationen, som inte kan utvidgas till de komplexa på ett sätt som förefaller naturligt. Däremot är ordningsrelationen helt väsentlig vid 'övergången' från heltalen till de rationella till de reella talen, vilket har att göra med de reella talens *principiella approximerbarhet*

[1]En ring i algebran kräver för det mesta bara att axiom K1(a), K2, K3, K4(a) och K5(a) är satisfierade, men i de talområden man rör sig med i elementär aritmetik och algebra är multiplikation kommutativ och har en etta.

visavi de rationella. Man uttrycker även detta topologiskt genom att konstatera att mängden $\mathbb{Q}$ är **tät** (eng. *dense*) i $\mathbb{R}$. Det vill säga, varje reellt tal x är antingen själv rationellt eller så kan man för varje givet rationellt tal $\varepsilon > 0$ finna (minst) ett rationellt tal q som ligger inom ett avstånd av ε från x, det vill säga så att $q - \varepsilon \leq x \leq q + \varepsilon$, något som ibland skrivs (till exempel i numerisk analys) $x = q \pm \varepsilon$. Decimaltalen **D** är förstås också täta i förhållande till $\mathbb{R}$: varje reellt tal kan i princip decimalutvecklas till valfritt antal decimaler.

1.2.3 K1, K2, K3: Kommutativitet, associativitet, distributivitet — tre fundamentala räknelagar

De fem räknelagarna K1(a), K1(b), K2(a), K2(b) och K3 (eller sex stycken beroende på hur man ser det) är en typ av matematiska samband, som man får vänja sig vid så tidigt i studiet av matematik, att många närmast kommer att uppfatta dem som självklara. Men de utgör ett avgörande led i många bevis/förklaringar till aritmetiska samband och är en viktig förberedelse inför övergången från elementär aritmetik till algebra. Och hur man verkligen ska förklara varför eller visa att de är giltiga för alla taltyper är inte lika självklart.

Löst talat torde innebörden av dessa fundamentala räknelagar vara välbekant från övningar i elementär aritmetik: kommutativiteten och associativiteten kan sammanfattas i meningar såsom *"Det spelar ingen roll i vilken ordning man beräknar en summa eller produkt av flera tal. Slutresultatet är detsamma."* För definitionen av de begrepp som räknelagarna relaterar till, låt A och B vara tal av den typ man vill ha under betraktelse.

Kommutativitet, associativitet och distributivitet har allmänna logisk–algebraiska definitioner i matematiken och logiken. Den aritmetiska operationen multiplikation säges vara *kommutativ* eftersom

$$A \cdot B = B \cdot A$$

för alla tal A och B upp till de komplexa. Man säger också att multiplikation uppfyller **den kommutativa lagen**. Satsen kan till exempel utläsas som

$A \cdot B = B \cdot A$

$\rightleftarrows$

A gånger B är lika med (lika mycket som) B gånger A

Produkten av A och B är lika med produkten av B och A

Talet A gånger B är lika med talet B gånger A

Multiplikation säges vara *associativ* eftersom

$$A \cdot (B \cdot C) = (A \cdot B) \cdot C$$

för alla A och B. Man säger också att multiplikation uppfyller **den associativa lagen**. Parenteserna innebär att sambandet till exempel kan utläsas och tolkas:

$A \cdot (B \cdot C) = (A \cdot B) \cdot C$

$\rightleftarrows$

Talet A gånger produkten av B och C är lika med (lika mycket som) produkten av A och B gånger talet C.

Multiplikation säges slutligen vara *distributiv* över addition eftersom

$$A \cdot (B + C) = (A \cdot B) + (B \cdot C)$$

för alla tal A, B, C upp till de komplexa. Med skrivkonventionerna kan sambandet tecknas

$$A(B + C) = AB + BC$$

Man talar också om detta samband som **den distributiva lagen** för addition och multiplikation. Formuleringen kan utläsas:

$A(B + C) = AB + AC$

$\rightleftarrows$

Talet A gånger summan av B och C är lika med summan av talen A gånger B och A gånger C

Den distributiva lagen kan lätt *generaliseras*:

$$A \cdot (B_1 + B_2 + \ldots + B_n) = AB_1 + AB_2 + \ldots + AB_n$$

Även denna generalisering kallas för "den distributiva lagen".

På grund av räknelagarna kan man förenkla många aritmetiska och algebraiska uttryck. Man behöver till exempel inte skriva produkten av talen 5, 7 och 11 som $5 \cdot (7 \cdot 11)$ eller $(5 \cdot 7) \cdot 11$. Det räcker med att skriva $5 \cdot 7 \cdot 11$, eftersom slutprodukten ändå inte påverkas av beräkningsgången, enligt den associativa lagen. Man kan uppskatta enkelheten och symmetrin i de räknelagar som gäller för multiplikation genom att titta på några olika vägar för bestämning av en mångfaldig produkt. (Det är liksom ett stycke musik som kan varieras under själva framförandet men i slutändan leder till samma final eller som en serie fotbollsmatcher som spelas med olika resultat under själva ligaserien men som i slutändan leder fram till en och samma segrare.)

Exempel 2. Låt oss för att illustrera kommutativiteten och associativiteten titta på några olika vägar för beräkning av produkten $2 \cdot 3 \cdot 4 \cdot 5$. Resultatet sammanställs i figur 1. Under några av dessa beräkningsgångar används både den associativa och kommutativa lagen för multiplikation. Som förväntat är slutresultatet oförändrat lika med 120:

$$1 \cdot 2 \cdot 3 \cdot 4 \cdot 5 = 120$$

(Den här upprepade produkten kallas för övrigt *5–fakultet* och betecknas 5!) □

Den distributiva lagen binder samman de två operationerna multiplikation och addition med varandra. Den distributiva lagen är, kan man säga, *principen bakom multiplikationsalgoritmen* (vars uppställning man brukar få lära sig tidigt i gängse matematikundervisning). Låt oss därför se hur de grundläggande räknelagarna för addition och

$2 \cdot 3 \cdot 4 \cdot 5$	$2 \cdot 3 \cdot 4 \cdot 5$	$2 \cdot 3 \cdot 4 \cdot 5$	$2 \cdot 3 \cdot 4 \cdot 5$	$2 \cdot 3 \cdot 4 \cdot 5$
$((2 \cdot 3) \cdot 4) \cdot 5$	$2 \cdot (3 \cdot (4 \cdot 5))$	$2 \cdot (4 \cdot (3 \cdot 5))$	$2 \cdot 5 \cdot 3 \cdot 4$	$(2 \cdot 3) \cdot (4 \cdot 5)$
$(6 \cdot 4) \cdot 5$	$2 \cdot (3 \cdot 20)$	$2 \cdot (4 \cdot (3 \cdot 5))$	$(2 \cdot 5) \cdot (3 \cdot 4)$	$6 \cdot 20$
$24 \cdot 5$	$2 \cdot 60$	$2 \cdot (4 \cdot 15)$	$10 \cdot 12$	120
120	120	$2 \cdot 60$	120	
		120		

Figur 1: Fem olika stigar för beräkning av den mångfaldiga produkten $5! = 1 \cdot 2 \cdot 3 \cdot 4 \cdot 5$. Resultatet är, som vi ser, oförändrat lika med 120.

multiplikation kan användas för smidig beräkning av en lite större produkt:

Exempel 3. Låt oss beräkna $18 \cdot 26$:

$$
\begin{aligned}
&18 \cdot 26 \\
&(10 + 8) \cdot (20 + 6) \\
&10 \cdot (20 + 6) + 8 \cdot (20 + 6) \\
&200 + 60 + 160 + 48 \\
&360 + 108 \\
&468
\end{aligned}
$$

Slutsatsen är att $18 \cdot 26 = 468$. □

Så till operationens addition kommutativitet och associativitet.

> ”Det spelar inte någon roll i vilken ordning man räknar ett totalt antal av något eller en summa av flera högar.”

Detta är ett exempel på en kärnfull summering av de räknelagar för addition som kallas för den kommutativa respektive associativa lagen. Ett annat möjligt exempel vore: ”Om man räknar den totala mängden av något som är fördelat på olika säckar, så spelar det ingen roll i vilken ordning man räknar säckarna.”

För att precisera innebörden, låt A och B vara tal upp till och med de komplexa. Operationen addition säges vara kommutativ eftersom

$$A + B = B + A$$

för alla tal A och B. Man kan alltså vända på ordningen i en addition. Den formella likheten med formuleringen av kommutativiteten för multiplikation torde vara uppenbar.

För positiva tal kan detta förefalla vara ett helt trivialt konstaterande, som är så pass banalt att just själva den sak att man ens konstaterar det kan verka förvirrande snarare är upplysande (ungefär som att i en avhandling om smärtans neurokemi inleda med att fastslå att det finns personer som kan förnimma smärta). Att det ändå kan vara värt att notera denna räknelag beror bland annat på att den inte är lika självklar vid övergången till negativa tal, irrationella tal och komplexa tal. Men på det sätt som addition fastställes för de senare taltyperna gäller alltjämt kommutativiteten etcetera.

Addition säges vara associativ eftersom

$$A + (B + C) = (A + B) + C$$

för alla tal A, B och C. Det spelar heller ingen roll i vilken ordning man beräknar summan av tre tal A, B och C. Talet A plus summan av talen B och C är lika med summan av A och B plus talet C.

Det förhållande att addition är associativ medför, som sagt, att man kan skriva en godtyckligt stor summa av termer utan att behöva sätta ut parenteser för att specificera en bestämd beräkningsordning.

Exempel 4. Eftersom uttrycken $(4 + x) + 6$ eller $4 + (x + 6)$ är lika med varandra, kan man ta bort parentesen i detta fall och skriva $4 + x + 6 = x + 10$.

Exempel 5. Låt oss för att illustrera se på tre olika vägar eller stigar för beräkning av summan $1+2+3+4$. Resultatet sammanställs i figur 2. Slutsatsen är, som vi förväntar oss, densamma oavsett beräknings-

1+2+3+4	1+2+3+4	1+2+3+4
(1+2)+(3+4)	(1+(2+3))+4	1+3+2+4
3+7	(1+5)+4	(1+3)+(2+4)
10	6+4	4+6
	10	10

Figur 2: Tre olika stigar för beräkning av summan 1+2+3+4.

väg. Nämligen att $1 + 2 + 3 + 4 = 10$. □

1.2.4 K4: Axiom för talen noll och ett

Det finns två enkla men viktiga regler för addition och multiplikation med talet noll, normalt betecknat 0. Dessa regler är universella, de gäller för alla taltyper oavsett vilken: *Summan av A och 0 är lika med A. Produkten av A och 0 är lika med 0.* Regel K4(a) kan också formuleras med orden att 0 är *neutralt element* med avseende på addition.

Exempel 6. Noll gånger tio är lika med tio gånger noll och det är lika med noll:

$$0 \cdot 10 = 10 \cdot 0 = 0$$

Summan av 0 och 10 är dock lika mycket som 10:

$$0 + 10 = 10 + 0 = 10$$

På samma sätt gäller exempelvis att

$$5\sqrt{2} \cdot 0 = 0$$
$$5\sqrt{2} + 0 = 5\sqrt{2}$$

Och detta kan jag säga utan att veta särskilt mycket mer om värdet på det reella talet 'fem gånger kvadratroten ur två'. □

Det finns inte så mycket att förklara här, det är de regler man accepterat för bruket av symbolen noll. ”Något tal taget noll gånger

ger noll, helt enkelt", kan man svara. Dessa räknelagar kallas därför ibland "axiom" för addition respektive multiplikation med 0.

Det sistnämnda är dock inte ett av de *definierande* villkoren/axiomen för strukturen kropp. Anledningen till det är att det, även om matematiskt trivialt, faktiskt utgör en formellt logisk konsekvens av axiomen för addition samt distributiviteten, vilka tillhör de definierande villkoren för en ring. För alla tal A upp till de komplexa är

$$0 \cdot A = A \cdot 0 = 0$$

En härledning ur ringaxiomen:

Ur K2(a), K4(a), K5(a) respektive K3 får vi

$$\begin{aligned} 0A &= (0+0)A = 0A + 0A \implies \\ 0A + (-0A) &= 0A + 0A + (-0A) \implies \\ 0 &= 0A \end{aligned}$$

Klart.

På analogt sätt kan påståendet $A \cdot 0 = 0$ härledas, utan att behöva blanda in kommutativiteten K1, även om påståendet också är en direkt följd av kommutativa lagen för multiplikation K1(b) för kroppar. Man säger att 0:an är en **annihilator** med avseende på multiplikation i varje ring eller kropp.

En annan omedelbar logisk konsekvens av axiomen K1–K4 är att talen 0 och 1 är unika i sin ställning som neutrala element för addition respektive multiplikation, det vill säga, det är de enda tal som satisfierar K4(a) respektive K4(b). En härledning:

Antag för något tal N det gäller att $N + A = A + N = A$, för alla tal A. Då följer ur K4(a) att

$$0 = 0 + N = N$$

På samma sätt, antag för något tal E det gäller $EA = AE = A$ för godtyckligt tal A. Då följer helt analogt ur K4(b) att

$$1 = 1 \cdot E = E$$

Beviset är klart.

Vi sammanfattar i en display:

[3] *Talen 0 och 1 är unika som neutrala element för addition respektive multiplikation och produkten av 0 med något tal är alltid lika med 0.*

1.2.5 K5: Existensen av inverser och operationerna subtraktion och division

Låt oss till att börja med konstatera följande hjälpsats:

[4] *Det finns högst en* (a) *additiv respektive* (b) *multiplikativ invers för ett givet tal A upp till de komplexa.*

Påståendet ska tolkas som en implikation av formen *om* det finns en invers, *så* finns det högst en; den är alltså entydigt bestämd om den överhuvudtaget finns. Såhär kan nu en härledning av [4] del (a) se ut:

1. Antag A' och A'' båda två vore additiva inverser till talet A, alltså att $A + A' = A' + A = 0$ och $A + A'' = A'' + A = 0$.
2. Användande av associativiteten K2(a) samt axiomet för noll K4(a) visar att i så fall är $A' = A''$:

$$A' = A' + 0 = A' + (A + A'') = (A' + A) + A'' = 0 + A'' = A''$$

Helt analogt kan påstående [4] del (b) visas:

Antag A' och A'' båda två vore multiplikativa inverser till talet A, alltså att $AA' = A'A = 1$ och $AA'' = A''A = 1$. Med regel K2(b) och K4(b) drar vi slutsatsen att:

$$A' = A' \cdot 1 = A'(AA'') = (A'A)A'' = 1 \cdot A'' = A''$$

Detta är vad som skulle visas.

□

Jag hade givetvis kunnat lämna beviset för den multiplikativa inversen som en övning till läsaren. Anledningen till att jag inte gjorde det är att jag dels tror att upprepning med små variationer har en viss didaktisk funktion på ett såhär tidigt stadium av genomgången och dels vill jag göra läsaren uppmärksam på de påtagliga *analogierna* mellan bevisen för del (a) respektive (b) av sats [4]: man får i princip det ena beviset från det andra genom att byta ut förekomster av 0 mot 1 samt addition mot multiplikation. Det finns en underliggande struktur som är gemensam; jämför avsnittet om monoider och grupper i kommentarerna.

Lägg märke till att vi för beviset av [4] varken behöver använda axiom K5(a) eller K5(b); det vill säga, förutsättningen är inte att det 'faktiskt existerar' inverser. Det vi visade var som sagt implikationer av formen "*Om* det finns inverser, *så* ..." Dock, ur [4] *tillsammans med* K5 drar vi slutsatsen att:

[5] *Låt A vara ett tal upp till de komplexa. Då finns det:*

(a) *exakt en additiv invers $(-A)$ till A, samt*

(b) *exakt en multiplikativ invers A^{-1} till A, givet att $A \neq 0$.*

Det finns högst en och minst en, alltså exakt en. Det enda undantaget är talet 0, som saknar multiplikativ invers. Låt oss direkt tillägga den triviala iakttagelsen att

[6] *För alla komplexa tal A:*

(a) $-(-A) = A$

(b) $(A^{-1})^{-1} = A, \quad$ *närhelst* $A \neq 0$.

Det matematiska faktumet [5] låter oss nu enkelt konstatera att subtraktion respektive division är väldefinierade binära operationer, för alla par av tal (undantaget division med noll). Vi påminner oss om de matematikvetenskapliga definitionerna.

Låt A och B vara tal upp till och med de komplexa. Med **differensen** $A - B$ mellan A och B menas den entydigt bestämda lösningen till *den för **subtraktion** definierande ekvationen*

(i) $X + B = A$, eller ekvivalent $B + X = A$ (eftersom addition är kommutativ)

I det fall lösningen inte skulle existera entydigt vore differensen odefinierad; i elementär aritmetik och algebra, liksom för alla strukturer av typen *ring*, är detta undantag uteslutet.

Med **kvoten** A/B mellan A och B menas istället den entydigt bestämda lösningen till *den för **division** definierande ekvationen*

(ii) $XB = A$, eller ekvivalent $BX = A$ (eftersom multiplikation är kommutativ)

I det fall lösningen inte existerar entydigt är kvoten odefinierad; i elementär aritmetik och algebra, liksom i varje struktur av typen *kropp* (vilket också är en ring, liksom varje kvadrat även är en rektangel), inträder detta undantag endast då $B = 0$. Om $B = 0$ reduceras ekvationen till $0 = A$ som antingen är olösbar (ekvationen $0 \cdot X \neq 0$) eller gäller trivialt för varje tal X (ekvationen $0 \cdot X = 0$).

De räknelagar som i den inledande presentationen av kroppegenskapen benämns "axiom för den inversa operationen subtraktion" respektive "axiom för den inversa operationen division" har alltså rollen av att "garantera" att subtraktion och division för det mesta är väldefinierade operationer. Den apparenta omväg fram till subtraktion och division som går via inverserna $(-A)$ och A^{-1} finner en del av sin förklaring i att vi i bråkräkning (rationell aritmetik) utför beräkningen av kvoten mellan två bråk genom att multiplicera täljarbråket med inversen till nämnarbråket enligt kvotformeln:

$$\frac{a}{b} \Big/ \frac{c}{d} = \frac{a}{b} \cdot \left(\frac{c}{d}\right)^{-1} = \frac{a}{b} \cdot \frac{d}{c} = \frac{ad}{bc}$$

Denna metod resulterar nämligen i en bevisligen entydigt bestämd lösning till den för division med godtyckliga rationella tal definierande ekvationen. Att det inverterade bråket faktiskt är en *multiplikativ invers* till det givna bråket är enkelt att demonstrera. Låt $B = c/d \neq 0$ vara ett givet rationellt tal. Vi definierar inversen till B som det rationella tal B^{-1} som kan representeras av bråket d/c. Då är

$$BB^{-1} = \frac{c}{d} \cdot \frac{d}{c} = \frac{cd}{dc} = \frac{cd}{cd} = 1$$

vilket skulle bevisas. Vid numerisk beräkning av kvoten mellan komplexa tal går man faktiskt också genom inversen.

Låt oss nu visa följande påstående rörande de inversa operationerna subtraktion respektive division för våra vanliga taltyper:

[7] *För alla tal A och B upp till de komplexa:*

(a) *Den för differensen $A - B$ definierande ekvationen (i) har en entydigt bestämd lösning, given av*

$$A - B = A + (-B)$$

(b) *Även den för kvoten A/B, där $B \neq 0$, definierande ekvationen (ii) har en entydigt bestämd lösning, given av*

$$A/B = A \cdot B^{-1}$$

Bevis för (a):

1. Det finns en entydigt bestämd additiv invers till B. Addition med $(-B)$ från höger och den associativa lagen för addition visar att *om* ekvationen

är lösbar *så* är $X = A + (-B)$:

$$\begin{aligned} X + B &= A && \implies \\ (X + B) + (-B) &= A + (-B) && \implies \\ X + (B + (-B)) &= A + (-B) && \implies \\ X + 0 &= A + (-B) && \implies \\ X &= A + (-B) \end{aligned}$$

Därmed är kvotens entydighet om alls lösbar visad; det kan finnas *högst* en.

2. Kvotens existens följer av att talet AB^{-1} vid kontrollräkning faktiskt också visar sig vara en lösning till den definierande ekvationen:

$$(A + (-B)) + B = A + (-B + B) = A + 0 = A$$

Beviset är klart.

Beviset för påstående (b) har samma formellt logiska form:

1. Eftersom $B \neq 0$ finns entydigt bestämd invers B^{-1}. Multiplikation med B^{-1} från höger och den associativa lagen för multiplikation visar att om ekvationen är lösbar så är $X = AB^{-1}$:

$$\begin{aligned} XB &= A && \implies \\ (XB)B^{-1} &= AB^{-1} && \implies \\ X(BB^{-1}) &= AB^{-1} && \implies \\ X &= AB^{-1} \end{aligned}$$

Därmed är kvotens entydighet om alls lösbar visad; det kan finnas högst en.

2. Kvotens existens följer av att talet AB^{-1} vid kontrollräkning faktiskt också visar sig vara en lösning till den definierande ekvationen:

$$(AB^{-1})B = A(B^{-1}B) = A \cdot 1 = A$$

Beviset är klart.[2]

□

Återigen gör vi iakttagelsen att argumenten har en sådan form som låter sig generaliseras till varje algebraisk struktur av typen ring respektive kropp. Notera speciellt att

$$0 - A = -A$$
$$1/A = A^{-1}$$

Det är klargörande i sammanhanget att påpeka att som alternativt, och matematiskt ekvivalent, axiom till K5 kunde man sätta att de definierande ekvationerna $X + B = A$ och $XB = A$ (där $B \neq 0$) alltid är lösbara i kroppens underliggande mängd:

[K5′] *Alternativa axiom för subtraktion respektive division:*

(a) *För alla tal A och B finns ett tal C så att*

$$C + B = A$$

Det vill säga, den definierande ekvationen $X + B = A$ har minst en lösning.

(b) *För varje tal A och $B \neq 0$ finns ett tal C så att*

$$CB = A$$

Det vill säga, den definierande ekvationen $XB = A$ har minst en lösning.

Vi har nämligen att:

[2]Hela härledningen kan också skrivas något mer koncist med ekvivalenser istället för implikationer, såhär:

$$XB = A \iff (XB)B^{-1} = AB^{-1} \iff X(BB^{-1}) = AB^{-1} \iff X = AB^{-1}$$

[8] *Om premisserna K1–K4 är givna, så är*

$$[\text{K5}] \iff [\text{K5}']$$

Vi har redan visat implikationen åt höger genom sats [7], därför till implikationen åt vänster:

1. Givet K5′ som axiom istället för K5 får vi en additiv invers $(-A)$ som lösningen till ekvationen
$$A + X = 0$$
och en multiplikativ invers A^{-1} som lösningen till ekvationen
$$AX = 1$$
för $A \neq 0$.

□

Att inverserna, och därmed lösningarna till de för subtraktion respektive division definierande ekvationerna, dessutom är entydigt bestämda följer omedelbart på samma sätt som visades i sats [4]. Ett enkelt sätt att visa lösningarnas entydighet är att gå genom inverserna, så hur som helst är vi tillbaka med dessa.

1.2.6 Något om nolldelare och integritetsområden

Vidare har $\mathbb{Z}, \mathbb{Q}, \mathbb{R}$ och $\mathbb{C}$ det gemensamt att de utgör *exempel på den algebraiska strukturen* ***integritetsområde*** (eng. *integral domain*), därför att förutom att vara KE–ringar är följande ett faktum:

[9] *Det finns inga nolldelare: för alla tal A och B upp till de komplexa gäller*

$$AB = 0 \implies A = 0 \lor B = 0$$

Med **nolldelare** (eng. *zero divisors*) i en ring R skulle menas element $x, y \neq 0$ men för vilka ändå $xy = 0$; i elementär aritmetik och algebra saknas som sagt nolldelare, men det finns många andra exempel på ringar som innehåller nolldelare. Ett integritetsområde definieras som en kommutativ ring (med etta) som inte innehåller några nolldelare.

Nu gäller att [9] faktiskt är en logisk konsekvens av kroppaxiomen K1–K5, så varje kropp är ett integritetsområde (för bevis, se artikeln ”En kort introduktion till abstrakt algebra”). Däremot finns det KE–ringar som har nolldelare[3], varför det är att lägga till ytterligare information om $\mathbb{Z}$ att säga att det saknas nolldelare, information som inte redan är innehållet i påståendet att $\mathbb{Z}$ är en KE–ring.

[10] *Heltalen och decimaltalen utgör dessutom integritetsområden, de är kommutativa ringar med etta som inte innehåller några nolldelare.*

Avsaknaden av nolldelare i $\mathbb{Z}$ och $\mathbf{D}$ är förstås ”intuitivt” självklart, men det är också en formellt logisk följd av (1) att $\mathbb{Z}$ respektive $\mathbf{D}$ är delringar av $\mathbb{Q}$, (2) att $\mathbb{Q}$ är en kropp och (3) att alla kroppar är integritetsområden.

Begreppet integritetsområde intar en intressant ställning i den formella–algebraiska karakteriseringen av talsystemen. Mer om detta i artiklarna om ordningsrelationen (DFM III(b)) och de mängdteoretiska konstruktionerna av $\mathbb{R}$ (DFM III(c)).

1.2.7 Fler exempel på användningen av räknelagarna och (formella) algebraiska härledningar

Exempel 7. Många grundläggande algebraiska samband som man lär sig utnyttja i elementär aritmetik och algebra kan härledas från enbart kroppegenskapen (många av dem till och med från enbart ringegenskapen). Ett exempel:

[3] Exempelvis varje restklassring $\mathbb{Z}_n$ för vilken n är ett sammansatt heltal.

[11] *För alla tal A, B, C upp till de komplexa gäller följande räknelagar för negativoperatorn (den additiva inversen):*

(a) $(-A)B = A(-B) = -(AB)$

(b) $(-A)(-B) = AB$

(c) $(-A) + (-B) = -(A + B)$

(d) $-(A - B) = B - A$

En formell algebraisk härledning:

(a): Ur distributiviteten och existensen av additiv invers får vi

$$(-A)B + AB = (-A + A)B = 0 \cdot B = 0$$

från vilket, tillsammans med inversens entydighet, följer

$$(-A)B = -(AB)$$

På samma sätt visas $A(-B) = -(AB)$.

(b): Dubbel tillämpning av (a) ger

$$(-A)(-B) = -(A(-B)) = -(-AB) = AB$$

(c): Vi har

$$(A + B) + ((-A) + (-B)) = A + (-A) + B + (-B) = 0 + 0 = 0$$

varur påståendet följer.

(d): På liknande sätt som i (c) får vi

$$\begin{aligned}(A - B) + (B - A) &= A + (-B) + B + (-A)\\ &= A + (-A) + B + (-B)\\ &= 0 + 0 = 0\end{aligned}$$

Klart.

□

Exempel 8. Som ett annat exempel på räknelagarnas tillämpning ges ett bevis för den elementära algebrans så kallade **kvadreringsregeln**:

[12] *För alla tal $x, y \in \mathbb{R}$:*

(a) $(x+y)^2 = x^2 + 2xy + y^2$

(b) $(x-y)^2 = x^2 - 2xy + y^2$

En algebraisk härledning av kvadreringsregeln utifrån kroppegenskapen som premiss går såhär:

(a) Villkoren K1–K5 medför

$(x+y)^2$	$= (x+y)(x+y)$	definition av 'upphöjt till 2'
	$= x(x+y) + y(x+y)$	distributiva lagen K3
	$= x^2 + xy + yx + y^2$	K3 igen
	$= x^2 + 2xy + y^2$	kommutativa lagen K1(b)

(b) Vidare har vi

$(x-y)^2$	$= (x-y)(x-y)$	definition av potenser
	$= (x+(-y))(x+(-y))$	sats [7]
	$= x^2 + x(-y) + (-y)x + y^2$	K3
	$= x^2 + 2x(-y) + y^2$	K1(b)
	$= x^2 - 2xy + y^2$	sats [11]

Beviset är klart.

□

Exempel 9. Förenkla det algebraiska uttrycket

$$-8x - (4y+1) - (y-5x) + 3$$

där $x, y \in \mathbb{R}$.

Lösning: Med utnyttjande av de räknelagar som hittills konstaterats eller härletts får vi

$$\begin{aligned}
-8x-(4y+1)-(y-5x)+3 &= -8x+(-4y)+(-1)+(-y) \\
&\quad +(-(-5x))+3 \\
&= (-8)x+5x+(-4)y+(-1)y \\
&\quad +(-1)+3 \\
&= (-8+5)x+((-4)+(-1))y+2 \\
&= (-3)x+(-5)y+2 \\
&= -3x-5y+2
\end{aligned}$$

□

Naturligtvis gör vi inte stegen i algebra såhär detaljerat i den matematiska praktiken, här gör vi det med sikte på det teoretiska klargörandet.

I själva verket är det inte nödvändigt att inskränka ovanstående exempels giltighet till $\mathbb{R}$, då de algebraiska härledningar som just utfördes är lika fullt giltiga för $\mathbb{C}$ och dessutom direkt kan generaliseras till varje struktur K av typen kropp.

Exempel 10. Låt oss generalisera några grundläggande samband från elementär aritmetik och algebra rörande bråk och operationen division, vilka vi från bråkräkning känner igen som *ett identitetskriterium*, som *summaformeln* respektive *produktformeln* för bråk:

[13] **Teorem.** *Låt K vara en kropp. För alla element $a, b, c, d \in K$, med $b, d \neq 0$, gäller då:*

(a)

$$\frac{a}{b}=\frac{c}{d} \iff ad=bc$$

(b)

$$\frac{a}{b}+\frac{c}{d}=\frac{ad+bc}{bd}$$

(c)

$$\frac{a}{b} \cdot \frac{c}{d} = \frac{ac}{bd}$$

Bevis för påståendet:

(a): Per definition och genom korsvis multiplikation med d respektive b får vi

$$\begin{aligned} x = a/b &\iff xb = a \iff xbd = ad \\ y = c/d &\iff yd = c \iff ybd = bc \end{aligned}$$

med användande av att ekvationerna i sista leden har entydigt bestämda lösningar närhelst $b, d \neq 0$.

(b): Låt $x = a/b$ och $y = c/d$. Per definition av den inversa operationen division och resultatet i (a) har vi

$$(x + y)bd = xbd + ybd = ad + bc$$

vilket är den definierande ekvationen för HL av likheten i (b).

(c): Lämnas som en övning.

□

1.2.8 Några ord om algebraiska härledningar och formella bevis

Argumenten för satserna [3], [4], [5] och [7] utgör samtliga ypperliga och relativt enkla exempel på matematiska förklaringar/ bevis/ resonemang/ härledningar av vad man kunde kalla **formell–algebraisk logisk typ**, faktiskt på det som brukar kallas **formellt bevis** i matematikvetenskapen (i kontrast till "intuitivt bevis", "bildbevis", etc.). Argumenten är vad man i elementär SPM–logik (sats–, predikat– och mängdlogik) skulle kalla "logiskt giltiga", vilket bör ges den mer preciserade beteckningen **formellt (logiskt) giltiga**.

Argumenten/härledningarna har samtliga en sådan formell logisk struktur som med relativ lätthet kan *abstraheras* enligt mängdlärans och

(0)	Antag A och B är tal upp till de komplexa.	Antagande
(1)	Det finns exakt ett $(-B) \in M$ så att $B + (-B) = 0$.	Sats [5]
(2)	Antag $X + B = A$	Ant. för ekvationslösning
(3)	$(X + B) + (-B) = A + (-B)$	Ur (2) och logiken för '='
(4)	$X + (B + (-B)) = A + (-B)$	Ur (3), K2(a)
(5)	$X + 0 = A + (-B)$	(4), (1)
(6)	$X = A + (-B)$	(5), K4(a)
(7)	Antag $X = A + (-B)$	Ant. för kontrollräkning
(8)	$X + B = (A + (-B)) + B$	Ur (7)
(9)	$X + B = A + ((-B) + B)$	(8), K2(a)
(10)	$X + B = A + 0$	(9), (1)
(11)	$X + B = A$	(10), K4(a)
(12)	$X + B = A \iff X = A + (-B)$	Ur (2)–(6) och (7)–(11)

Figur 3: Detaljerad argumentanalys av beviset för sats [7(a)].

den formella logikens regler, begrepp och synsätt. Denna abstraktion medför ofta en hög grad av *generalitet*, argumenten och därmed resultaten blir automatiskt giltiga för en vid flora av algebraiska strukturer; i fallet med nämnda teorem alla ringar med enhetselement.

Här kan det vara på sin plats att ge ett exempel på hur man kan spalta upp en formell–algebraisk härledning extra noggrannt i **bevisrader** med **kommentarsfält**, i vilket anges ur exakt vilka premisser eller tidigare rader i härledningen ett visst påstående följer logiskt (formellt–algebraiskt). Som exempel tar vi beviset för sats [7] del (a). Vi låter det vara *underförstått* att räknelag K2(a) och K4(a) är uppfyllda för systemet av tal. En detaljerad logisk analys av beviset visas i figur 3. Den läsare som har någon förtrogenhet med formell–symbolisk logik från tidigare studier i matematik eller filosofi kan känna igen strukturen och härledningsstegen från naturlig deduktion i första ordningens predikatlogik.[4] Att ställa upp argumentet/beviset/härledningen såhär detaljerat blir utrymmeskrävande, och när man väl vant sig vid hur man ska tänka är det inte nödvändigt utan onödigt petigt. Men om/när man finner behov av klargörande, kan det vara till nytta att försöka analysera och strukturera upp bevis eller härledningar enligt figur 3 exemplifierat sätt.

[4] I (2)–(6) och (7)–(11) görs till exempel (→I), i (12) en (↔I).

1.3 Fortsättning

1.3.1 Översiktligt om att analysera och förklara själva räknelagarna: en mångfald moment

Med en *analys* och/eller *förklaring* menas vi här att ge *en redogörelse varför* vi i matematiken opererar enligt de eller de specifika reglerna. I viss utsträckning kan detta innebära att erbjuda olika slags 'bevis' för sambanden, men kravet vi ställer på en förklaring i allmänhet är att den gör saken överskådlig för oss och hjälper oss att klart förstå på vilket sätt något är 'förnuftigt'. Kort sagt handlar det om att göra de aritmetiska reglerna begripliga och genomskådliga för oss.

Man kan urskilja åtminstone *fem huvudsakliga moment* för den matematiska och begreppsmässiga analysen av modern aritmetik och dess olika räknelagar:

(I) Naturliga tal (positiva heltal inklusive noll)

(II) Positiva rationella tal (bråk)

(III) Negativa tal (negativoperatorn)

(IV) Reella tal, vilket inkluderar irrationella tal

(V) Komplexa tal

Moment (I) kan visserligen uppfattas som underordnat (II), men på grund av olikheterna i talbegreppen, de illustrationer som är möjliga för dem och den ordning i vilken man normalt vänjer sig vid dem i samband med matematiskt lärande, är det ändå lämpligt att sortera ut (I) som föremål för egen betraktelse.

Av momenten (I)–(V) ovan är (IV) det som brukar uppfattas som det mer svåranalyserade och knepiga av dem, eftersom det är inom detta de så kallade irrationella talen träder in på scenen. Man skulle kunna tänka att det var de komplexa talen som var det mest svåranalyserade fallet, då det omfattar alla de övriga. Det beror lite på hur man ser på saken. *Givet* de rationella eller reella talen är det enkelt och rakt

Talområde:	heltal	bråk	reella	negativa	komplexa
Räknelagar för 0 och 1					
Plus: kommutativitet					
Plus: associativitet					
Gånger: kommutativitet					
Gånger: associativitet					
Gånger: distributivitet					
Plus: additiv invers					
Gånger: mult. invers					

Figur 4: En matris för underlättande av analysen av de aritmetiska räknelagarna.

på sak att introducera komplexa tal och motsvarigheter till de fyra räknesätten för dessa — helt analogt med hur det är enkelt och rakt på sak att introducera negativa tal givet något system av positiva tal. Det är dock att bli klar över de reella talen generellt, det vill säga kunna redogöra även för de irrationella talen, som — historiskt sett och även idag — förefaller erbjuda störst utmaningar.

Övergripande låter sig alltså analysen av talbegreppen och räknelagarna utföras utifrån en klassifikation utmed två axlar. På den ena axeln anges vilken taltyp det rör sig om: är det heltal, rationella tal, reella tal, negativa tal, komplexa tal? På den andra axeln anges vilket speciellt samband, egenskap eller räknelag frågan gäller: gäller det räkneregler för talet noll, för negativoperatorn, kommutativa lagen, associativa lagen? Och så vidare. Detta ger en sorts två–dimensionell matris som underlättar analysen (se figur 4). I viss utsträckning kan man tala om 'bevis' för den eller den räknelagen, men i stor utsträckning känns det mindre passande, av olika anledningar. Det kan vara lämpligare att tala om att analysera, förklara, överblicka sammanhangen, förstå skillnader, med mera.

Den mest genomskinliga delen av analysen är den som endast behandlar *positiva rationella taltyper*, alltså alla heltal samt alla tal som på något sätt kan uttryckas exakt som ett enda bråk. Till de positiva rationella talen hör alla heltal, bråk och decimaltal. Låt oss som exempel ta *den kommutativa lagen för multiplikation* $A \cdot B = B \cdot A$. För

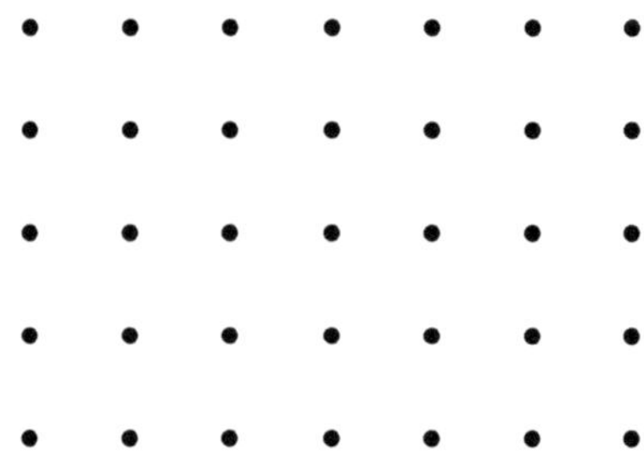

Figur 5: En punktrektangel med fem rader av sju punkter vardera — liksom en geometrisk rektangel med fem rader av sju enhetskvadrater vardera — tillhandahåller ett mönsterexempel till den kommutativa lagen för multiplikation med positiva heltal.

positiva heltal ($A, B \in \mathbb{Z}^+$) kan vi med relativ lätthet inse varför vi räknar just så genom att tänka i termer av ***heltalsdiagram (punkttanglar)*** *och* ***paradigmexempel***, alltså mönsteruppvisande exempel. Det enklaste sättet att förklara hur det kommer sig att multiplikation med positiva heltal är kommutativ är genom ett argument av typen punktrektangel:

1. Sätt till exempel $A = 5$ och $B = 7$. Rita en punktrektangel med längden 7 punkter och bredden 5 punkter, såsom i figur 5.
2. Om vi nu räknar det totala antalet punkter i punkttangeln genom att lägga samman *raderna* får vi totalt fem gånger sju punkter.
3. Räknar vi istället punkterna genom att lägga samman *kolonnerna* i punkttangeln får vi totalt sju gånger fem punkter.
4. Men eftersom vi därmed i såväl (2) som (3) räknat exakt samma totala antal, men längs med två olika vägar, framgår att sju taget fem gånger är precis lika mycket som fem taget sju gånger. Med matematisk notation:

$$5 \cdot 7 = 7 \cdot 5$$

5. Resonemang (1)–(4) tjänar som ett exempel som genom det speciella fallet uppvisar det allmänna mönstret, eftersom en analog illustration kan tänkas för alla par av positiva heltal A och B.

Multiplikation med positiva heltal är med andra ord kommutativ. Resonemanget (och tillhörande illustrationer) ger en förklaring via paradigmexempel.

För multiplikation med bråk kan vi på liknande sätt antingen tänka i termer av *bråkdiagram och paradigmexempel* eller göra en *algebraisk härledning utifrån axiom för bråkräkningen*, vilket i detta fall vore definitionen av produkten av två bråk, vilket är produktformeln, samt räknelagarna för heltal:

$$\frac{a}{b} \cdot \frac{c}{d} = \frac{ac}{bd} = \frac{ca}{db} = \frac{c}{d} \cdot \frac{a}{b}$$

Det som skulle bevisas.

Större svårigheter kan man, som sagt, uppleva vid övergången till reella tal generellt, eftersom dessa inkluderar så kallade irrationella tal. Och detta hänger samman med historien om analysens aritmetisering, de mängdteoretiska konstruktionerna av och den algebraiska karakteriseringen av $\mathbb{R}$ upp till isomorfi. De reella talen och analysens grunder är en rätt lång berättelse, och jag har därför valt att skilja ut dessa teman som en egen portfölj III(c) av *Den första matematiken.*

Räknelagarna för räkning med negativa tal kan återföras på motsvarande räknelagar för positiva tal, tillsammans med fastställda regler för opererandet med negativet till ett tal. Samma analys av negativoperatorn fungerar lika bra för reella tal generellt som för rationella tal. För exempel på behandling av räknelagarna för addition och multiplikation där negativoperatorn är involverad, se förutom denna artikel även artikeln ”Negativoperatorn och talpilsmodellen: grundläggande principer”.

Övergången från reella till komplexa tal är som sagt i en viss matematisk mening mindre komplicerad, dock finns även en lång idéhistoria om hur 'de komplexa talen' kom att accepteras i matematiken och vetenskapen. De komplexa talen upplevs som mindre bekymmersamma, antagligen därför att de just så påtagligt redan från sin introduktion i högre matematikundervisning har karaktären av en 'teknisk uppfinning' med explicita definierande formler för de elementära operationerna. De andra talbegreppen ligger liksom 'närmare oss' i någon mening, åtminstone i det att de är vanligare i samhället och i tillämpningar och att de introduceras tidigt i skolans matematikundervisning. De 'sitter i oss' från barnsben. För de komplexa talen har vi formler för summan, produkten, differensen och kvoten, och att verifiera räknelagarna är egentligen bara en övning i elementär algebra (ibland en smula pillig). Mer om de komplexa talen i artikeln "De komplexa talen: en introduktion".

Den närmare, detaljerade analysen av räknelagarna är en naturligt integrerad del av behandlingen av de olika taltyperna och räknesätten, och fördelas därmed på ett flertal artiklar.

2 Kommentarer

2.1 Logiska kommentarer

Om många aritmetiska och algebraiska samband är vi benägna att säga att de är "mer eller mindre fundamentala" i matematiken, om man tittar på hur man lär ut elementär matematik och begreppsbildningens historiska utveckling. Det betyder inte att sambanden alltid är "intuitivt uppenbara" (de är inte nödvändigtvis "axiom" i någon euklidisk–aristoteliska bemärkelse), men att de intar rollen av generellt accepterade grundregler i aritmetiken och algebrans språkspel och kalkyler. Man kan försöka förklara och motivera dem genom intuitiva–visuella bevis och exempel på tillämpningar eller ordna upp genom att härleda ur ett mindre antal premisser vilka då fungerar som axiom i härledningen.

Det finns dock inget sätt att på förhand konstatera vad som utgör "axiom" och/eller "definition" kontra vad som utgör "härledd regel" i någon absolut mening. Dessutom är själva ordet "axiom" mångtydigt, så att frågan om vad som är eller inte är ett axiom beror även på den innebörd man lägger i ordet, vilket lägger ytterligare en dimension till frågan (jämför kommentarerna till artikeln "De naturliga och hela talen").

I abstrakt algebra (och allmän topologi till exempel) har ordet axiom innebörden av ett *för en viss struktur definierande villkor*, exempelvis kroppaxiomen eller gruppaxiomen. Ett "axiom" kan i den kontexten uppfattas som *en explicit ingrediens av en definition.* Och att "härleda" samband ur dessa strukturdefinierande "axiom" är helt sonika att utforska de logiska konsekvenserna av en definition, formulerad i framförallt mängdlärans abstrakta språk. De val av definitioner som görs är dock inte eller sällan godtyckliga, de kan motiveras av en bakgrund i aritmetik, elementär algebra, geometri och analys eller i olika problemställningar inom matematiken och dess vetenskapliga tillämpningar. Samtidigt står valet av "axiom" för en algebra eller topologiskt rum eller någon annan mängdteoretisk struktur *fritt* i någon mening: nämligen så att *det inte finns någon fråga* om de definierande villkoren är "de sanna" eller "korrekta" i en filosofisk–ontologisk bemärkelse. De frågor man kan ställa är dem huruvida strukturdefinitionen är *intressant* (till exempel relevant för en medvetet genomförd axiomatisering av någon icke–formell empirisk eller matematisk region av vetenskapligt tänkande), om den är *motsägelsefri (konsistent)*, om den är *kategorisk*, etc. etc.

Vad är ett formellt bevis och en formell–algebraisk härledning? Jag skulle tro att man för att få ett grepp om vad dessa saker är behöver titta på många olika exempel på härledningar/bevis av det slaget, och troligtvis själv göra en del övningar i formallogisk eller algebraisk deduktiv härledning och axiomatisering. Det är inte på något sätt alls uppenbart vad det rör sig om även för den "oinitierade". Det säger någonting viktigt, men räcker inte med att bara säga något i stil med "Ett formellt bevis är en rent logisk härledning från ett val av axiom fram till det påstående som ska bevisas", därför att det här "rent logisk härledning" inte är självklart och givet. Det har varit en *lång* historisk process fram till de konceptioner om logisk formell–algebraisk giltighet vi har idag.

Jämför med härledningen av formeln (*) $0 \cdot x = 0$ utifrån ringaxiomen, se avsnitt 1.2.3. Man kan säga att den *härledning* som görs är från premisserna K2(a), K3(b) och K4(a) till (*) och att det som *bevisas* — inte är (*) och att "noll gånger något tal är noll" — utan just påståendet att *Formeln* $0x = 0$ *följer formellt logiskt–algebraiskt från ringaxiomen*, de premisser som utgörs av ringaxiomen. Det som 'bevisas formellt' är påståendet *I varje struktur av typen ring är* $0x = 0$, inte själva formeln (*). På samma sätt, den formella härledningen av påståendet att "noll och ett är unika tal" kan omtolkas till påståendet *I varje monoid är det neutrala elementet entydigt bestämt* och så vidare.

Det som gör ett argument eller resonemang formellt–algebraiskt logiskt giltigt är alltså *abstraherbarheten (och därmed generaliserbar-*

heten) utifrån den formella logikens abstrakta regler för opererandet med typer/mängder, funktioner, predikat, variabler, med mera. Detta är kärnan: att man kan tänka sig hur samma argument med relativ lätthet *omtolkas* som en härledning inom en abstrakt algebra, inom ett (mängdteoretiskt) formellt–algebraiskt symbolsystem. Detta uttrycks ibland med orden att man behöver kunna "tänka bort all föregående intuitiv innebörd hos uttrycken", det vill säga tillåta experimenterande med mycket olikartade modeller för axiomen abstraherade från sitt konkreta sammanhang av exempelvis elementär geometri. Ett klassiskt uttryck för denna "synvända" rörande innebörden av 'logiskt giltig härledning' finns i David Hilberts skrift *Grundlagen der Geometrie* från 1899.

Kanske abstrakt algebra är den *aspekt på* matematikvetenskapen som bäst fångar utmärkande drag hos detta utpräglat moderna sätt att tänka om och i matematiken; med ordet *modern* syftar jag här på ett sätt att tänka kring matematisk begrepps– och teoribildning som började få fotfäste särskilt från slutet 1800–talet fram till våra dagar. Vill man få något grepp om den innebörd som samtida matematiker lägger i termer som 'formellt bevis', 'struktur', 'system', 'axiomatiskt tänkande', med mera, så tror jag abstrakt algebra, tillsammans med topologi och en smula SPM–logik (sats–, predikat– och typ/mängdlogik), utgör den troligtvis bästa inkörsporten; detta alltså *jämfört med* studier av Euklides *Elementa* eller olika petiga moderna axiomatiseringar av elementär skolgeometri eller heltalsaritmetik. Det är nästan som att abstrakt algebraiskt tänkande är den moderna matematikvetenskapens själ, dess "sanna hemlighet". Det finns en naturlig anknytning mellan detta sätt att tänka och modern matematisk/teoretisk fysik.[5]

[5]Även den moderna 'axiomatiska geometrin', framlagd efter mönster av David Hilberts epokgörande *Grundlagen der Geometrie* från år 1899, tror jag dock även den enklast greppas som ett studium av vissa abstrakta strukturer (på mängder), där urvalet av villkor, 'axiom' på strukturen görs *inspirerat* av den traditionella geometrin, dess historia, teorem och problemställningar. Men det *är inte* längre 'geometri' i samma mening som i elementär euklidisk geometri, vare sig idag, under

Att abstrakt algebra, topologi och allmän mängdlära (typlogik) är bra som introduktioner till det formella–algebraiska sättet att tänka beror även på att dessa grenar framstår som så avlägsnade från *den första matematiken* — i historisk såväl som begreppslig mening — att det blir lättare att tänka bort vad man brukar kalla "den matematiska intuitionen", alltså förväntningar på begrepp och samband som kommer sig av träning, vana och närhet till modersmålet jämte typiska återkommande tillämpningar. Den höga nivån av abstraktion och generalisering underlättar för en att se enbart de logisk–algebraiska relationerna sådana de framgår just av definitioner och den formella logikens allmänna, abstrakta regler. Den höga graden av abstraktion underlättar för en att förvärva *det säregna slags seende*, den speciella (tränade) blick på uttrycken som hör till den formella logikens och den moderna matematikvetenskapens konceptioner om 'logisk följd', 'formellt bevis', 'stringens', och så vidare.

---

antiken, medeltiden eller i det klassiska Europa. Det är något annat. Modern axiomatisk geometri har alltså en indirekt relation till ämnet geometri i traditionell mening, och förutsätter att man lär sig ett speciellt sätt att se på verbala uttryck för definitioner, teorem och bevis. Det är en annan fråga hur det där förhåller sig till det slags "icke–euklidiska geometrier" som hänger samman med tillämpningarna inom modern fysik, i synnerhet Einsteins allmänna relativitetsteori och modern fysikalisk kosmologi. Här kommer man in på grenar såsom allmän topologi och differentialgeometri, samt begrepp som krökning, mångfalder, riemannmetrik, tensorer, etcetera.

3 Lock/portar

Teorifrågor

F1. Vad kan man säga om att konstatera kontra att analysera/förklara de allmänna räknelagarna för de fyra räknesätten?

F2. Vilka allmänna räknelagar för de fyra räknesätten utgörs av de så kallade kroppaxiomen? Vilket/vilka av villkoren gäller *inte* för en kommutativ ring med etta?

F3. Vad innebär prioriteringsreglerna och vilken typ av regler är dessa? Vad är innebörden av skrivkonventionen för multiplikation?

F4. Visa att likheten $0A = 0$ är en formellt logisk konsekvens av ringaxiomen.

F5. Vilka tre fundamentala räknelagar för multiplikation är kommutativa, associativa och distributiva lagen?

F6. (a) Visa att den additiva inversen är entydigt bestämd för varje givet komplext tal A.

(b) Definiera operationen subtraktion och visa att den är väldefinierad för alla par av komplexa tal A och B.

F7. (a) Visa att den multiplikativa inversen är entydigt bestämd för varje givet komplext tal $A \neq 0$.

(b) Definiera operationen division och visa att den är väldefinierad för alla par av komplexa tal A och $B \neq 0$.

F8. Vad menas med att $\mathbb{Z}$ och $\mathbf{D}$ utgör integritetsområden?

F9. Ge en förklaring till/bevis för den kommutativa lagen för multiplikation med: (a) positiva heltal (b) bråk (rationella tal)

Problem

P1. Beräkna: (a) summan $4 + 8 + 12 + 16$ längs med minst tre olika stigar.

(b) produkten $2 \cdot 5 \cdot 8 \cdot 11$ längs med minst tre olika vägar.

(c) produkten $48 \cdot 35$ med hjälp av räknelagarna.

(d) inversen till 7 till fyra decimalers noggrannhet.

(e) inversen till bråket $4/30$ och förenkla maximalt.

P2. Förenkla det algebraiska uttrycket

$$12x - (5y + 6) - 2(3y + 2x) - 14$$

där $x, y \in \mathbb{C}$.

P3. Bevisa:

[14] *För alla tal $A, B, C \in \mathbb{C}$ gäller **kancelleringslagarna** (eller **annulleringslagarna**) för addition respektive multiplikation:*

(a) $A + B = A + C \implies B = C$

(b) $AB = AC \wedge A \neq 0 \implies B = C$

P4. Gör en formell–algebraisk härledning givet kroppaxiomen (samt eventuellt tidigare härledda satser i texten) av **konjugatregeln** för elementär algebra:

[15] *För alla $x, y \in \mathbb{C}$:*

$$(x + y)(x - y) = x^2 - y^2$$

P5. Bevisa del (c) av teorem 13.

Räknelagarna för positiva tal genom visuella diagram och paradigmexempel

Artikel 9

Innehåll

Abstract

I denna artikel visas hur tre fundamentala räknelagar (kommutativitet, associativitet, distributivitet) för addition och multiplikation med positiva tal kan förklaras/åskådliggöras visuellt–symboliskt genom visuella diagram av typen punkttanglar och bråkdiagram. Dessutom tittar vi på hur existensen av multiplikativ invers kan motiveras geometriskt för de reella talen.

1 Kärninnehåll

1.1 Inledande påminnelser

I artikeln ”Allmänna räknelagar för de fyra räknesätten” DFM III(b) konstaterades att de rationella och reella talen bildar algebraiska strukturer av typen **kropp**, vilket innebär att de så kallade kroppaxiomen är uppfyllda:

K1 *Kommutativa lagarna för addition och multiplikation:*

(a) $A + B = B + A$

(b) $AB = BA$

K2 *Associativa lagarna för addition och multiplikation:*

(a) $A + (B + C) = (A + B) + C$

(b) $A(BC) = (AB)C$

K3 *Distributiva lagen för multiplikation över addition:*

(a) $A(B + C) = AB + AC$

(b) $(B + C)A = BA + CA$

Därtill har vi axiom för talen 0 och 1 som neutrala element samt existens av additiv respektive multiplikativ invers. Det sistnämnda har den precisa innebörden att

K5(b) *För varje tal $A \neq 0$ finns ett tal A^{-1} sådant att $AA^{-1} = A^{-1}A = 1$.*

Att inversen är entydigt bestämd följer logiskt av K5(b) tillsammans med övriga räknelagar.

Den detaljerade analysen av dessa räknelagar är en smula tekniskt komplicerad och behöver göras specifik för respektive taltyp. För positiva tal, speciellt positiva heltal och bråk, finns emellertid ett elegant och överskådligt sätt att förklara och genomskåda räknelagarna med hjälp av diagram av formen *rektangel och rätblock* samt mönsterexempel, här också kallat *paradigmexempel*. Att visa hur detta kan utföras är målet för resten av artikeln.

1.2 K1–K3 för positiva tal genom visuella diagram och paradigmexempel

Att multiplikation med positiva tal är kommutativ och associativ är inte alls lika 'självklart' som att addition är det. Om dessa räknelagar *framstår* som självklara för en *kan* det i så fall bero på att man under åren i skolan helt enkelt fått lära sig "att det är så", och därför på grund av *träningen* man har fått är van vid det. Men om man till en person ställer frågan: "Varför är A gånger B precis lika mycket som B gånger A?", är åtminstone min erfarenhet som lärare att de flesta människor inte kan svara på frågan, inte ens inledningsvis; detta gäller även vuxna individer. Och tänker man efter inser man att det finns saker som är i behov av förklaring här. För hur kommer det sig egentligen att exempelvis

$$8 \cdot 123 = 123 + 123 + 123 + 123 + 123 + 123 + 123 + 123$$

alltså 8 'kopior av' 123 är *precis lika många enheter* som

$$123 \cdot 8 = 8 + 8 + 8 + \ldots + 8$$

123 'kopior av' 8. — Inte är väl det så självklart?

Man kan säga att det som inte framstår som lika självklart som för addition är hur man ska *förklara varför* multiplikation är kommutativ, associativ och distributiv över addition. Hur svarar man någon som ställer denna fråga: "Hur kommer det sig att multiplikation ger samma resultat oavsett beräkningsväg?"

De fundamentala räknelagarna för multiplikation med positiva tal kan med fördel åskådliggöras med hjälp av *"rektangel och rätblocks"*–

argument, genom att man tänker i termer av rektangelns area respektive rätblockets volym. En typ av svar på frågor om kommutativitet etc. följer alltså *svarsmönster 1:1* (jämför figur 1 och 2):

> ”Låt oss ta den kommutativa lagen för multiplikation som ett exempel. För räkning med negativa tal kan räknelagarna återföras på motsvarande räknelagar för positiva tal, givet några få grundregler för negativet till ett tal.
>
> Antag därför att A och B är positiva tal. Tänk dig en rektangel med längden B och bredden A enheter. Denna rektangel innehåller ett antal enhetskvadrater, eller areaenheter, som är lika stort som B taget A gånger, det vill säga $A \cdot B$. Men vi kan också räkna det totala antalet enhetskvadrater som A taget B gånger, alltså som $B \cdot A$. Och eftersom samma totala antal enhetskvadrater nu har räknats, men på två olika sätt, drar vi slutsatsen att A gånger B är precis lika mycket som B gånger A.
>
> Detta är vad som påstås i den kommutativa lagen ...”

Här kan vi föreställa oss att läraren skulle förtydliga detta allmänna, schematiska resonemang med ett specifikt exempel. Ett fiktivt porträtt:

> Läraren ritar en rektangel på tavlan och skriver ”B” under den horisontella sidan och ”A” vid den vertikala. L. delar in rektangeln i små kvadrater genom fyra horisontella streck och sex vertikala.
>
> L: ”Låt oss titta på ett exempel: sätt A till 5 längdenheter och B till 7. Räknar vi raderna i rektangeln får vi det totala antalet $5 \cdot 7$ enhetskvadrater. Om vi istället räknar kolonnerna i rektangeln får vi $7 \cdot 5$ totalt. Man skulle också kunna tänka att vi vrider rektangeln nittio grader, och nöjer oss med att räkna längs med raderna. Hursomhelst inser vi att $5 \cdot 7$ är precis lika mycket som $7 \cdot 5$ av något; hästar, kronor, massenheter, areaenheter, eller vad som helst. Är ni med så långt?”
>
> Några elever nickar, de flesta sitter stilla, någonstans hörs ett försiktigt ”Ja...”.
>
> L: ”På det där sättet kan man ge en förklaring till kommutativiteten. Liknande illustrationer och ’rektangel’–argument kan

> göras för den distributiva och den associativa lagen. När det gäller den associativa lagen är det dock lättare att gå över till tre dimensioner, och istället resonera i termer av ett rätblock med sidlängderna A, B respektive C. Och så tittar man på rätblockets volym genom att räkna det totala antalet enhetskuber utmed olika sidor.”

Detta räcker som svar för många studenter (om de överhuvudtaget har någon fråga om räknelagarna). Det tillfredsställer dem och man behöver inte säga så mycket mer. Det är inte intressant och man är inte beredd att lägga ned någon ytterligare energi på saken. Andra personer känner eller ser ett behov av en mer detaljerad analys, i vilken man tittar närmare på räknelagarna och andra samband för specifika taltyper.

I det fall man bara har att göra med specifikt positiva heltal går det också bra att överblicka sambanden med hjälp av *punkttanglar* eller liknande diskreta diagram i två eller tre dimensioner, genom att tänka i termer av antalet punkter de innehåller. Varje punkt representerar då ett av de objekt som räknas (vare sig det är äpplen, kronor, får, hästar, eller något annat).

Låt oss titta på hur man kan behandla fallet med positiva heltal för sig. Det enklaste sättet att förklara hur det kommer sig att multiplikation med positiva heltal är kommutativ genom ett argument av typen punktrektangel.

1. Sätt till exempel $A = 5$ och $B = 7$. Rita en punktrektangel med längden 7 punkter och bredden 5 punkter, såsom i figur 1.
2. Om vi nu räknar det totala antalet punkter i punkttangeln genom att lägga samman *raderna* får vi totalt fem gånger sju punkter.
3. Räknar vi istället punkterna genom att lägga samman *kolonnerna* i punkttangeln får vi totalt sju gånger fem punkter.
4. Men eftersom vi därmed i såväl (2) som (3) räknat exakt samma totala antal, men längs med två olika vägar, framgår att sju taget fem gånger är precis lika mycket som fem taget sju gånger. Med matematisk notation:

$$5 \cdot 7 = 7 \cdot 5$$

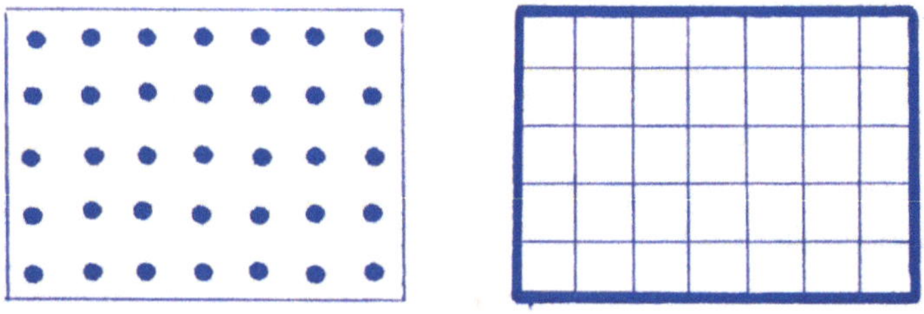

Figur 1: En punktrektangel med fem rader av sju punkter vardera, liksom en rektangel med fem rader av sju enhetskvadrater vardera, tillhandahåller ett mönsterexempel till den kommutativa lagen för multiplikation med positiva heltal.

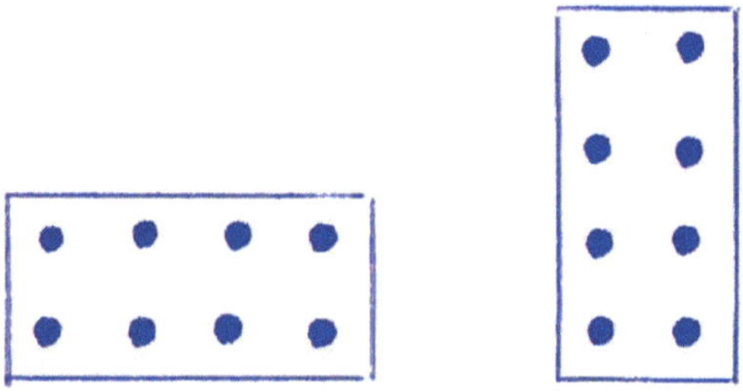

Figur 2: Ett paradigmexempel till resonemang nr. 2 avseende den kommutativa lagen för multiplikation med positiva heltal. Figuren visar hur $2 \cdot 4 = 4 \cdot 2$ genom en vridning av punkttangeln ett kvarts varv.

5. Resonemang (1)–(4) tjänar som ett exempel som genom det speciella fallet uppvisar det allmänna mönstret, eftersom en analog illustration kan tänkas för alla par av positiva heltal.

Multiplikation med positiva heltal är med andra ord kommutativ. Strukturen hos resonemanget är helt likartad med det 'geometriska' diagrammet.

Ett alternativt sätt att åskådliggöra den kommutativa lagen är helt enkelt med en *vridning* av rektangeln/punkttangeln ett kvarts varv, varvid man nöjer sig med att räkna längs med raderna. En liknande

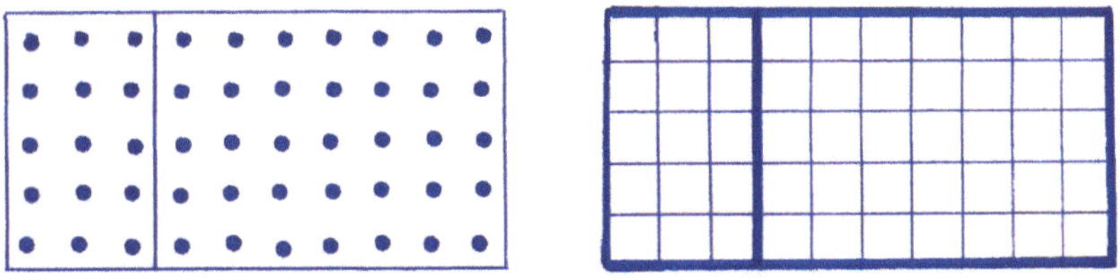

Figur 3: Figuren åskådliggör den distributiva lagen $A(B+C) = AB + AC$.

illustration kan göras för vilka par av positiva heltal som helst. I figur 2 åskådliggörs ett mönsterexempel med $A = 2$ och $B = 4$.

De speciella exempel som figurerat i resonemanget ovan tjänar som **paradigmexempel**, vilka genom det särskilda uppvisar det allmänna. De illustrerar generella samband genom att peka bortom sig själva. Det är inte "induktion" i betydelsen rimlig men möjligtvis felaktig generalisering från ett antal specialfall eller från hur det hittills har varit och det är inte heller slutledning genom den så kallade "matematiska induktionsprincipen". Det finns ingen empirisk osäkerhet i denna form av paradigmatisk induktion, och inte heller följer den formen hos ett "matematiskt induktionsbevis".[1]

Istället för paradigmexempel kunde man säga *mönsterexempel* eller *ledexempel*. Paradigmexemplet uppvisar det allmänna sambandet i och med det att ett **analogt** resonemang kunde upprepas — åtminstone i tanken — för vilket par av positiva heltal som helst ("analog" betyder liknande, som liknar). Förmågan att tänka i termer av paradigmatiska exempel och analogier är väsentliga i diskret matematik och egentligen i all matematik.

Men faktum är att även de 'kontinuerliga' bildmässiga framställningarna i formerna av vanliga rektanglar och rätblock, kan fattas i en vidare bemärkelse, där enhetskvadraten respektive enhetskuben tas

[1]Det handlar om 'induktion' eller 'intuitiv insikt' i en mening som jag förknippar med Aristoteles.

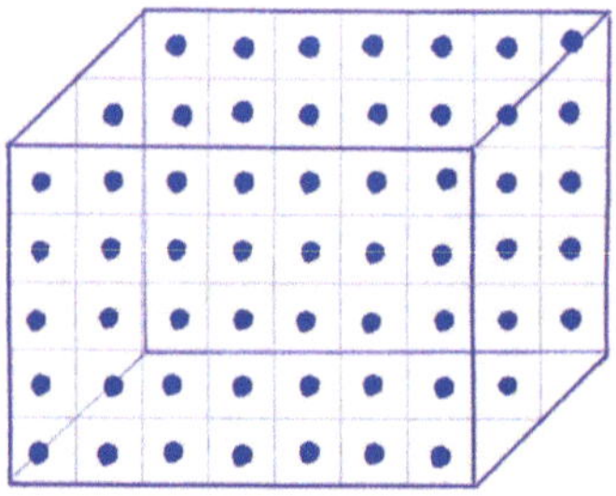

Ett punkträtblock med måtten 7 x 3 x 5 punkter kan användas för att ge en förklaring och bakgrund till den associativa lagen för multiplikation med positiva heltal.

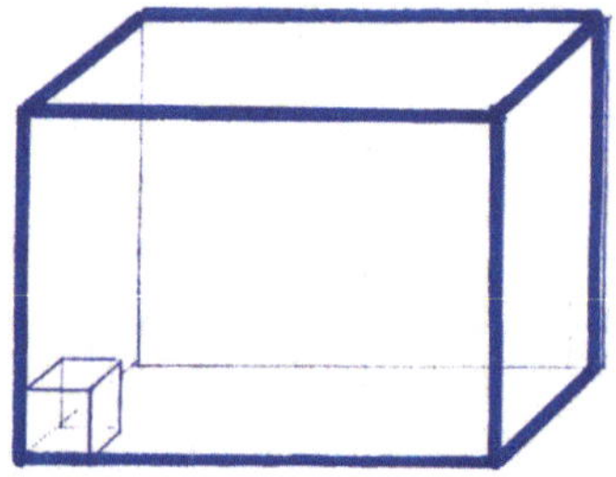

Volymen av ett rätblock jämfört med enhetskuben erbjuder en användbar bild för att förklara och ge en bakgrund till den associativa lagen för multiplikation med positiva tal generellt (heltal, rationella tal, reella tal).

Figur 4: Illustrationer till den associativa lagen för multiplikation.

som *symboliska* bilder av eller referenspunkter för den delbara enheten/helheten. Rektangeln som ett bildmässigt diagram för bråkmultiplikation är till exempel i sig själv inte en del av det fält av traditionell matematik som kallas geometri, även om kopplingen till geometrin och areabegreppet är transparent.

Man kan säga såhär: *den geometriska tolkningen av dessa diagram tillhandahåller en sorts 'modell' som ger åtminstone en typ av förklaring och motivering till räknelagarna.*

Den distributiva lagen framstår kanske som något mer uppenbar jämfört med den kommutativa eller associativa lagen. För att åskådliggöra sambandet kan man på liknande sätt som med den kommutativa lagen titta på något specifikt exempel och ställa upp ett "rektangel"–argument. Eftersom i det följande faktorerna förutsättes vara positiva heltal behöver man inte rita fulla rektanglar, utan det fungerar här även mycket bra med olika punkttanglar för att illustrera sambandet, såsom i hithörande figur 3.

1. Välj till exempel $A = 5$, $B = 3$ och $C = 7$. Tänk dig nu en punkttangel

med basen $(3 + 7)$ punkter och höjden 5 punkter, såsom i figur 3.

2. Talet $5 \cdot 3$ är då antalet punkter i den första biten av punkttangeln och talet $5 \cdot 7$ antalet punkter i den resterande biten. Totalt bildar de två inrutade fälten av punkter i figur 3 tillsammans hela punkttangeln.

3. Antalet punkter i den totala punkttangeln är $5 \cdot (3 + 7)$.

4. Med ledning av (2) och (3) inser vi att

$$5 \cdot (3 + 7) = (5 \cdot 3) + (5 \cdot 7)$$

5. Resonemanget (1)–(4) utgör ett mönsterexempel som genom det speciella fallet uppvisar det allmänna mönstret. En liknande illustration kan nämligen tänkas för alla andra möjliga positiva heltal A, B och C.

Detta är ett vanligt förekommande sätt (i exempelvis läroböcker) att kasta ljus över, belysa distributiviteten för positiva heltal.

För att förklara hur det kommer sig att multiplikation med positiva tal också är associativ är det lämpligt att sträcka sig förbi planets två dimensioner och istället tänka i termer av ett tredimensionellt ”rätblocks”–argument. För positiva heltal är det återigen möjligt att istället göra sig en illustration med ett tredimensionellt *punkträtblock*, ett tredimensionellt ”matrisdiagram” av punkter.

1. Välj till exempel $A = 5$, $B = 3$ och $C = 7$. Rita ett punkträtblock med måtten 7 punkter på längden, 3 på bredden och 5 på höjden, såsom i figur 4.

2. Punkträtblocket kan betraktas som uppbyggt av fem stycken *rektangulära 'skivor' av punkter staplade* ovanpå varandra, vardera innehållande $3 \cdot 7$ punkter. Detta ger det totala antalet $5 \cdot (3 \cdot 7)$.

3. Punkträtblocket kan, å andra sidan, också betraktas som uppbyggt av sju stycken rektangulära 'skivor' av punkter staplade sidledes, vardera innehållande $5 \cdot 3$ punkter. Detta ger det totala antalet $7 \cdot (5 \cdot 3)$.

4. Enligt den kommutativa lagen, som vi redan visat, kan produkten i (3) dock vändas på, vilket ger det totala antalet punkter som $(5 \cdot 3) \cdot 7$.

5. Eftersom vi nu räknat samma totala antal punkter, men längs med två olika stigar, drar vi ur (2) och (4) slutsatsen att

$$(5 \cdot 3) \cdot 7 = 5 \cdot (3 \cdot 7)$$

6. Resonemang (1)–(5) ovan erbjuder ett paradigmexempel som genom det speciella uppvisar det allmänna mönstret.

Detta är ett sätt att klargöra eller genomskåda den associativa lagen för multiplikation med positiva heltal.

Låt oss sammanfatta en viktig insikt ur det här avsnittet:

För positiva tal är det möjligt att få överblick på räknelagarna för multiplikation genom att tänka i termer av rektanglar och rätblock, i vilka enhetskvadraten respektive enhetskuben fungerar som symboliska referenspunkter för enheten 'en hel'. För positiva heltal kan punkttanglar och liknande bildmässiga diagram användas, och för positiva rationella tal linjära bråkdiagram.

1.3 Existens av multiplikativ invers: geometriskt argument

Det är i geometrin alltid 'möjligt' att givet en bestämd sida A rita en rektangel med en given area T. Ungefär såhär tänker man:

> Börja med att rita en rektangel med längden T och bredden 1. Denna har area T. Omforma den sedan till en rektangel med den önskade sidlängden A istället, genom att så att säga trycka ihop eller pressa samman den först konstruerade rektangeln genom en kontinuerlig rörelse med handen tills ena sidan är lika med A.

Ett geometriskt belysande av den multiplikativa inversens 'existens' för positiva tal (rationella eller reella) kan, som ofta när det gäller multiplikation, göras i termer av arean av en rektangel:

> Låt A vara ett positivt reellt tal. Välj en längdenhet för planet och rita en rektangel med längden A och arean 1 areaenhet. Denna rektangel har bredden B längdenheter. Enligt rektangelns areaformel gäller att
>
> $$AB = 1$$
>
> Med andra ord är B den multiplikativa inversen till A.

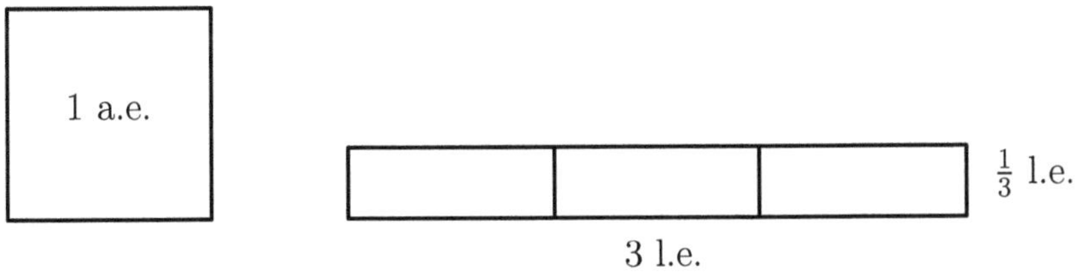

Figur 5: Kvoten och den multiplikativa inversen geometriskt förstådda. En rektangel med area 1 a.e. och längden 3 l.e. bildas, varvid inversen står att avläsa som bredden på rektangeln.

1.4 Räknelagarna för positiva rationella tal genom bråkdiagram och paradigmexempel

Räknelagarna för rationella tal kan förklaras, genomlysas eller klargöras på ett allmänt sätt längs med åtminstone två olika spår. Den ena metoden är att utgå från paradigmexempel i vilka man resonerar i termer av det tekniska begreppet om en allmän delbar enhet; dessa resonemang kan ackompanjeras av schematiska bråkdiagram för att uppvisa det generella mönstret. Denna typ av resonemang återfinner man i somliga läroböcker för grundskola och gymnasium. Den andra metoden är att ge rent algebraiska härledningar av räknelagarna utgående från till exempel principen om förläning/förkortning av bråk och produktformeln för bråk samt heltalsaritmetik ("talteorins" grunder). Kort sagt, att härleda dem utifrån andra premisser.

Låt oss påminna oss hur man kan kasta ljus över de fundamentala räknelagarna för rationella tal genom bråkdiagram och paradigmexempel.

Till att börja med *den kommutativa lagen*:

1. Låt oss som ett paradigmexempel titta på produkten 3/2 gånger 8/5 av en delbar helhet. Ett linjärt bråkdiagram som representerar produkten ges i figur 6. Diagrammet framställer 3 2–delar (kopior) utav 8 5–delar av en delbar helhet. Den delbara enheten representeras av en kvadrat utritad

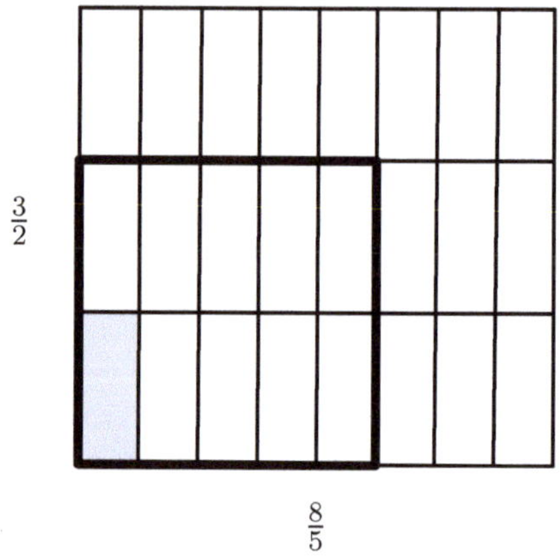

Figur 6: Figuren illustrerar produkten av bråken 3 2–delar och 8 5–delar. I detta bråkdiagram representeras den delbara helheten av en kvadrat, markerad med tjocka streck i bilden. Kvadraten delas i 5–delar vertikalt och 2–delar horisontellt. Produkten kan betraktas som 3 2–delar utav 8 5–delar av kvadraten. Om man tänker på denna kvadrat som enhetskvadraten, alltså som en areaenhet, uppvisas omedelbart den nära anknytningen till geometrin och rektangelns areaformel.

med tjocka streck.

2. Exakt samma bilder kan dock med fördel användas för att visa hur mycket 8 5–delar av 3 2–delar av en delbar helhet utgör. Om det underlättar för en kan man föreställa sig aspektskiftet som en vridning av rektangeln ett kvarts varv.

3. Eftersom den totala mängden, alltså antalet delar av helheten, hur som helst lämnas oförändrad resonerar vi som så, med ledning av (1) och (2), att

$$\frac{3}{2} \cdot \frac{8}{5} = \frac{8}{5} \cdot \frac{3}{2}$$

4. Resonemanget (1)–(3) ovan utgör ett paradigmexempel som uppvisar det allmänna mönstret.

Detta ger en *typ av* förklaring till hur det kommer sig att vår aritmetiks bråkmultiplikation behandlas som kommutativ; även om den nu inte är en algebraisk härledning.

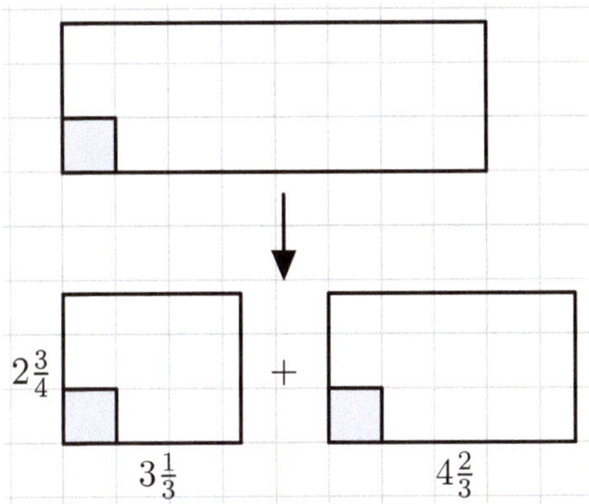

Figur 7: Figuren illustrerar den distributiva lagen för multiplikation med rationella tal (och även reella tal). Den delbara helheten representeras av en geometrisk enhetskvadrat, som i figuren markeras med blå färg.

Den distributiva lagen:

1. Låt oss titta på följande exempel för att illustrera:

$$2\frac{3}{4} \cdot \left(3\frac{1}{3} + 4\frac{2}{3}\right)$$

Den övre rektangeln i figur 7 är diagram för denna produkt.

2. De undre två rektanglarna i figur 7 utgör abstrakta representationer av delprodukterna $\left(2\frac{3}{4} \cdot 3\frac{1}{3}\right)$ respektive $\left(2\frac{3}{4} \cdot 4\frac{2}{3}\right)$.

3. Eftersom den totala mängden lämnas oförändrad vid uppdelningen av den övre rektangeln i de två undre delrektanglarna, resonerar vi med ledning av (1) och (2) som så att

$$2\frac{3}{4} \cdot \left(3\frac{1}{3} + 4\frac{2}{3}\right) = \left(2\frac{3}{4} \cdot 3\frac{1}{3}\right) + \left(2\frac{3}{4} \cdot 4\frac{2}{3}\right)$$

4. Resonemangskedjan (1)–(3) utgör ett paradigmexempel som åskådliggör det allmänna mönstret för multiplikation med positiva bråk.

Kort sagt, eftersom en uppdelning av en mängd i två delar inte förändrar den totala mängden, uppfyller bråkräkning den distributiva lagen.

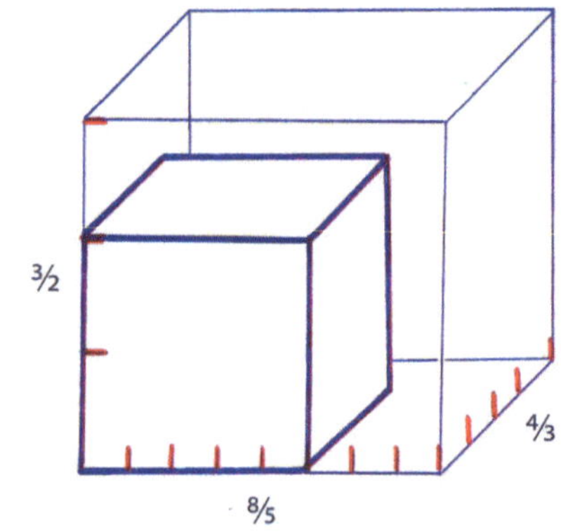

Figur 8: Figuren illustrerar den associativa lagen för multiplikation med rationella tal (och även reella tal). Den delbara helheten representeras av en kub, som i bilden är markerad med tjocka streck. Genom detta val av utgångspunkt för det tredimensionella bråkdiagrammet, visas den nära anknytningen till rymdgeometrin och rätblockets volymformel, om man tänker på kuben som volymenheten.

Associativitet: Den associativa lagen kräver att vi rör oss från två till tre dimensioner.

1. Låt oss titta på exemplet

$$\frac{4}{3} \cdot \left(\frac{3}{2} \cdot \frac{8}{5}\right)$$

2. Figur 8 utgör ett *tredimensionellt* bråkdiagram som framställer produkten i (1). Den delbara helheten representeras av en kub. Det totala rätblocket uppfyller precis så många "enhetskuber" som uttrycket i rad (1) anger.

3. Tänk dig nu att vi vrider rätblocket ett kvarts varv så att sidan 4/3 x 3/2 l.e. hamnar hitåt från pappret. Denna operation påverkar inte den totala mängden/volymen hos rätblocket. Alltså erhåller vi exakt samma mängd/volym genom att ta 8 5–delar utav $\left(\frac{4}{3} \cdot \frac{3}{2}\right)$ av den delbara enhetskuben. Enligt definitionen av bråkmultiplikation är

$$\frac{4}{3} \cdot \left(\frac{3}{2} \cdot \frac{8}{5}\right) = \frac{8}{5} \cdot \left(\frac{4}{3} \cdot \frac{3}{2}\right)$$

4. Ur den kommutativa lagen, som vi redan fastställt, följer att:

$$\frac{8}{5} \cdot \left(\frac{4}{3} \cdot \frac{3}{2}\right) = \left(\frac{4}{3} \cdot \frac{3}{2}\right) \cdot \frac{8}{5}$$

5. Ur (1) och (2) får vi slutligen att

$$\frac{4}{3} \cdot \left(\frac{3}{2} \cdot \frac{8}{5}\right) = \left(\frac{4}{3} \cdot \frac{3}{2}\right) \cdot \frac{8}{5}$$

vilket var det som vi ville komma fram till.

6. Resonemanget (1)–(5) erbjuder ett paradigmexempel som ger en förklaring till associativiteten. Ett liknande resonemang kan upprepas för alla tripplar av positiva bråk.

En sammanfattning: Det tredimensionella bråkdiagrammets totala 'volym' i jämförelse med 'enhetskuben' som representant för den delbara helheten, lämnas oförändrad hur vi än vrider och vänder på blocket. Detta är en anledning till att vi vill ha multiplikation med bråk associativ i vår aritmetik.

2 Lock/portar

Teorifrågor

F1. Vilka är 'de tre fundamentala räknelagarna' i modern elementär aritmetik och algebra?

F2. Vad kan du säga om den matematiska analysen av de tre fundamentala räknelagarna för multiplikation?

F3. Hur kan man åskådliggöra räknelagarna för multiplikation med positiva tal?

F4. Hur kan man med hjälp av punkttanglar åskådliggöra och ge en förklaring till:

(a) den kommutativa lagen för multiplikation med positiva heltal?

(b) den distributiva lagen för positiva heltal?

(c) den associativa lagen för multiplikation med positiva heltal?

Bråkräkning och de rationella talens grundritning

Artikel 10

Innehåll

Abstract

I det här dokumentet ges en översiktlig teoretisk framställning av bråkräkningens och därmed de rationella talens första metoder, principer och formler, samt förklaringar till (bevis för) de grundläggande sambanden.

En sammanfattning av textens kärninnehåll:

- Bråk kan uttryckas på enkel form eller blandad form.
- Egenskaperna för negativa rationella tal kan alltid återföras på reglerna för positiva rationella tal.

- Bråken uppfyller en egenskap som vi här kallar för principen om förkortning/förlängning, som också tjänar som ett identitetskriterium för rationella tal. Principen gör det möjligt att alltid ställa två bråk på gemensam nämnare. Ett sätt som alltid fungerar är att multiplicera bråken korsvis med deras respektive nämnare.

- Två bråk kan alltid jämföras och storleksordnas enligt relationen $\leq$ genom att man ställer dem på gemensam nämnare.

- Summan av och differensen mellan två bråk kan beräknas om man ställer de två bråken på någon gemensam nämnare genom att förlänga eller förkorta dem så mycket som behövs. En gemensam nämnare är som sagt produkten av bråkens nämnare, vilken man återfinner i additionsformeln och subtraktionsformeln för bråk.

- Produkten av två bråk kan alltid beräknas genom produktformeln för bråk, som konstaterar att bråkproduktens nämnare är lika med produkten av de respektive bråknämnarna och bråkproduktens täljare är lika med produkten av de respektive bråktäljarna.

- Kvoten mellan två bråk kan beräknas genom att man multiplicerar täljarbråket med det inverterade nämnarbråket.

- De rationella talen $\mathbb{Q}$ bildar en ordnad kropp.

I kommentarerna fördjupas det matematiska kärninnehållet i texten.

1 Kärninnehåll

När det handlar om bråkräkning är det faktiskt klargörande och elegant att utveckla framställningen på traditionellt axiomatiskt manér. Här kommer vi alltså att tydligt utnyttja det ordnade mönstret av *definitioner — axiom — teorem*, beteckningar vilka likt förtecken inleder somliga displayer.

Denna omständighet när det gäller bråkräkning står i bjärt kontrast till elementär heltalsaritmetik och talteori, där en rigorös axiomatisk framställning — ur exempelvis och typiskt peanoaxiomen — snarare kan tendera att verka förvirrande och hämmande vid ett tidigt stadium av den teoretiska reflektionen och naturligtvis i det allra mesta av matematikundervisning, istället för att vara klargörande. Samma sak kan sägas om elementär euklidisk geometri satt i relation till axiomatiseringar eller försök därtill av geometrin — vare sig det är Euklides eller dem i Hilbertstilen. I många fall är axiomatisering/axiomatisk–deduktiv framställning något som kan fattas som ett särskilt och begränsat *projekt* inom det totala matematiska fältet av studier, tradition, tillämpningar och forskning, projekt som visserligen kan vara intressanta på sina sätt men som också är mycket viktigt att kunna sätta inom parentes och tänka bortom för bibehållande av klarhet och flexibilitet i tänkandet.

1.1 Bråken och de rationella talens identitet

1.1.1 Bråk, heltal och blandad form

Bråken/rationella tal är ett sätt att tala och skriva, ett språkspel, som underförstått förutsätter möjligheten av att tänka i **delar** (eng. *parts*) av någon faktiskt eller blott föreställd **enhet** (eng. *unit*) eller **helhet** (eng. *whole*), vilket vi då synonymt också kallar för en **delbar helhet** eller **1–helhet**. Man säger ju *"en hel"* eller *"det hela"* och avser därmed denna i sammanhanget tänkta enhet. Enheten kan — men måste inte vara — någon **standardiserad** enhet för teknisk–vetenskaplig mätning eller ekonomiska transaktioner, såsom meter, sekund, kilogram, svenska kronor, och så vidare.

Ett bråk är ett aritmetiskt uttryck *'a b–delar (av enheten)'*, vilket vi med matematisk notation som vanligt skriver

$$a/b \qquad \text{alternativt} \qquad \frac{a}{b}$$

Det allmänna villkoret för att vi ska få säga att "a/b är ett bråk" är dels att a och b är heltal ($a, b \in \mathbb{Z}$) och dels att $b \neq 0$. Skrivsättet kan utläsas på flertalet olika sätt:

a/b

$\leftrightarrows$

a b–delar (av en enhet)

a genom b

a dividerat med b[1]

a over b (eng.)

Här tillåter vi faktiskt även att b är ett *negativt* heltal, därför att alla bråkräkningens definierande regler och samband blir mycket enklare att formulera och uppvisa, om man tillåter den möjligheten. Bråket $2/(-3)$ kanske dock är mer naturligt att utläsa som exempelvis "2 genom negativt 3" eller "2 över minus 3", än som det besynnerliga "2 minus–3–delar".

1.1.2 Relation till heltalen och blandad form

Ett 'heltal a' tänker man i matematiken som ekvivalent eller identifierat med ett bråk, nämligen 'a 1–delar' eller 'a hela' av den givna enheten:

[1] Axiom. *För alla $a \in \mathbb{Z}$:*

$$a = \frac{a}{1}$$

[1]Uttryckssättet ska tolkas som att det finns ett naturligt samband mellan begreppet om ett bråk och den binära operationen division, men inte som att det är samma sak.

På så sätt har vi 'uttryckt' eller 'skrivit om' symbolen för ett heltal som ett bråk, och enligt definitionen utgör varje heltal ett rationellt tal:

$$1 = \frac{1}{1} \qquad 2 = \frac{2}{1} \qquad 3 = \frac{3}{1} \qquad \ldots$$

*Heltalen är således **subsumerade** under de rationella talen som en äkta delmängd:*

$$\mathbb{Z} \subset \mathbb{Q}$$

I abstrakt algebra och logik skulle man också säga att $\mathbb{Z}$ är **inbäddad** i $\mathbb{Q}$, eller att heltalen kan **bäddas in** i de rationella talen.

Denna enkla möjlighet att uttrycka ett heltal som ett bråk med nämnaren 1 är mycket användbar i bråkräkningen och formuleringen av dess regler, eftersom vi inte behöver behandla heltalen som ett specialfall. Ett bra exempel som illustrerar påståendet är definitionen av bråkens produkt enligt produktformeln. Lägg speciellt märke till att *de rationella talen 0 och 1* kan representeras av bråken '0 hela' respektive '1 hel', och med alla därur förlängda bråk.

Ett icke–negativt bråk kan också ställas på **blandad form** genom att utföra heltalsdivision av bråktäljaren med bråknämnaren.

Exempel 1. Bråket femton fjärdedelar kan vi ställa på blandad form genom heltalsdivision av 15 med 4:

$$\frac{15}{4} = 3\frac{3}{4}$$

eftersom $15 = 3 \cdot 4 + 3$. □

1.1.3 Ordnat par–notation

Vi kan också tänka på varje bråk a/b som entydigt associerat med **det ordnade paret av heltal** (a, b), där villkoret är $b \neq 0$:

$$a/b \quad \rightleftarrows \quad (a, b)$$

Vi kan tänka på det ordnade paret som ett bråk, och omvänt, på bråket som ett ordnat par av heltal. Vi använder ordnat par–notationen när det ger ett enklare sätt att uttrycka saker, annars håller vi oss till det vanliga skrivsättet a/b.

Betraktade som former av notation ligger skrivsätten a/b och (a, b) dessutom så pass nära varandra att man naturligt kan uppfatta det ordnade paret helt enkelt som *ett annat sätt att skriva ned* bråk från starten.[2] Det innebär dock inte att båda skrivsätten är *lika lämpliga* för alla syften.[3] I termer av beräkningsmässig effektivitet och överskådlighet finns olika för– och nackdelar med de två skrivsätten. Långa algebraiska härledningar blir krångligare och mindre överskådliga om de uttrycks med ordnat par–notation än med sedvanlig notation a/b gemensam för bråk och operationen division.

Representationen som ordnade par är det första steget i den för abstrakt algebra och formell–matematisk logik standardiserade konstruktionen av de rationella talen. Idéen om ordnade par eller n–tipplar av saker ger inom matematiken och logiken en smidig notation och terminologi, som har många användningar vid sidan om konstruktionen av $\mathbb{Q}$.

1.1.4 Förlängning/förkortning och samma värde hos bråk

Ett inledande exempel: Om bråken 1 3–del och 2 6–delar säger vi ju att de har *samma värde* och att de *representerar samma* rationella tal, och att de av denna anledning får *identifieras under likhetstecknet* '='. Denna omständighet kan vi nu förklara på två med varandra logiskt sammanhängande sätt:

---

[2]Detta är en skillnad mellan den mängdteoretiska konstruktionen av $\mathbb{Q}$ jämfört med den typiska mängdteoretiska konstruktionen av en modell för utvidgningen av $\mathbb{N}$ till $\mathbb{Z}$. Skrivsättet "-1" för negativt ett respektive skrivsättet "$[(1, 2)_\sim]$" för i konstruktionen motsvarande ekvivalensklass kan inte på samma naturliga sätt uppfattas som "helt enkelt alternativ" notation.

[3]Lika litet som det funktionella skrivsättet $+(x, y)$ för summan $x + y$ vore praktiskt lämpligt som ersättning i alla beräkningar, härledningar och bevis.

(i) De två bråken uttrycker *precis lika mycket av* en och samma delbara helhet/enhet. 1 3–del av en given enhet är lika mycket som 2 6–delar. 1 3–del av vinstsumman eller av mängden av elektrisk energi som kan utvinnas ur ett batteri är lika mycket som 2 6–delar.

(ii) De två bråken kan *förlängas/förkortas* till varandra:

$$\frac{2}{6} = \frac{2 \cdot 1}{2 \cdot 3}$$

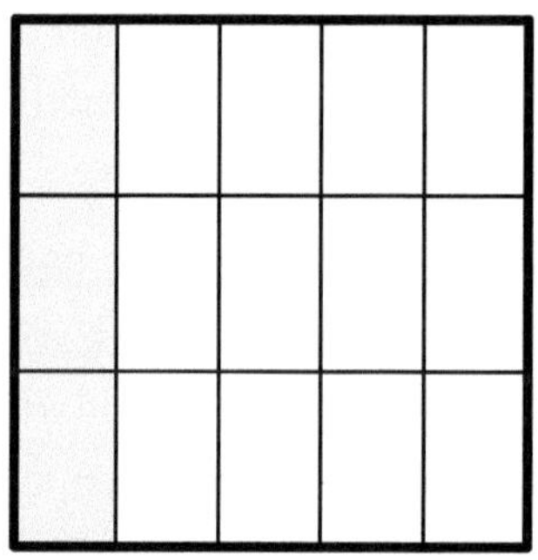

Figur 1: Figuren åskådliggör principen om förlängning/förkortning, vilket utgör det första identitetskriteriet för bråk och rationella tal. Enheten/den delbara 1–helheten symboliseras av en kvadrat, utritad med tjocka streck. Den färgade remsan utgör $1/5 = 3/15$ av hela kvadraten.

I analogi med linjär algebra definierar vi produkten av heltalet n med det ordnade paret (a, b) enligt

$$n(a, b) =_{\mathsf{def}} (na, nb)$$

för alla $a, b, n \in \mathbb{Z}$. Exempel: $3(5, 8) = (3 \cdot 5, 3 \cdot 8) = (15, 24)$. Med ordnade par uppfattade som bråk kan vi nu kompakt uttrycka/skriva egenskapen att bråket c/d är en förlängning av bråket a/b som

$$(c, d) = n(a, b)$$

för något heltal $n \neq 0$.

Som en förtydligande påminnelse från grundstudierna i matematik sätter vi definitionen av förlängning/förkortning på display med precis införd notation:

[2] **Definition.** *Bråket c/d är en* ***förlängning*** *av bråket a/b om och endast om det existerar ett heltal $n \neq 0$ för vilket*

$$(c, d) = n(a, b)$$

I så fall är, omvänt, bråket a/b en ***förkortning*** *av c/d. I det fall $n = \pm 1$ säges båda bråken vara en förlängning/förkortning av varandra.* □

Genomgången så långt föranleder följande:

Fråga 1: *Varför säger vi egentligen att två bråk har samma värde när det ena kan förlängas/förkortas till det andra?*

För bråk med positiv täljare och nämnare är den ursprungliga "intuitiva" tanken den, att två bråk ska sägas ha samma värde om och endast om de matematiskt uttrycker *precis lika mycket, precis lika stor mängd av en given delbar helhet/enhet.* Om det så är en brödlimpa, en krona, ett kilogram, en meter, ett dygn, en joule, eller någon annan enhet.

Här är en sorts *förnuftig förklaring* till att vi vid förlängning/förkortning av ett bråk förväntar oss att få ett likvärdigt uttryck för samma mått och mängd. Förklaringen utgår från visuella bråkdiagram och paradigmexempel:

1. Låt oss för att exemplifiera reflektera över varför vi räknar likheten '$1/5 = 3/15$ enheter' som korrekt.

2. Vid förlängning av $1/5$ med 3 får man $3/15$. Att de två bråken uttrycker lika stor mängd av en och samma delbara enhet kommer sig av att en *förminskning av själva delarna* till 15–delar kompenseras av en *förökning av antalet delar* med 3: om jag delar in en helhet i tre delar men ändå tar med mig tre av dem har jag — så att säga — det hela intakt. Tanken illustreras av figur 1.

3. Resonemanget (1)–(2) fungerar här som ett paradigmexempel som uppvisar det allmänna mönstret: att vi räknar värdet som oförändrat efter en förlängning/förkortning av ett bråk kommer sig alltså av att man vid förlängningen av bråket förminskar delarna av enheten precis lika många gånger som detta kompenseras av att antalet delar i bråket ökar med samma faktor.

Meningen med resonemanget (1)–(3) är inte att ge ett 'matematiskt bevis' för något påstående, utan ett sätt att *förklara och motivera* något som i själva verket har karaktären av ett *kriterium* på identitet för bråk: möjligheten att förlänga/förkorta till det andra bråket. Vi kan se poängen med, det förnuftiga i det här sättet att tänka och räkna andelar av en enhet/1–helhet.

1.1.5 Z–identitet kontra Q–ekvivalens

Det är användbart att inför följande redogörelse skilja mellan att två bråk kan förlängas/förkortas till varandra (och därmed har samma värde, uttrycker lika mycket av en och samma delbara helhet), och av den anledningen får identifieras under det vanliga likhetstecknet, respektive att två bråk är Z–identiska, en annan relation som vi definierar på följande sätt:

[3] Definition. *Låt a/b och c/d vara bråk. Dessa säges då vara* ***Z–identiska*** *om $a = c$ och $b = d$, det vill säga om a är precis samma heltal som c och b är samma heltal som d.*[4] *Vi skriver:*

$$\frac{a}{b} =_Z \frac{c}{d}$$

□

[4]Definitionen kan också tecknas:

$$a/b =_Z c/d \iff_{\mathsf{def}} a = c \wedge b = d$$

Vi har till exempel att $(2 \cdot 2)$ $(5 \cdot 3)$–delar är Z–identiskt med 4 15–delar. Naturligtvis gäller att Z–identitet är en ekvivalensrelation på mängden av bråk: den är reflexiv, symmetrisk och transitiv.[5]

[4] **Definition.** *Om två bråk a/b och c/d står i relationen av att vara en förlängning/förkortning av det andra, så säger vi istället att bråken är* ***Q–identiska****, eller* ***Q–ekvivalenta****, vilket vi (även) kan skriva*

$$\frac{a}{b} =_Q \frac{c}{d} \quad \textit{alternativt} \quad \frac{a}{b} \sim_Q \frac{c}{d}$$

eller förkortat $a/b \sim c/d$.[6] □

Formellt kan vi teckna definitionen av Q–ekvivalens som:

$$\frac{a}{b} =_Q \frac{c}{d} \iff_{\mathsf{def}} \big[(a,b) = n(c,d) \ \vee \ n(a,b) = (c,d)\big]$$

för något heltal $n \neq 0$.[7]

Två bråk som är Q–ekvivalenta säges ha **samma värde**. Man säger att de **representerar samma** rationella tal och således får **identifieras under likhetstecknet** "=". Med andra ord, Q–ekvivalens är ett **identitetskriterium** för bråk/rationella tal. Ett identitetskriterium är något slags yttersta kriterium för när en sak A ska sägas vara "samma sak" som en annan sak B.[8] Även om vi förstås med enkla exempel kan *motivera* varför två bråk säges ha samma värde i termer av

[5]Och ekvivalensklassen under Z–identitet till ett givet bråk a/b är helt enkelt singelmängden $\{a/b\}$.

[6]Kort sätt att läsa tecknet $\sim$ är som "tilde". Således kan $\sim_Q$ läsas som "tilde–Q". I allmän mängdlära är $\sim$ vanlig notation för en relation av typen ekvivalensrelation.

[7]I termer av Z–identitet får definitionen av Q–ekvivalens följande utseende:

$$\frac{a}{b} = \frac{c}{d} \iff \frac{a}{b} =_Z \frac{nc}{nd} \ \vee \ \frac{na}{nb} =_Z \frac{c}{d}$$

för något heltal $n \neq 0$.

[8]Jämför till exempel med *extensionalitetsprincipen* för mängder, vilket har karaktären av ett identitetskriterium:

$$A = B \iff \forall x \, (x \in A \iff x \in B)$$

andelar av en enhet och bråkdiagram och så vidare, så är det *logiskt yttersta* kriterium som faktiskt gäller inget "intuitivt" skådande och jämförande av andelar, utan möjligheten att förlänga/förkorta bråken till varandra. (Hur skulle man annars kunna försäkra sig om att exempelvis $1/7 = 1284749/8993243$?)

Exempel 2. Vi har

$$(5,9) =_Q 3(5,9) =_Z (3 \cdot 5, 3 \cdot 9) =_Z (15,27)$$

och alltså får vi skriva

$$\frac{5}{9} = \frac{15}{27}$$

"5 9–delar precis lika mycket som 15 27–delar av en given enhet." Vi har också

$$(5,9) =_Q -2(5,9) =_Z ((-2) \cdot 5, (-2) \cdot 9) =_Z (-10,-18)$$

□

I matematik och matematikundervisning används som normalt/i normalfallet det vanliga likhetstecknet "=" för Q–ekvivalenta bråk, något man då låter vara underförstått. Likhetsrelationen "=" har då *inte* betydelsen att det ena bråket är exakt samma uttryck med avseende på inblandade heltal som det andra, alltså Z–identitet, utan att bråken är ekvivalenta i den för saken relevanta bemärkelsen. Speciellt kan likhetstecknet för positiva tal också utläsas som "A är lika mycket som B (av en given enhet)", det säger något om själva den ursprungliga idéen bakom. Två bråk får placeras omkring likhetstecknet när de har samma värde, då de uttrycker lika mycket av en given enhet, på vilket man alltså tar som det egentliga kriteriet att de kan förlängas/förkortas till varandra.

För heltal är det vanliga "=" detsamma som Z–identitet:

$$a = b \iff a =_Z b$$

för alla $a, b \in \mathbb{Z}$. Men för Z–identitet mellan bråk måste något mer speciellt tecken utnyttjas, såsom "$=_Z$", eller så får man skriva explicit "där heltalen $a = c$ och $b = d$" eller liknande. Z– respektive Q–ekvivalens är två olika slags matematiska relationer. Det är denna Q–ekvivalens som låter oss skriva, till exempel, "$5/4 = 125/100 = 1{,}25$" i beräkningar.

I den mängdteoretiska–algebraiska konstruktionen av $\mathbb{Q}$ (se kommentarerna) används inte likhetstecknet som skrivsätt för ekvivalensrelationer, eftersom det skulle bli förvirrande, utan oftast det typiska $\sim$. Vi har alltså två olika sorters notation för Q–ekvivalens mellan bråk, dels det vanliga i matematiken

$$a/b = c/d$$

och dels

$$a/b =_Q c/d \qquad \text{eller} \qquad (a, b) \sim_Q (c, d)$$

som explicit för Q–ekvivalens.

Exempel 3. Här är tre olika sätt att skriva ned vad som per definition är exakt samma relation mellan bråk:

$$\frac{1}{5} = \frac{3}{15} \qquad \frac{1}{5} =_Q \frac{3}{15} \qquad (1, 5) \sim_Q (3, 15)$$

Här är, som kontrast, två olika sätt att skriva ned samma relation mellan heltal:

$$5 + 7 = 12 \qquad 5 + 7 =_Z 12$$

1.1.6 Q–ekvivalens och det första identitetskriteriet för rationella tal

Definitionen av Q–ekvivalens och utläggningen i föregående två avsnitt leder oss fram till att formellt fastslå, vad vi här rubricerar som, **det första identitetskriteriet för bråk/rationella tal**, vi kan också säga **förlängning/förkortning som identitetskriterium**:

[5] **Axiom.** *Två bråk får identifieras under likhetstecknet om och endast om det ena bråket är en förlängning/förkortning av det andra med någon faktor, det vill säga, om de är Q–ekvivalenta. Med matematisk notation:*

$$\frac{a}{b} = \frac{c}{d} \iff \frac{a}{b} =_Q \frac{c}{d}$$

Detta aritmetiska–algebraiska samband har alltså egentligen karaktären av en grundläggande begreppsligt definierande reglering av vad det innebär för ett bråk att vara *lika med* eller uttrycka *lika mycket som* ett annat bråk. Det är, som namnet antyder, ett identitetskriterium. Det är ett "axiom" till och med i betydelsen av en i praktiken grundläggande spelregel i matematiken som helhet, en naturlig utgångspunkt för bråkräkningens framställning där "spaden viker sig".

Exempel 4. Visa som en följdsats till det första identitetskriteriet:

[6] **Teorem.** *För alla bråk:*

$$\frac{a}{c} = \frac{b}{c} \iff a = b \quad (a =_Z b)$$

Lösning: Bevis för [6]:[9]

[9] Vi kan också strukturera beviset såhär:

1. ($\Longleftarrow$) Om $a = b$, så kan a/c förlängas till b/c med faktorn $n = 1$, och enligt [5] har de samma värde.
2. ($\Longrightarrow$) Antag $a/c = b/c$. Det betyder, enligt [5], att det ena bråket är en förlängning av det andra med någon heltalsfaktor n; utan förlust i resonemagets allmängiltighet kan vi anta $a/c = nb/nc$. Men heltalsekvationen $c = nc$ och $c \neq 0$ implicerar $n = 1$. Alltså är $a = 1b = b$.

Q.E.D.

1. Implikationen åt vänster är trivial, således till implikationen åt höger. Via identitetskriteriet [5] får vi, för något heltal $n \neq 0$,

$$\begin{aligned}\frac{a}{c} = \frac{b}{c} &\implies \frac{a}{c} =_Q \frac{b}{c} \\ &\implies (a,c) =_Z (nb,nc) \vee (na,nc) =_Z (b,c) \\ &\implies c = nc \\ &\implies n = 1 \\ &\implies a = b\end{aligned}$$

Beviset är klart.

□

1.1.7 De rationella talen som ekvivalensklasser i mängden Γ av alla bråk

Låt oss också konstatera att **relationen $=_Q$ är en ekvivalensrelation** på mängden av bråk:

[7] Teorem. *Relationen Q–ekvivalens för bråk är en ekvivalensrelation. Det vill säga, för alla bråk:*

(a) ***reflexivitet***: $a/b =_Q a/b$

(b) ***symmetri***: $a/b =_Q c/d \implies c/d =_Q a/b$

(c) ***transitivitet***: $a/b =_Q c/d \ \wedge \ c/d =_Q e/f \implies a/b =_Q e/f$

Påståendena (a) och (b) lämnas till läsaren, här bevisas transitiviteten (c):

1. Låt oss anta att $(c,d) = m(a,b)$ och $(e,f) = n(c,d)$. Då är

$$(e,f) = n(c,d) = n(m(a,b)) = nm(a,b)$$

och alltså är $e/f = a/b$. Liknande resonemang gäller för övriga möjligheter av relationer förlängning/förkortning mellan de inblandade bråken.

□

Sats [7] fastslår att idéen om bråk som representanter för rationella tal ger ett matematiskt väldefinierat begrepp.

Låt nämligen Γ beteckna **mängden av alla bråk**, det vill säga mängden av alla ordnade par (a, b) av heltal, där $b \neq 0$.[10] Eftersom vi har att göra med en ekvivalensrelation säger oss grundläggande SPM–logik att relationen $=_Q$ eller $\sim_Q$ ger en **partition** av Γ, alltså en uppdelning av mängden av alla bråk i icke–tomma disjunkta mängder vilka sammantaget uttömmer hela Γ. Ekvivalensklassen till bråket a/b kan, med typisk matematisk notation, till exempel betecknas

$$[a/b]_{=_Q} \qquad \text{alternativt} \qquad [a/b]_Q$$

eller $[a/b]_{\sim_Q}$. Med ordnat par–notation för bråk blir det $[(a, b)]_{\sim_Q}$. Varje element a/b eller (a, b) i en given ekvivalensklass X säges vara en **representant** för X. Mängden av ekvivalensklasser i sin tur kan som vanligt betecknas[11]

$$\Gamma / =_Q$$

eller $\Gamma / \sim_Q$. Denna kallas mängden av **ekvivalensklasser till Γ under Q–ekvivalens**, eller **kvotrummet till Γ modulo Q–ekvivalens**.

Ett **rationellt tal** A korresponderar mot en och endast en unik ekvivalensklass av bråk, och omvänt. Man kan alltså tänka på ett givet rationellt tal såsom *associerad med* eller såsom *faktiskt varande* en ekvivalensklass, och omvänt, på en given ekvivalensklass såsom associerad med/varande ett rationellt tal. Varje bråk/ordnat par i ekvivalensklassen representerar exakt samma rationella tal A.

---

[10]

$$\Gamma =_{\mathsf{def}} \{(a, b) : a, b \in \mathbb{Z} \wedge b \neq 0\} = \mathbb{Z} \times (\mathbb{Z} - \{0\})$$

[11] Med SPM–logik:

$$\Gamma / =_Q =_{\mathsf{def}} \{X : \exists (a, b) \in \Gamma \; (X = [(a, b)]_Q)\}$$

[8] *Varje rationellt tal A har en entydigt bestämd ekvivalensklass av för A representerande bråk; omvänt, varje ekvivalensklass av bråk representerar ett entydigt bestämt rationellt tal.*

Beskrivningen av rationella tal i termer av ekvivalensklasser *kompletterar och belyser* vissa saker tydligare än den familjära definitionen "... ett tal som kan uttryckas som ett bråk a b–delar av enheten".

Mängden av rationella tal betecknas som vanligt

$$\mathbb{Q}$$

Denna mängd är associerad med mängden av ekvivalensklasser i Γ under Q–ekvivalens:

$$\mathbb{Q} \quad \rightleftarrows \quad \Gamma / \sim$$

Det är, som sagt, möjligt att tänka på $\mathbb{Q}$ som *associerad och algebraiskt isomorf med* eller som *faktiskt identisk med* mängden av ekvivalensklasser. — Båda sätten att tänka den ontologiska (metafysiska) frågan är matematiskt sett helt okej, eftersom lejonparten av beräkningar och härledningar i matematiken inte är oberoende av något beslut i den frågeställningen.

Exempel 5. Låt det rationella talet $x = 1{,}5 = 15/10 = 3/2$. Här gäller att 3 2–delar är en representant för x, alltså att $3/2$ tillhör ekvivalensklassen x, vilket vi också kan skriva "$3/2 \in x$". Den fullständiga ekvivalensklassen till bråket $3/2$ och associerad med x består av alla multipler till täljare och nämnare med någon faktor $n \neq 0$:

$$\left\{ \frac{3}{2}, \frac{6}{4}, \frac{9}{6}, \ldots \right\}$$

En anmärkning: Normalt skriver vi ju i matematiken och matematikundervisning något i stil med "Låt $x = 6/5$, och antag ..." eller "Låt $x = 1.2$, ...", men inte "Låt $6/5 \in x \in \mathbb{Q}$, och antag ...". □

Vi *specificerar* ett rationellt tal A genom att uppge *någon* bråkrepresentant a/b för det, och den normala notationen därvid är

$$A = a/b$$

I *det här* fallet har alltså skrivsättet "=" betydelsen att a/b är en *representant* för A, alltså att $(a, b) \in A \in \mathbb{Q}$. Ett rationellt tal är ju egentligen inte ett specifikt bråk eller decimaltal, utan motsvarar en hel oändlig klass av bråk.

Förhållandet bråk respektive rationellt tal är sannerligen en bra påminnelse om att "=" inte alltid har en och samma betydelse eller användning (i matematiken). Vi har bara i den här texten hittills stött på inte mindre än tre radikalt olika användningar av "="–tecknet!

Insikterna i vår beskrivning av bråk och rationella tal är utgångspunkten för den standardiserade mängdteoretiska och algebraiska konstruktionen av $\mathbb{Q}$, i vilken ett rationellt tal explicit definieras som just en ekvivalensklass av bråk. Mer om detta i kommentarerna.

1.2 Grunderna i bråkräkning

1.2.1 Gemensam nämnare och metoden korsvis multiplikation med nämnare

Vid storleksjämförelse samt vid addition/subtraktion med bråk är det nödvändigt att uttrycka bråken på någon *gemensam nämnare*, eftersom det annars inte går att jämföra dem.

[9] **Definition.** *Två bråk a/b och c/d kan ställas på* ***gemensam nämnare*** *g, om det finns heltal m och n för vilka*

$$\frac{a}{b} = \frac{ma}{g}$$
$$\frac{c}{d} = \frac{nc}{g}$$

□

Givetvis följer att $g = mb = nd$, om heltalen m och n är nollskilda.

Att detta ställa på gemensam nämnare alltid låter sig göras *på minst ett sätt* är enkelt att visa genom metoden *"korsvis multiplikation av nämnare"*, där man förlänger respektive bråk med det andra bråkets nämnare. För att ha något namn på detta enkla men användbara matematiska konstaterande kan vi kalla det för **(metoden) gemensam nämnare per default** eller – **per korsvis multiplikation**:

[10] Teorem. *För alla bråk a/b och c/d är*

$$\frac{a}{b} = \frac{ad}{bd}$$
$$\frac{c}{d} = \frac{bc}{bd}$$

Produkten bd av bråkens respektive nämnare med varandra är alltså en gemensam nämnare till de två bråken (som vi kallar "gemensam nämnare per default").

Det är inte sagt att detta är *den minsta gemensamma nämnaren* (se kommentarerna). I konkreta beräkningar finns ofta enklare sätt att ställa bråken på gemensam nämnare än korsvis multiplikation. Det viktiga här är konstaterandet att *två bråk alltid låter sig alltid jämföras*, genom att ställas på någon gemensam nämnare.

Exempel 6. Är bråken lika eller olika stora, och i det senare fallet, vilket av dem är störst? (a) 1 5–del respektive 8 30–delar (b) $38/129$ respektive $544/1902$

Lösning: (a) Eftersom 5 är en faktor i 30 kan vi förlänga det första bråket med 6:

$$\frac{1}{5} = \frac{1 \cdot 6}{5 \cdot 6} = \frac{6}{30}$$

8 30–delar är större än 6 30–delar, eftersom heltalet åtta är större än heltalet sex. Med matematisk notation:

$$\frac{1}{5} < \frac{8}{30}$$

(b) Här kan vi med fördel ställa bråken på gemensam nämnare per default:

$$\frac{38}{129} = \frac{38 \cdot 1902}{129 \cdot 1902} = \frac{72\ 276}{245\ 358}$$
$$\frac{544}{1902} = \frac{129 \cdot 544}{129 \cdot 1902} = \frac{70\ 176}{245\ 358}$$

Eftersom $70\ 176 < 72\ 276$ drar vi slutsatsen att $38/129 > 544/1902$.
□

1.2.2 Addition/subtraktion med bråk och metoden gemensam nämnare

Den allmänna metoden för addition respektive subtraktion med bråk är att ställa bråken på gemensam nämnare och därefter addera/subtrahera bråktäljarna.

Denna välkända metod kan vi kalla **huvudregeln för addition/ subtraktion av bråk**:

[11] Axiom. *Summan/differensen av två på gemensam nämnare c stående bråk kan beräknas enligt:*

$$\frac{a}{c} \pm \frac{b}{c} = \frac{a \pm b}{c}$$

Det vill säga: ”Summan av *a c–delar* och *b c–delar* är precis lika mycket som *a plus b c–delar* av en given enhet” (och motsvarande för subtraktion).

Detta utgör, återigen, en för opererandet med bråk grundläggande princip, ett axiom, en definierande reglering. Det finns inte mycket att bevisa, man kan bara motivera eller förklara vitsen med. Tänk dig till exempel läraren säga:

> L: ”Har man *si* delar här och *så* delar där, ja då har man ju *si och så* många delar allt som allt — eller hur?”

Som en sorts speciallfall av additionsmetoden har vi summan av två heltal under identifikationen av 'heltalet a' med 'a hela'. Ur [1] och [11] följer till exempel det "triviala" aritmetiska konstaterandet att

$$8+2=\frac{8}{1}+\frac{2}{1}=\frac{8+2}{1}=\frac{10}{1}=10 \quad \text{enheter}$$

Om vi förlänger termerna i bråksumman till gemensam nämnare per korsvis multiplikation får vi följande allmänna **formel för addition/subtraktion med bråk**:

[12] Teorem. *För alla bråk*

$$\frac{a}{b}\pm\frac{c}{d}=\frac{ad\pm bc}{bd}$$

Detaljerna lämnas som en övning.

Exempel 7. Beräkna summan av bråken $15/17$ och $22/14$.

Lösning: Bråkräkning:

$$\frac{15}{17}+\frac{22}{14}=\frac{15}{17}+\frac{11}{7}=\frac{15\cdot 7+17\cdot 11}{17\cdot 7}=\frac{292}{119}$$

(Det sista HL kan inte förkortas mer, därför att $\mathrm{SGD}(292,119)=1$.)
□

1.2.3 Additiv invers till ett bråk och subtraktion

Varje $A\in\mathbb{Q}$ har en **additiv invers**, som vi på sedvanligt sätt betecknar $(-A)$, för vilken gäller att $A+(-A)=(-A)+A=0$. Om $A=a/b$ så är

$$-A=\frac{-a}{b}$$

eftersom

$$\frac{a}{b}+\frac{-a}{b}=\frac{a+(-a)}{b}=\frac{0}{b}=0$$

Den additiva inversen till bråket a/b skriver vi också som $-a/b$ eller $-(a/b)$.

Sambandet mellan **additiv invers och subtraktion** är följande, faktiskt giltigt för alla algebraiska strukturer av typen *ring*:

[13] Teorem. *Låt* $A = a/b$ *och* $B = c/d$. *Då är:*

$$A - B = A + (-B) = \frac{a}{b} + \frac{-c}{d}$$

Sambandet [13] kan lätt bevisas genom att visa att HL löser den för differensen i VL definierande ekvationen

$$X + B = A$$

genom insättning.

1.2.4 Multiplikation med bråk: intuitiv förklaring och definition via produktformeln

Låt oss, liksom i avsnittet om förlängning/förkortning, utgå från ett inledande exempel: Om vi bildar produkten av bråken $1/2$ och $1/3$ får vi bråket $1/6$. Denna omständighet kan vi nu förklara på två med varandra logiskt intimt sammanhängande sätt:

(i) 1 6–del uttrycker den kvantitet/andel av en given enhet vi får om vi tar *en halv utav en tredjedel av enheten*, eller synonymt, om vi tar 1 2–dels kopia av 1 3–del av enheten. Vi kan visualisera detta genom ett bråkdiagram, i vilket vi delar in tredjedelarna i lika stora halvor. Detta är den intuitiva förståelse av multiplikation som vi behöver när vi tillämpar matematik i problemlösning.

(ii) 1 6–del är vad vi får om vi utnyttjar produktformeln för bråk, och multiplicerar täljarna och nämnarna i bråken var för sig:

$$\frac{1}{2} \cdot \frac{1}{3} = \frac{1 \cdot 1}{2 \cdot 3} = \frac{1}{6}$$

Produktformeln är den matematikvetenskapliga definitionen av produkten för två rationella tal. Denna fungerar således också för bråk innehållande negativa heltal, för inte är det så "intuitivt uppenbart" hur man ska beräkna till exempel $(2/(-3)) \cdot (-4/7)$? Man kan också säga att den är ett axiom för bråkräkning och därmed vårt talsystem. Men den intuitiva förklaringen till produktformeln, visuellt understödd av symboliska bråkdiagram, är *vad som ursprungligen motiverar* den gängse tekniska, vetenskapliga definitionen av bråkens produkt.

Genomgången så långt föranleder alltså följande:

Fråga 2: *Varför ger produktformeln ett vettigt/förnuftigt sätt att definiera produkten av två bråk?*

För bråk med positiv täljare och nämnare är alltså den ursprungliga, intuitiva tanken den, att produkten uttrycker hur mycket vi får om *vi bildar a b–delar utav c d–delar isolerade av enheten.* Låt oss illustrera denna intuitiva och visuella förståelse med några exempel:

(a) Hur mycket av en delbar enhet utgör '1 4–del gånger 7 5–delar'?

Uttrycket kan också läsas: '7 5–delar taget 1 4–dels gånger', eftersom $1/4$ utgör multiplikatorn. Låt oss med E beteckna en allmän enhet. Vi delar in E i 5 lika stora delar, tar sedan 7 sådana 5–delar. Dessa 7 5–delar betraktas därefter som en ny 1–helhet E'. Av denna tar vi i sin tur 1 4–del — och där har vi produkten av talen. Detta ger oss $1 \cdot 7$ stycken $4 \cdot 5$–delar av E, det vill säga, 7 20–delar. Resonemanget kan ackompanjeras av bråkdiagram, såsom i figur 2.

(b) Hur mycket är '$2/3$ gånger $4/5$' av en enhet?

Vi delar in E i 5–delar och tar 4 av dessa; dessa $4/5$ delas in 3–delar och av dessa tar vi 2; detta ger en indelning av E i $3 \cdot 5 = 15$ lika delar och

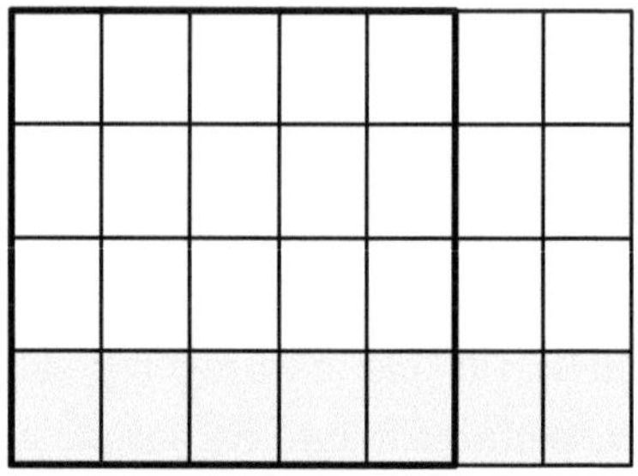

Figur 2: Enheten E symboliseras av en kvadrat markerad med tjockare streck. De lodräta strecken delar in E i femtedelar. De vågräta strecken delar in $7/5$ av E $(= E')$ i fjärdedelar, av vilken vi tar en — och där har vi den efterfrågade produkten, i diagrammet symboliserad av den blåfärgade rektangeln. Som vi ser har vi fått en indelning av E i smårektanglar, totalt $4 \cdot 5 = 20$ stycken. Av dessa har vi $1 \cdot 7$ stycken. Med andra ord är $1/4 \cdot 7/5 = 7/20$.

av dessa har vi $2 \cdot 4 = 8$ stycken. Med andra ord: $2/3 \cdot 4/5 = 8/15$. Ett illustrerande bråkdiagram visas i figur 3.

Om vi förstår de här två exemplen som paradigmexempel, innebär de ett sätt att förklara och motivera produktformeln (en sorts förklaring som förekommer i en del läromedel för gymnasieskola). Det är här inte någon fråga om 'matematiskt bevis' — utan om *att överblicka, förklara varför, få syn på det förnuftiga*, eller "vettiga" eller "naturliga", i ett visst sätt att räkna. Vi är benägna att säga: "Ja, nu ser jag *varför* vi räknar just så och så."

Notera här att vi verkligen har 7 lika stora 20–delar respektive 8 lika stora 15–delar av den *geometriska* kvadraten i figurerna. Om vi på ett papper drar strecken på det där sättet i och kring en kvadrat, så får vi resulterande indelning och färgläggning. Vårt sätt att räkna produkten av två bråk kan tolkas dels specifikt *geometriskt* och dels *symboliskt*, som illustrerande mer av en *förnuftig idé* för vidare tillämpningar av vårt talsystem.

Exempel 8. I figur 4 visas tre kvadrater med egenskapen att den

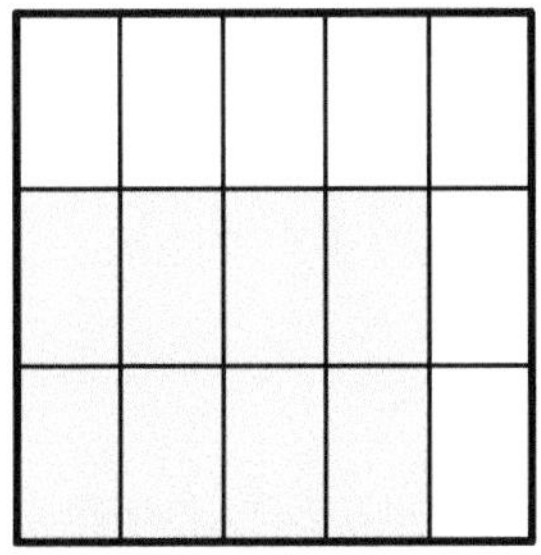

Figur 3: Jämför föregående figur. Enheten E symboliseras av en kvadrat markerad med tjockare streck och den blåfärgade rektangeln symboliserar produkten 2 3–delar gånger 4 5–delar. E är indelad i $3 \cdot 5 = 15$ smårektanglar och av dessa har vi $2 \cdot 4 = 8$ stycken i den färgade rektangeln. Alltså är $2/3 \cdot 4/5 = 8/15$.

innersta kvadraten är hälften av den mellersta och den mellersta hälften av den yttersta. Vad är storleksförhållandet mellan den innersta och den yttersta kvadraten?

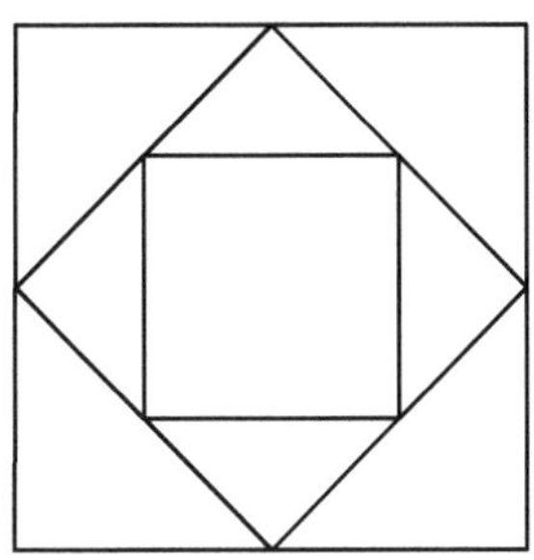

Figur 4: Illustration till exempel 8.

Lösning: Med informationen i uppgiften inses att den innersta kvadraten utgör precis 1 2–del utav 1 2–del av den yttersta, det vill säga $1/2$ gånger $1/2$, som är lika med $1/4$. Slutsats: storleksförhållandet mellan den innersta kvadraten och den yttersta är 1:4. □

1.2.5 Produktformeln för bråk

Produktformeln för bråk är, som sagt, också **definitionen av operationen multiplikation för bråk**:

[14] **Axiom.** *För alla bråk*

$$\frac{a}{b} \cdot \frac{c}{d} = \frac{ac}{bd}$$

I verbalt språk: *a b–delar gånger (av) c stycken d–delar av en enhet är precis lika mycket som ac stycken bd–delar av samma enhet.*

Exempel 9. Beräkna

$$\frac{3}{7} \cdot \frac{6}{15}$$

Lösning: Produktformeln för bråk ger

$$\frac{3}{7} \cdot \frac{6}{15} = \frac{3 \cdot 6}{7 \cdot 15} = \frac{18}{105}$$

Produkten är 18 105–delar av enheten. Detta bråk kan dock förkortas en aning, eftersom $\mathrm{SGD}(18, 105) = 3$:

$$\frac{18}{105} = \frac{3 \cdot 6}{3 \cdot 35} = \frac{6}{35}$$

Produkten är 6 st. 35–delar av enheten. □

1.2.6 Division med bråk, det inverterade bråket och multiplikativ invers

För varje bråk c/d för vilket $c \neq 0$ kan man bilda det **inverterade bråket**, vilket är d/c, alltså d c–delar. Inversen till c/d skriver vi också $(c/d)^{-1}$, och skrivsättet kan utläsas på olika sätt:

$(c/d)^{-1}$

$\rightleftarrows$

inversen till c d–delar

den multiplikativa inversen till c d–delar

c d–delar upphöjt till minus ett

c/d invers

Av produktformeln följer att produkten av ett bråk och dess invers är enheten:

$$\frac{c}{d} \cdot \frac{d}{c} = \frac{cd}{dc} = \frac{cd}{cd} = 1$$

Generellt gäller nu att *kvoten mellan två bråk kan beräknas genom att multiplicera täljarbråket a/b med det till nämnarbråket c/d inverterade bråket d/c:*

$$\frac{a}{b}\Big/\frac{c}{d} = \frac{a}{b} \cdot \left(\frac{c}{d}\right)^{-1} = \frac{a}{b} \cdot \frac{d}{c} = \frac{ad}{bc}$$

Det är enkelt att inse att denna metod löser den för kvoten definierande ekvationen:

$$\frac{c}{d} \cdot \left(\frac{ad}{bc}\right) = \frac{cad}{dbc} = \frac{cd \cdot a}{cd \cdot b} = \frac{a}{b}$$

Exempel 10. Vi beräknar kvoten mellan 3 7–delar och 5 9–delar:

$$\frac{3}{7}\Big/\frac{5}{9} = \frac{3}{7} \cdot \frac{9}{5} = \frac{3 \cdot 9}{7 \cdot 5} = \frac{27}{35}$$

27 35–delar $\approx$ 0,77. □

Om ett rationellt tal A har representanten a/b, så är det inverterade bråket b/a en representant för **den multiplikativa inversen** till talet A, vilken som vanligt betecknas

$$A^{-1}$$

För denna invers gäller som vi insåg $AA^{-1} = A^{-1}A = 1$ och $(A^{-1})^{-1} = A$. Denna invers kan visas vara entydigt bestämd för A, för mer om detta se kommentarerna.

För division med bråk kan vi alltså formulera en allmän lösning och metod, som vi kallar **kvotformeln för bråk/rationella tal**:

[15] Teorem. *Låt $A = a/b$ och $B = c/d$ vara rationella tal, där $B \neq 0$. Då är kvoten mellan A och B precis lika med produkten av A och den multiplikativa inversen till B:*

$$A/B = AB^{-1} = \frac{a}{b} \cdot \frac{d}{c} = \frac{ad}{bc}$$

Att produkten av A med B^{-1} ger en entydigt bestämd lösning till den för kvoten A/B definierande ekvationen $BX = A$ är ett allmänt resultat giltigt för alla algebraiska strukturer av typen *kropp* (och för alla inverterbara element i en ring).

1.2.7 Det andra identitetskriteriet för bråk

Ett *identitetskriterium* är, som sagt, något sätt att avgöra när två talsymboler eller andra matematiska objekt är "identiska" med varandra, när de är "samma sak" ur någon viss synvinkel: när de ska sägas utgöra eller representera samma rationella tal, samma reella tal, samma komplexa tal, samma matris, samma vektor, och så vidare. Ett identitetskriterium för bråk/rationella tal fastslår när två (distinkta) bråk ska sägas ha samma värde och därmed representera samma rationella tal, när det ena är "precis lika mycket" som det andra av en delbar 1–helhet.

Bråken a/b och c/d kan ställas på den gemensamma nämnaren bd och får då de respektive förlängda bråktäljarna ad och bc. Av det första identitetskriteriet följer att bråken a/b och c/d har samma värde om och endast om $ad = bc$. Detta konstaterande ger ännu ett identitetskriterium för bråk, vilket är vanligt att utnyttja såsom definition av Q–ekvivalens i abstrakt algebra och matematisk logik vid den mängdteoretiska konstruktionen av en modell för $\mathbb{Q}$ som ekvivalensklasser av ordnade par av heltal.

Låt oss formulera **det andra identitetskriteriet för bråk**:

[16] **Teorem.** *De två bråken a/b och c/d har samma värde om och endast om heltalsprodukterna ad och bc är identiska. Med matematisk notation:*

$$\frac{a}{b} =_Q \frac{c}{d} \iff ad = bc$$

I den här framställningen har påståendet förstås inte rollen av ett axiom, utan av ett teorem. Bevis för [16] givet det första identitetskriteriet [5]:

1. Ur konstateranden [5], [7], [10] samt [6] får vi:

$$\frac{a}{b} =_Q \frac{c}{d} \iff \frac{ad}{bd} =_Q \frac{bc}{bd} \iff ad = bc$$

□

Exempel 11. Är $483/33 = 49586/3395$?

Lösning: Vi multiplicerar bråkens täljare och nämnare korsvis:

$$483 \cdot 3395 = 1639785$$
$$49586 \cdot 33 = 1636338$$

Enligt det 2:a identitetskriteriet för bråk [16] följer att de två givna bråken noga räknat inte representerar samma rationella tal. Däremot ser vi att deras värden ligger ganska nära varandra:

$$483/33 \approx 14{,}64$$
$$49586/3395 \approx 14{,}61$$

□

1.2.8 Att jämföra bråk med avseende på storlek. Huvudregeln för storleksrelationen $<$ på $\mathbb{Q}$

Om a, b, c, d är positiva heltal, så har storleksrelationen den intuitiva innebörden att bråket 'a b–delar' uttrycker en större kvantitet av en given delbar helhet jämfört med bråket 'c d–delar'. Möjligheten av sådan jämförelse kan göras aritmetisk genom att bråken sättes på någon gemensam nämnare.

I exempel 6 ur avsnittet om gemensam nämnare utnyttjades en underliggande princip i bråkräkning, som vi här gör explicit, och kallar för **huvudregeln för storleksrelationen $<$ i de rationella talen**:

[17] Axiom. *Antag att de två rationella talen A och B kan ställas på någon gemensam positiv bråktäljare g, så att $A = x/g$ och $B = y/g$. Då är storleksrelationen mellan de rationella talen helt bestämd av storleksrelationen mellan heltalständjarna x och y:*

$$\frac{x}{g} < \frac{y}{g} \iff x < y$$

Principen [17] tillsammans med identitetskriterierna gör det möjligt att jämföra alla möjliga bråk med avseende på relationerna $<$ och $=$. För att avgöra om två positiva bråk representerar samma rationella tal, och uttrycker precis lika mycket av en och samma delbara helhet, består alltså den generella metoden i att förlänga/förkorta bråken så att de hamnar på gemensam nämnare (det är klart att man också för vissa par av heltal kan 'se förhållandet direkt', intuitivt eller åskådligt, till exempel genom bråkdiagram). Om täljarna då är samma heltal råder identitet mellan de rationella talen, i annat fall olikhet, och vilket av dem som är störst avgörs av storleken på heltalstäljarna.

Exempel 12. Bestäm storleksrelationen mellan bråken: (a) $7/15$ och $238/512$ (b) $5/(-7)$ och $44/(-63)$

Lösning: (a) En gemensam nämnare till bråken kan vi alltid finna genom korsvis multiplikation av de givna nämnarna:

$$\frac{7}{15} = \frac{7 \cdot 512}{15 \cdot 512} = \frac{3584}{7680}$$
$$\frac{238}{512} = \frac{15 \cdot 238}{15 \cdot 512} = \frac{3570}{7680}$$

Det andra bråket är alltså mindre än det första, eftersom $3570 < 3584$:

$$\frac{7}{15} > \frac{238}{512}$$

(b) Vi skriver först bråken på positiv nämnare och sedan på gemensam nämnare:

$$\frac{5}{-7} = \frac{-5}{7} = \frac{(-5) \cdot 9}{7 \cdot 9} = \frac{-45}{63}$$
$$\frac{44}{-63} = \frac{-44}{63}$$

Eftersom $-45 < -44$ följer att $5/(-7) < 44/(-63)$. □

Kombinerar vi huvudregeln för storleksrelationen i $\mathbb{Q}$ med metoden gemensam nämnare per default får vi följande:

[18] Teorem. *För alla bråk:*

$$\frac{a}{b} < \frac{c}{d} \iff ad < bc$$

1.3 Logisk–algebraiska härledningar utifrån bråkräkningens principer

1.3.1 Härledning av kroppegenskapen för $\mathbb{Q}$

I artikeln ”Räknelagarna för positiva tal genom visuella diagram och paradigmexempel” ur DFM III(b) undersöktes hur de tre för våra taltyper fundamentala räknelagarna kommutativitet, associativitet och distributivitet kunde ges en intuitiv förklaring och motivering visuellt och genom paradigmexempel. I detta avsnitt av denna artikel om bråkräkning och de rationella talens aritmetik kommer vi som en jämförelse härleda de tre nämnda räknelagarna för $\mathbb{Q}$ formellt–algebraiskt (axiomatiskt–logiskt–algebraiskt), utgående från de axiom och definitioner av algebraisk natur som här framlagts.

Ur de tre fundamentala räknelagarna för addition och multiplikation, tillsammans med det vi i föregående avsnitt redan visat beträffande existensen av additiv invers generellt och av multiplikativ invers för nollskilda rationella tal samt det enkla konstaterandet att $0 = 0/1$ och $1 = 1/1$ utgör neutrala element för addition respektive multiplikation, följer att $\mathbb{Q}$ utgör en algebraisk **struktur av typen kropp**:

[19] **Teorem.** *De rationella talen $\mathbb{Q}$ bildar en kropp under addition och multiplikation med talen 0 1–delar och 1 1–del som neutrala element.*

I följande logisk–algebraiska härledning av räknelagarna för multiplikation med bråk utgår vi endast från följande premisser:

1. Det vi har fastslagit eller tidigare visat vara giltigt inom bråkräkningen; samt
2. Räknelagarna för heltalen $\mathbb{Z}$ för sig.

Låt oss nu gå över till härledningarna:

3. För härledningen av räknelagarna, låt $A = a/b$, $B = c/d$ och $C = e/f$ vara rationella tal med angivna bråk som representanter.
4. *Addition är kommutativ:* Ur (1) och (2) följer

$$A + B = \frac{a}{b} + \frac{c}{d} = \frac{ad + bc}{bd} = \frac{cb + da}{db} = \frac{c}{d} + \frac{a}{b} = B + A$$

5. *Multiplikation är kommutativ:* Ur (1) och (2) följer

$$A \cdot B = \frac{a}{b} \cdot \frac{c}{d} = \frac{ac}{bd} = \frac{ca}{db} = \frac{c}{d} \cdot \frac{a}{b} = B \cdot A$$

6. *Multiplikation är distributiv över addition:* Med (1) och (2) får vi att

$$A(B+C) = \frac{a}{b} \cdot \left(\frac{c}{d} + \frac{e}{f}\right) = \frac{a}{b} \cdot \frac{cf+de}{df} = \frac{a(cf+de)}{bdf}$$
$$= \frac{acf}{bdf} + \frac{ade}{bdf} = \frac{ac}{bd} + \frac{ae}{bf} = \frac{a}{b} \cdot \frac{c}{d} + \frac{a}{b} \cdot \frac{e}{f} = AB + AC$$

7. *Multiplikation är associativ:* Härledningen är rakt på sak, liksom kommutativiteten. Ur produktformeln för bråk och räknelagarna för heltal får vi att

$$A(BC) = \frac{a}{b} \cdot \left(\frac{c}{d} \cdot \frac{e}{f}\right) = \frac{a}{b} \cdot \frac{ce}{df} = \frac{ace}{bdf} = \frac{ac}{bd} \cdot \frac{e}{f}$$
$$= \left(\frac{a}{b} \cdot \frac{c}{d}\right) \cdot \frac{e}{f} = (AB)C$$

Beviset är klart.

Att ge en algebraisk härledning av associativiteten för addition med rationella tal överlåtes på läsaren som en bra (och smula pillig) övning.

De på bråkdiagram och paradigmexempel baserade resonemangen respektive de axiomatisk–algebraiska härledningarna kompletterar varandra och hjälper till att gestalta aritmetiken för rationella tal som en begriplig och sammanhängande helhet.

1.3.2 Härledning av ordningsegenskaperna för $\mathbb{Q}$

Om vi till kroppegenskapen lägger följande ordningsegenskaper kan vi konstatera att $\mathbb{Q}$ även utgör en **ordnad kropp** under storleksrelationen $<$. För alla $A, B, C \in \mathbb{Q}$:

O1 *Relationen $<$ är en linjär ordning på $\mathbb{Q}$:*

(a) *Transitivitet:* $A < B \wedge B < C \implies A < C$

(b) *Trikotomilagen: En men endast en av följande relationer är giltig:*

$$A < B \qquad A = B \qquad B < A$$

O2 *Additionslagen för olikheter (monotonitet):*

$$A < B \implies A + C < B + C$$

O3 *Multiplikationslagen för olikheter (monotonitet):*

$$A < B \wedge C > 0 \implies AC < BC$$

Sammanfattningsvis:

[20] Teorem. *De rationella talen $\mathbb{Q}$ bildar en ordnad kropp under relationen $<$.*

Det är på samma sätt som för kroppvillkoren möjligt att härleda ordningsegenskaperna för $<$ i de rationella talen $\mathbb{Q}$ på ett axiomatiskt–algebraiskt vis genom att återföra den lag som är målet för härledningen på motsvarande ordningslagar för enbart heltal samt bråkräkningens principer, och speciellt huvudregeln för storleksrelationen.

Låt oss titta på en härledning av transitiviteten samt addtionslagen för olikheter. Låt i det följande $A, B, C \in \mathbb{Q}$ och låt $A = a/g$, $B = b/g$ och $C = c/g$ med den gemensamma positiva nämnaren g. Till att börja med transitiviteten O1(a):

1. Med huvudregeln för $<$ i $\mathbb{Q}$ och ordningsegenskaperna för $\mathbb{Z}$ får vi

$$A < B \wedge B < C \implies a < b \wedge b < c \implies a < c \implies A < C$$

Så till additionslagen O2:

1. Vi har att

$$A + C < B + C \iff a + c < b + c \iff a < b \iff A < B$$

Här utnyttjas implicit motsvarande ordningslag för addition i $\mathbb{Z}$.[12]

[12]Att $m < n$ medför $m + k < n + k$, för alla $m, n, k \in \mathbb{Z}$. Tillsammans med trikotomilagen kan implikationen ($\implies$) stärkas till ekvivalens ($\iff$).

Att visa övriga ordningsegenskaper lämnas till läsaren som en övning.

1.3.3 Generalisering av formlerna för de fyra räknesätten i rationella tal

Formlerna för addition/subtraktion, multiplikation och division kan generaliseras:

[21] Teorem. *För alla $A, B, C, D \in \mathbb{Q}$, med $B, D \neq 0$:*

(a)
$$\frac{A}{B} \pm \frac{C}{D} = \frac{AD + BC}{BD}$$

(b)
$$\frac{A}{B} \cdot \frac{C}{D} = \frac{AC}{BD}$$

(c) *Om $C \neq 0$ så är*
$$\frac{A}{B} \Big/ \frac{C}{D} = \frac{A}{B} \cdot \frac{D}{C} = \frac{AD}{BC}$$

Här exemplifieras en härledning av påstående (b), resten lämnas som en övning:

1. Antag $A = a_1/b_1$, $B = a_2/b_2$, $C = a_3/b_3$ och $D = a_4/b_4$.
2. Då får vi
$$\begin{aligned}\frac{A}{B} \cdot \frac{C}{D} &= \frac{a_1 b_2}{b_1 a_2} \cdot \frac{a_3 b_4}{b_3 a_4} \\ &= \frac{a_1 b_2 a_3 b_4}{b_1 a_2 b_3 a_4}\end{aligned}$$
3. Vi behöver nu visa att högerledet i (2) löser den för kvoten AC/BD definierande ekvationen
$$(BD)X = AC$$

Med $X = (a_1b_2a_3b_4)/(b_1a_2b_3a_4)$ får vi

$$\begin{aligned}(BD)X &= \frac{a_2a_4}{b_2b_4} \cdot \frac{a_1b_2a_3b_4}{b_1a_2b_3a_4} \\ &= \frac{(a_2a_4)(b_2b_4)a_1a_3}{(b_2b_4)(a_2a_4)b_1b_3} \\ &= \frac{a_1a_3}{b_1b_3} \\ &= AC\end{aligned}$$

Beviset är klart.

□

Dessa generaliseringar kan dock även härledas på ett ännu mer generaliserbart, och något enklare, sätt direkt utifrån kroppegenskapen och de definierande ekvationerna för subtraktion och division enbart, utan att behöva gå in på bråkräkningens detaljer (jämför avsnitt 1.2.7 ur artikeln ”Allmänna räknelagar för de fyra räknesätten” DFM III(b)). Vi kan nämligen generellt visa följande lemma:

[22] **Lemma.** *För alla element $A, B, C, D \in \mathbb{Q}$, med $B, D \neq 0$, gäller att*

$$\frac{A}{B} = \frac{C}{D} \iff AD = BC$$

Bevis för påståendet:

Per definition och genom korsvis multiplikation med D respektive B får vi

$$\begin{aligned}X = A/B &\iff XB = A \iff XBD = AD \\ Y = C/D &\iff YD = C \iff YBD = BC\end{aligned}$$

med användande av att ekvationerna i sista två leden har entydigt bestämda lösningar närhelst $B, D \neq 0$.

Med detta lemma kan vi till exempel härleda [21(a)] på följande sätt:

1. Låt $X = A/B$ och $Y = C/D$. Per definition av den inversa operationen division och lemma [22] har vi

$$(X+Y)BD = XBD + YBD = AD + BC$$

vilket är den definierande ekvationen för HL av likheten [21(a)]. Beviset är klart.

2 Kommentarer

2.1 Matematisk och logisk fördjupning

2.1.1 Maximal förenkling av bråk

Ett bråk a/b säges vara **maximalt förenklat** eller – **förkortat** om den största gemensamma delaren till täljaren och nämnaren är 1, om alltså $\text{SGD}(a, b) = 1$; detta är synonymt med att säga att a och b är *relativt prima.*

Uppgiften att förenkla ett bråk maximalt kan således lösas antingen genom att primtalsfaktorisera täljare och nämnare så långt möjligt och kasta ut alla gemensamma faktorer eller genom att beräkna täljaren och nämnarens största gemensamma delare (SGD) med vilken bråket sedan förkortas.

Exempel 13. Förenkla bråket 180/96 maximalt (så långt möjligt).

Lösning 1: I det här fallet är det enkelt att faktorisera:

$$\frac{180}{96} = \frac{9 \cdot 20}{12 \cdot 7} = \frac{3 \cdot 3 \cdot 4 \cdot 5}{3 \cdot 4 \cdot 7} = \frac{15}{7}$$

Lösning 2: Med Euklides algoritm för beräkning av $\text{SGD}(180, 96)$ får vi:

$$180 = 1 \cdot 96 + 84$$
$$96 = 1 \cdot 84 + 12$$
$$84 = 7 \cdot 12 + 0$$

varav följer $\text{SGD}(180, 96) = 12$. Division av bråkets 180/96 täljare och nämnare med SGD ger det maximalt förkortade uttrycket:

$$\frac{180}{96} = \frac{12 \cdot 15}{12 \cdot 7} = \frac{15}{7}$$

enligt [5]. □

2.1.2 Minsta gemensam nämnare

Denna typ av uppgift påminner om uppgiften att förkorta ett bråk maximalt, då den kan lösas genom att beräkna nämnarnas SGD eller primtalsfaktorisera.

Vi inser lätt att den **minsta gemensamma nämnaren** till bråken a/b och c/d måste vara lika med **den minsta gemensamma multipeln** till heltalsnämnarna b och d. För den minsta gemensamma nämnaren/— multipeln använder vi beteckningssätten

$$\mathrm{MGN}(b,d) \quad \text{alternativt} \quad \mathrm{MGM}(b,d)$$

beroende på vad som är lämpligt i sammanhanget.

Den minsta gemensamma multipeln till heltalen b och d kan i allmänhet beräknas genom att dividera produkten av talen bd med deras största gemensamma delare $\mathrm{SGD}(b,d)$, eftersom alla gemensamma faktorer därvid kastas ut från produkten:

$$\mathrm{MGN}(b,d) = \frac{bd}{\mathrm{SGD}(b,d)}$$

För att sedan ställa bråken på minsta gemensam nämnare förlänges bråken med $b/\mathrm{SGD}(b,d)$ respektive $d/\mathrm{SGD}(b,d)$.

2.1.3 Är operationerna och relationerna väldefinierade (oberoende av val av representanter)?

Någon uppmärksam läsare har säkert tänkt på att vi står inför ett litet logiskt–matematiskt problem, när vi algebraiskt definierar rationella tal samt operationer och relationer på dessa i termer av bråk. Generellt kan detta problem ställas som en fråga av denna form:

Fråga 3: *Hur kan vi vara säkra på att exempelvis produktformeln ger en väldefinierad operation på rationella tal, det vill säga att resultatet är oberoende (!) av vilka representanter vi använder för de rationella talen vid beräkning av produkten?*

Helt analoga frågor kan då ställas för addition, subtraktion, division, och så vidare. Här nöjer vi oss med att visa att produkten är väldefinierad enligt produktformeln för att exemplifiera hur man kan resonera:

1. Antag $A, B \in \mathbb{Q}$, med för vardera talen två representanter $A = a/b = a'/b'$ och $B = c/d = c'/d'$ givna. Vi behöver visa att

$$\frac{ac}{bd} =_Q \frac{a'c'}{b'd'}$$

2. Enligt det första identitetskriteriet finns heltal så att vardera representanter för de rationella talen kan erhållas genom förlängning/förkortning ur varandra. Utan förlust i resonemangets allmängiltighet kan vi anta att

$$(a', b') = m(a, b)$$
$$(c', d') = n(c, d)$$

3. Tillämpning av produktformeln och rad (2) ger

$$\frac{a}{b} \cdot \frac{c}{d} = \frac{ac}{bd} \tag{I}$$
$$\frac{a'}{b'} \cdot \frac{c'}{d'} = \frac{a'c'}{b'd'} = \frac{ma \cdot nc}{mb \cdot nd} = \frac{mn \cdot ac}{mn \cdot bd} \tag{II}$$

4. Uppenbarligen är HL i ekvation (II) en förlängning av HL i ekvation (I) med en heltalsfaktor mn. Slutsatsen är att produktformeln resulterar i Q–ekvivalenta bråk, vilket skulle bevisas.

□

På liknande sätt går man tillväga med övriga operationer och relationer i de rationella talen.

2.1.4 Den mängdteoretiska konstruktionen av $\mathbb{Q}$

I stort sett kan den genomgång av bråk och rationella tal som vi gjort i textens kärninnehåll översättas 1–till–1 till den vanliga mängdteoretiska konstruktionen av rationella tal. Det vanliga skrivsättet a/b eller $\frac{a}{b}$ för bråk är *nästan* direkt utbytbart mot ordnade par (a, b) som notation för bråk. Vilket inte är fallet med den typiska konstruktionen av heltalen, där $-x$ identifieras med en ekvivalensklass $[(a, b)]$ sådan att $x = a - b$.

Låt Γ vara mängden av alla ordnade par av heltal (a, b) för vilka $b \neq 0$. Med mängdlärans typiska notation:

$$\Gamma = \{(a, b) : a, b \in \mathbb{Z} \wedge b \neq 0\} = \mathbb{Z} \times (\mathbb{Z} - \{0\})$$

Vi inför en relation $\sim_Q$, motsvarande $=_Q$, på mängden Γ enligt det andra identitetskriteriet för bråk:

$$(a, b) \sim_Q (c, d) \iff_{\mathsf{def}} ad = bc$$

Vi säger att de ordnade paren är *Q–ekvivalenta*, och använder också det förkortade skrivsättet $\sim$ för relationen.

Det är lätt att visa att Q–ekvivalens verkligen är en ekvivalensrelation på Γ, det vill säga, att $\sim$ är reflexiv, symmetrisk och transitiv. En ekvivalensklass av ordnade par ur Γ under Q–ekvivalens kallas för ett *rationellt tal* och mängden av rationella tal betecknas som vanligt $\mathbb{Q}$. Med mängdlärans sedvanliga notation för ekvivalensklasser $[(a, b)]_\sim$ eller $[(a, b)]$ kan vi teckna definitionen:

$$\mathbb{Q} =_{\mathsf{def}} \{x : \exists(a, b) \in \Gamma\ (x = [(a, b)]_{\sim_Q})\} = \Gamma / \sim_Q$$

Operationerna addition, multiplikation, additiv invers samt multiplikativ invers definieras med hjälp av bråkräkningens givna regler. Exempel:

$$(a, b) \cdot (c, d) =_{\mathsf{def}} (ac, bd)$$

Att detta ger en väldefinierad operation kan med det andra (istället för det första) identitetskriteriet visas såhär:

1. Antag $(a, b) \sim (a', b')$ och $(c, d) \sim (c', d')$.
2. Per definition $(ac, bd) \sim (a'c', b'd') \iff acb'd' = bda'c'$
3. Ur (1) följer $ab' = ba'$ och $cd' = dc'$.
4. Ur (3) erhålles $ab'cd' = ba'dc'$, vilket med omflyttning av faktorer är ekvivalent med $acb'd' = bda'c'$.
5. Ur (2) och (4) följer $(ac, bd) \sim (a'c', b'd')$, och beviset är klart.

□

Ordningsrelationen definieras utifrån en angiven mängd av positiva element i $\mathbb{Q}$. Ett par (a, b) säges vara *positivt* omm heltalsprodukten ab är positiv. Ekvivalensklassen/det rationella talet A säges i sin tur vara *positivt* omm det har minst en positiv representant. Därtill införes additiv och multiplikativ invers, för att få allt som behövs för en struktur av typen kropp.

För fler detaljer, se till exempel Robert Stolls mindre klassiker *Set Theory and Logic*. Det finns förstås också massor med lätt tillgängligt material på nätet.

3 Lock/portar

Teorifrågor

F1. Redogör för följande termer med exempel: (a) ett bråk (b) en enhet, helhet (c) bråk med samma värde/som representerar samma rationella tal (d) bråkdiagram

F2. Hur skriver man om ett bråk där täljaren är större än nämnaren på blandad form?

F3. När har två bråk samma värde, får identifieras under likhetstecknet och representerar samma rationella tal? Vilket allmänt kriterium gäller för detta?

F4. Hur kan man motivera förlängning/förkortning som identitetskriterium i termer av den delbara enheten?

F5. Hur kan man alltid göra för att ställa två bråk på en gemensam nämnare?

F6. Hur kan man göra för att avgöra om ett bråk är mindre än, lika med eller större än ett annat bråk?

F7. (a) Vad är ett rationellt tal?

(b) Vilka talområden samlas under de rationella talen?

F8. Hur kan man beräkna summan av respektive differensen mellan två bråk?

F9. Hur är produkten av två bråk definierad matematiskt?

F10. (a) Hur kan man motivera produktformeln för positiva bråk?

(b) Rita ett bråkdiagram över produkten $1/3 \cdot 2/5$?

F11. Hur lyder produktformeln för bråk och vilken status har denna?

F12. (a) Vad menas med det inverterade bråket?

(b) Vad är en representant för inversen till ett givet rationellt tal?

(c) Hur kan man beräkna kvoten mellan två bråk/rationella tal?

F13. Ge ett algebraiskt bevis för kvotformeln för bråk/rationella tal.

F14. Vad innebär i texten det andra identitetskriteriet för rationella tal?

F15. Vilken är huvudregeln för storleksrelationen $<$ i rationella tal?

F16. Vilka egenskaper gör $\mathbb{Q}$ till en: (a) kropp? (b) ordnad kropp?

Problem

P1. Omvandla bråken till blandad form: (a) $\frac{45}{3}$ (b) $\frac{100}{15}$

P2. Ställ bråken $\frac{15}{6}$ och $\frac{27}{5}$ på gemensam nämnare.

P3. Är bråket $\frac{34}{485}$ mindre än, lika med eller större än bråket $\frac{588}{8402}$? Avgör frågan genom att ställa de två bråken på gemensam nämnare.

P4. År 1991 var $2/5$ av alla personbilar i Sverige av svenskt fabrikat. Av de svensktillverkade bilarna var $3/10$ av märket Saab och de övriga av märket Volvo. Hur stor andel av alla personbilar i Sverige var av märket: (a) Saab (b) Volvo?

P5. Hur många glas rymmer 22 stycken $1\frac{1}{2}$–liters läskflaskor till om varje glas rymmer $1/5$ liter?

P6. 36 liter medicin ska fördelas på droppflaskor som vardera rymmer 50 ml. Hur många flaskor behövs? Beräkna med hjälp av bråkaritmetik.

P7. I figuren visas fyra kvadrater inskrivna i varandra. Den innersta kvadraten är hälften av den näst innersta och så vidare. Vad är storleksförhållandet mellan den innersta kvadraten och den yttersta?

P8. Beräkna summan respektive differensen: (a) $\frac{3}{8} + \frac{4}{5}$ (b) $\frac{17}{4} + \frac{20}{3}$ (c) $\frac{7}{5} - \frac{2}{3}$ (d) $\frac{5}{8} - \frac{25}{4}$

P9. Beräkna produkten av bråken: (a) $\frac{3}{12} \cdot \frac{4}{5}$ (b) $\frac{6}{15} \cdot \frac{200}{3}$

P10. Lös ekvationerna. Svara i bråkform och i decimalform (avrunda svaret till två decimaler när så är lämpligt): (a) $5X = 167$ (b) $X \cdot 7 = 19954$ (c) $\frac{3}{14}X = \frac{8}{13}$

P11. Bestäm kvoten som ett enda bråk och förenkla om det går: (a) $\frac{2}{3}\Big/\frac{7}{5}$ (b) $\frac{6}{15}\Big/\frac{8}{10}$

P12. Ge ett algebraiskt bevis för att addition i $\mathbb{Q}$ är associativ.

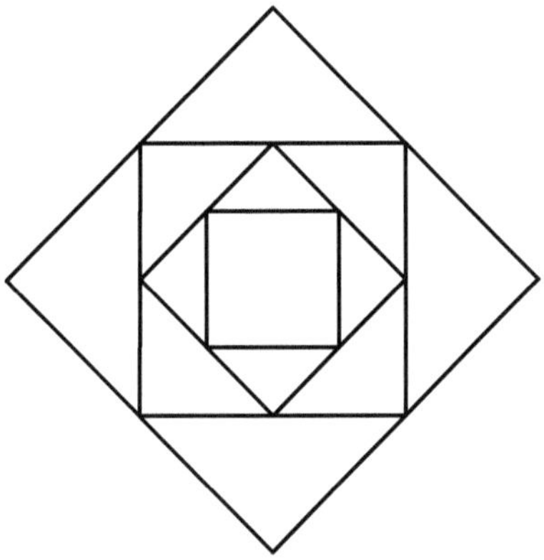

Figur 5: Fyra kvadrater inskrivna i varandra. Varje kvadrat är hälften så stor som den närmast omskrivna kvadraten.

P13. Visa ordningsegenskaperna O1 och O3.

P14. Härled den generaliserade kvotformeln för rationella tal.

P15. Visa den generaliserade additions– och subtraktionsformeln för rationella tal.

P16*. Visa att additionsformeln för bråk ger en väldefinierad operation för rationella tal (se relevant avsnitt ur kommentarerna):

[23] Teorem. *Om* $a/b = a'/b'$ *och* $c/d = c'/d'$, *så är*

$$\frac{ad+bc}{bd} = \frac{a'd'+b'c'}{b'd'}$$

för alla möjliga bråk.

Decimalsystemet och allmänna positionssystem

Artikel 11

Innehåll

Abstract

I detta dokument erbjuds en översiktlig framställning av vårt vanliga decimalsystem och dess sätt att representera heltal och decimalbråk. För att ytterligare kasta ljus över dess idé och uppbyggnad jämför vi också med positionssystem med andra baser än tio, såsom det binära systemet.

1 Kärninnehåll

1.1 Talrepresentationssystem

Innan vi går vidare med den något djupare redogörelsen för strukturen hos det decimala talbeteckningssystemet och andra positionssystem påminner vi oss om hur det är med potenser och potensnotation.

Låt A vara ett tal och n ett positivt heltal. Då är talet A **upphöjt till** n lika med A multiplicerat med sig självt n gånger. Med matematisk notation:

$$A^n = A \cdot A \cdot A \cdot \ldots \cdot A$$

Talet A^n kallas för en **potens** med **basen** A och **exponenten** n. Om A inte är noll definieras A upphöjt till noll som talet ett:

$$A^0 = 1$$

Om A inte är noll och n är ett positivt heltal definieras

$$A^{-n} = \frac{1}{A^n}$$

(Det står: "A upphöjt till negativt n är lika med 1 dividerat med talet A upphöjt till n.")

Exempel 1. Med dessa definitioner och skrivsätt på plats får vi att:

$$\begin{aligned}
&2^3 = 2 \cdot 2 \cdot 2 = 8 \\
&5^0 = 1 \\
&3^{-2} = \frac{1}{3^2} = \frac{1}{9} \\
&10^{-3} = \frac{1}{10^3} = \frac{1}{1000} = 0{,}001
\end{aligned}$$

□

Decimalsystemet är *ett system för att uttrycka tal*, alltså för att i ord benämna och med siffror kunna skriva ned dem, så att man på ett smidigt sätt kan handskas och utföra beräkningar med dem. Istället för att säga ”uttrycka tal” kan man också säga att decimalsystemet är ett sätt att **representera** tal. Det utgör ett av många olika tänkbara och under vissa historiska perioder eller i vissa sammanhang faktiskt utnyttjade **talbeteckningssystem** för representation av talen. Andra exempel på talbeteckningssystem är de romerska siffrorna och mayakulturens talsystem.

Var uppmärksam på att ordet 'talsystem' har minst två olika betydelser i matematiken. Det har dels betydelsen *talbeteckningssystem*, alltså ett system med hjälp av vilket man kan skriva ned tal och benämna dem, och dels har det betydelsen *talområde*, en viss typ av tal som räknas som ett visst område på grund av de och de definierande egenskaperna; exempel på det sistnämnda är talområdena de naturliga talen $\mathbb{N}$, de rationella talen $\mathbb{Q}$ respektive de reella talen $\mathbb{R}$. Helheten av de talsystem som vi (normalt) använder brukar kallas *talsystemet*.

Decimalsystemet är det enskilt viktigaste exemplet på ett talbeteckningssystem av den speciella typen och strukturen **positionssystem**. I ett positionssystem väljs något heltal större än eller lika med två som så kallad **bas** för systemet. Efter valet av bas fastställs **siffror** vilka till antalet ska vara lika många som basen. Med basen två behövs två siffror, med basen tre behövs tre siffror, och så vidare. Det decimala positionssystemet har basen tio (av grek. *deka*, tio), varför antalet siffror är tio. Dessa tio siffror räcker för representationen av alla möjliga rationella tal. I decimalsystemet används normalt **de hindu–arabiska siffrorna**:

$$0,\ 1,\ 2,\ 3,\ 4,\ 5,\ 6,\ 7,\ 8,\ 9$$

I Europa introducerades dessa tio siffror någon gång under medeltiden, genom kontakten med arabiska handelsmän, före detta utnyttjades det romerska talbeteckningssystemet. Decimalsystemet finner man alltså i omlopp i Kina, Indien och arabvärlden många hundra år före det att det blir gängse i Europa.

Viktiga exempel på positionssystem med andra baser än tio är det **binära** respektive det **hexadecimala** talsystemet. Båda dessa system kommer till flitig användning inom datateknologin.

Decimalsystemet är det idag internationellt etablerade talbeteckningssystemet i alla verksamheter där man handskas med kvantiteter och data i stor omfattning, i synnerhet ekonomi, statistik, naturvetenskap och teknologi. Decimalsystemet (och positionssystem överhuvudtaget) har stora fördelar jämfört med äldre talbeteckningssystem, såsom det romerska eller det system som fanns under den grekiska antiken. Här är några av de styrkor som, får man förmoda, gjorde att decimalsystemet under renässansen och tiden för den vetenskapliga revolutionen i Europa gick hem som segrare:

(i) För att kunna uttrycka precis alla rationella tal behöver man inte lära sig eller kunna typsätta fler än bara dessa tio siffror. Vilket tal en kombination av siffror sedan representerar kommer att vara entydigt bestämt av siffrornas inbördes positioner.

(ii) Det är effektivt för att kunna uttrycka mycket stora och mycket små tal. Detta beror på att systemet inte är kumulativt, utan baserat på potenser, vilka växer snabbt.

(iii) Det är relativt lätt att utföra beräkningar med de fyra räknesätten i decimalsystemet, alltså uppställningar för additon, subtraktion, multiplikation och division.

Låt oss härnäst närmare analysera hur representationen av de naturliga heltalen går till i decimalsystemet.

0	$\leftrightarrow$	noll	
1	$\leftrightarrow$	ett	•
2	$\leftrightarrow$	två	• •
3	$\leftrightarrow$	tre	• • •
4	$\leftrightarrow$	fyra	• • • •
5	$\leftrightarrow$	fem	• • • • •
6	$\leftrightarrow$	sex	• • • • • •
7	$\leftrightarrow$	sju	• • • • • • •
8	$\leftrightarrow$	åtta	• • • • • • • •
9	$\leftrightarrow$	nio	• • • • • • • • •

Figur 1: Samordning mellan tecknen (siffrorna) 0–9 och talen/talorden ”noll”–”nio”.

1.2 Representation av naturliga tal i decimalsystemet

Heltalen från noll till nio samordnas, koordineras, med de hindu–arabiska siffrorna enligt den sedvanliga ordning som visas i figur 1.

En enskild siffras värde i en sträng av siffror bestäms av dess position räknat från höger till vänster. Låt mig påminna läsaren om hur det här fungerar med hjälp av följande exempel.

Exempel 2. Låt oss titta på denna sifferstäng i decimalsystemet:

$$2357$$

Siffran längst till höger har värdet ett, eller tio upphöjt till ett, vilket per definition är lika med ett. Det betyder att vi har sju stycken ental. Den andra siffran från höger har värdet tio, eller tio upphöjt till ett, vilket per definition är lika med tio. Det betyder att vi dessutom har fem stycken tiotal. Den tredje siffran har värdet tio gånger tio eller tio upphöjt till två. Det betyder att vi vidare har tre stycken hundratal. Den fjärde siffran har värdet tio gånger tio gånger tio eller tio upphöjt till tre. Det betyder att vi slutligen har två stycken tusental:

$$2357 = 2000 + 300 + 50 + 7 = 2 \cdot 1000 + 3 \cdot 100 + 5 \cdot 10 + 7 \cdot 1$$

Talet tio skrivs i decimalsystemet

$$10$$

eftersom denna sträng representerar noll ental och ett enda tiotal.

Med användande av potensnotation kan vi därmed på ett överskådligt sätt redogöra för värdet av hela strängen "2357" i decimalsystemet som en matematisk likhet:

$$2357 = 2 \cdot 10^3 + 3 \cdot 10^2 + 5 \cdot 10^1 + 7 \cdot 10^0$$

Detta är strukturen i den decimala representationen 2357.

För namngivning av tal används förutom ovanstående koordinering av talen noll till nio med siffrorna 0 till 9 de sedvanliga benämningarna "tio" för 10, "hundra" för 100, "tusen" för 1000, "miljon" för 1000000, etcetera. Representationen 2357 utläses som vanligt "Tvåtusen-trehundra-femtio-sju". □

I största allmänhet gäller att den decimala strängen av siffror

$$d_n \ldots d_2 d_1 d_0$$

där n är något positivt heltal och varje d_i utgör någon av siffrorna 0 till 9 (med SPM–notation $d_i \in \{0, 1, 2, \ldots, 9\}$), representerar talet

$$A = d_n \cdot 10^n + \ldots + d_2 \cdot 10^2 + d_1 \cdot 10^1 + d_0 \cdot 10^0$$

Detta är alltså den givna sittersträngens värde i decimalsystemet. Här har vi **den allmänna formen för representation av naturliga heltal i decimalsystemet**.

Istället för att tala om "ental", "tiotal", "hundratal", kan man generellt i ett givet positionssystem tala om *position 0*, *position 1*, *position 2*, och så vidare, för att ange var en siffra ska stå i ordningen räknat från höger till vänster.

1.3 Det binära talsystemet

Det kan vara belysande att som jämförelse titta på andra positionssystem än det decimala. Med det menas alltså system för representation av tal med väsentligen samma sorts struktur som det decimala positionssystemet, men med en annan bas än tio och möjligen andra eller ytterligare siffror än de tio hindu–arabiska. Det givna valet är att titta på det binära talsystemet till en början.

Det **binära tal(betecknings)systemet** har basen två och två siffror. Normalt brukar man använda samma tecken 0 och 1 som siffror i det binära som motsvarande siffror i decimalsystemet, men för klarhetens skull ska vi tillfälligt använda två andra tecken som siffror i det binära systemet: J och N. Dessa motsvarar 1 respektive 0, ja eller nej, sant eller falskt. Värdet av en sifferstäng, till exempel JNJ, bestämmes enligt ett mönster som är analogt med decimalsystemet. Den enda skillnaden är att basen tio byts ut mot basen två i representationen.

Exempel 3. Värdet av siffersträngen ”JNJ” är bestämt på följande sätt:

$$\begin{aligned} JNJ &= J \cdot 2^2 + N \cdot 2^1 + J \cdot 2^0 \\ &= 1 \cdot 4 + 0 \cdot 2 + 1 \cdot 1 \\ &= 5 \end{aligned}$$

Ett till exempel:

$$\begin{aligned} JJJN &= J \cdot 2^3 + J \cdot 2^2 + J \cdot 2^1 + N \cdot 2^0 \\ &= 1 \cdot 8 + 1 \cdot 4 + 1 \cdot 2 + 0 \cdot 1 \\ &= 14 \end{aligned}$$

□

För det mesta skriver man, som sagt, binärt med siffrorna "0" och "1". Med den vanliga representationen skulle binärsträngen $JJJNJJJNJ$ motsvara strängen med ettor och nollor 111011101. Det med siffrorna 0 och 1 binärt skrivna talet kan utläsas "ett–ett–ett–noll–ett–ett–ett–noll–ett".

Vill man förtydliga inom vilket positionssystem sifferströngens värde ska beräknas kan man sätta sifferströngen inom parentes och indexera med basen, alltså såhär:

$$(111011101)_{\text{två}} = 477$$

Likheten kan utläsas "Värdet av sifferströngen 111011101 i två–systemet är lika mycket som 477 (i tio–systemet)" eller "111011101 i binärt är lika mycket som 477". Med notationen $(\ldots)_{\text{bas}}$ får vi förstås att

$$(477)_{\text{tio}} = 477$$

Den allmänna formen för representation av naturliga tal i det binära talsystemet är

$$(b_n \ldots b_2 b_1 b_0)_{\text{två}} = b_n \cdot 2^n + \ldots + b_2 \cdot 2^2 + b_1 \cdot 2^1 + b_0 \cdot 2^0$$

där varje b_i är en av de två siffrorna 0 eller 1, underförstått svarande mot antalen noll respektive ett. Som vi ser är strukturen helt analog med decimalsystemets.

Exempel 4. Beräkna värdet av binärsträngen 1110011.

Lösning: Vi har att

$$\begin{aligned}(1110011)_{\text{två}} &= 1 \cdot 64 + 1 \cdot 32 + 1 \cdot 16 + 0 \cdot 8 + 0 \cdot 4 + 1 \cdot 2 + 1 \cdot 1 \\ &= 64 + 32 + 16 + 2 + 1 = 115\end{aligned}$$

Det binärt representerade heltalet 1110011 motsvarar 115 i bas tio. □

Exempel 5. Skriv talet 37 i binärt.

Lösning: Här är ett sätt att gå tillväga:

1\. ”Vad är den största 2–potens som får plats i 37?” Svaret är $32 = 2^5$. På position 5 ska stå en 1:a.

2\. Resten är $37 - 32 = 5$. ”Vad är den största 2–potens som får plats i 5?” Svaret är $4 = 2^2$. På position 2 ska stå en 1:a.

3\. Resten är $5 - 4 = 1$. ”Vad är den största 2–potens som får plats i 1?” Svaret är $1 = 2^0$. På position 0 ska stå en 1:a.

4\. Alla övriga relevanta positioner fylls på med 0:or. Positioner till vänster om 1:an längst till vänster i representationen är inte relevanta.

5\. Resultatet är

$$37 = (100101)_{\text{två}}$$

Problemet är löst. □

1.4 Positionssystemet generaliserat

På samma sätt får vi till exempel att den allmänna formen för representation av naturliga tal i positionssystemet med bas fem är

$$(f_n \ldots f_2 f_1 f_0)_{\text{fem}} = f_n \cdot 5^n + \ldots + f_2 \cdot 5^2 + f_1 \cdot 5^1 + f_0 \cdot 5^0$$

där varje f_i är en av de fem siffrorna 0, 1, 2, 3, 4.

Exempel 6. Talet tretton skrivs i basen fem:

$$13 = (23)_{\text{fem}} = 2 \cdot 5 + 3 \cdot 1$$

I de respektive baserna tio, två och fem får vi alltså att

$$(13)_{\text{tio}} = (1101)_{\text{två}} = (23)_{\text{fem}}$$

□

Basen sexton ger det så kallade **hexidecimala tal(betecknings)systemet** vilket också är viktigt inom datatekniken. Eftersom det krävs sexton siffror räcker det inte med de vanliga $0, 1, \ldots, 9$, så därför brukar man förlänga uppsättningen med bokstäverna A, B, C, D, E, F. I figur 2 visas de naturliga talen från noll till tjugo i decimalt, binärt respektive hexadecimalt.

För den fullständiga generaliseringen, låt B vara ett heltal större än 1. Då är **den allmänna formen för representation av naturliga heltal i positionssystemet med bas B** som följer:

$$(s_n \ldots s_2 s_1 s_0)_B = s_n \cdot B^n + \ldots + s_2 \cdot B^2 + s_1 \cdot B^1 + s_0 \cdot B^0$$

Varje s_i kan alltså föreställas vara en utav totalt B stycken för ändamålet snidade siffror (vilka alltså kan se annorlunda ut jämfört med våra vanliga hindu–arabiska siffror).

1.5 Decimaltalens struktur

Låt oss därmed återgå till decimalsystemet. Eftersom vi nu har konstaterat en metod för att representera de naturliga *heltalen* $0, 1, 2, 3, \ldots$ får man på köpet en metod för att representera *bråk* '*a b*–delar'. Exempelvis kan bråket 'trettiofyra tjugoendelar' med decimalsystemet skrivas på vanligt sätt som

$$\frac{34}{21} \qquad \text{eller} \qquad 34/21$$

Decimalt	Binärt	Hexadecimalt
0	0	0
1	1	1
2	01	2
3	11	3
4	100	4
5	101	5
6	110	6
7	111	7
8	1000	8
9	1001	9
10	1010	A
11	1011	B
12	1100	C
13	1101	D
14	1110	E
15	1111	F
16	10000	10
17	10001	11
18	10010	12
19	10011	13
20	10100	14

Figur 2: De naturliga talen från noll till tjugo i det decimala, det binära respektive det hexadecimala positionssystemet.

I synnerhet kan decimalsystemet användas för att smidigt representera den speciella typ av bråk som vi kallar för *decimaltal* eller *decimalbråk*. Varje möjligt positionssystem genererar på analogt sätt en "privilegierad" delmängd av de rationella talen som smidigt låter sig representeras på ungefär samma sätt som de naturliga talen.

Hur går då representationen av decimaltal som inte är heltal till? Låt oss påminna oss om hur det här fungerar med hjälp av följande

Exempel 7. Hur är decimaltalet

$$1{,}618$$

sammansatt? Vi har här en enda siffra i decimaltalets heltalsdel och det är entalssiffran 1. Denna har förstås värdet ett. Decimaldelen har tre siffror, 6, 1 och 8, vilka brukar kallas för **decimalerna**. Siffran 6 har positionsvärdet tiondelar, eller 10^{-1}, varför vi har sex stycken tiondelar. Siffran 1 har positionsvärdet hundradelar, eller 10^{-2}, varför vi har en hundradel. Siffran 8 har positionsvärdet tusendelar, eller 10^{-3}, varför vi har åtta stycken tusendelar. Decimaltalets samlade värde kan uttryckas såhär:

$$1{,}618 = 1 + \frac{6}{10} + \frac{1}{100} + \frac{8}{1000} = 1 \cdot 10^0 + 6 \cdot 10^{-1} + 1 \cdot 10^{-2} + 8 \cdot 10^{-3}$$

Detta är strukturen hos decimaltalet 1,618. □

Den allmänna formen för representation av decimaltal i decimalsystemet är

$$D = d_n \ldots d_2 d_1 d_0, d_{-1} d_{-2} d_{-3} \ldots d_{-m}$$

Det som står till vänster om kommatecknet är decimaltalets **heltalsdel** och det som står till höger utgör **decimaldelen. Värdet** av decimalsträngen beräknas enligt mönstret

$$\begin{aligned}
&(d_n \ldots d_2 d_1 d_0, d_{-1} d_{-2} d_{-3} \ldots d_{-m})_{\text{tio}} = \\
&d_n \cdot 10^n + \ldots + d_2 \cdot 10^2 + d_1 \cdot 10^1 + d_0 \cdot 10^0 + \\
&d_{-1} \cdot 10^{-1} + d_{-2} \cdot 10^{-2} + d_{-3} \cdot 10^{-3} + \ldots + d_{-m} \cdot 10^{-m}
\end{aligned}$$

Låt oss också införa ett beteckningssätt för siffran på position k i ett givet decimaltal. Låt D vara ett decimaltal. Då låter vi $[D]_k = d_k$, om $(-m) \leq k \leq n$, medan i annat fall $[D]_k = 0$.

Exempel 8. Vi får att

$$
\begin{aligned}
&[314]_0 = 4\\
&[314]_1 = 1\\
&[314]_2 = 3\\
&[314]_3 = 0\\
&[314]_4 = 0\\
&\vdots
\end{aligned}
$$

För ett decimaltal där decimaldelen inte är noll, såsom 3,14, gäller analogt

$$
\begin{aligned}
&[3{,}14]_{-2} = 4\\
&[3{,}14]_{-1} = 1\\
&[3{,}14]_0 = 3
\end{aligned}
$$

I till exempel första raden står: ”Siffran på position -2 i 3,14 är 4.” För alla heltal k som inte är ett av talen $-2, -1, 0$ är $[3{,}14]_k = 0$. □

Exempel 9. Uttryck decimaltalet 4,67 explicit som:

(a) en summa av bråk med tiopotenser i nämnaren

(b) en summa av tiopotenser med heltalsexponent

(c) ett enda bråk

Lösning: (a) Decimaltalet 4,67 uttrycks på följande sätt som en summa av bråk med tiopotenser i nämnaren:

$$4{,}67 = 4 + \frac{6}{10} + \frac{7}{100}$$

(b) Som en summa av tiopotenser med heltalsexponent:

$$4{,}67 = 4 \cdot 10^0 + 6 \cdot 10^{-1} + 7 \cdot 10^{-2}$$

(c) Som ett enda bråk får vi 4,67 ifall vi ställer bråken i (a) på gemensam nämnare genom att förlänga med lämpliga tiopotenser:

$$4{,}67 = 4 + \frac{6}{10} + \frac{7}{100} = \frac{400}{100} + \frac{60}{100} + \frac{7}{100} = \frac{467}{100}$$

Uppgiften är klar. □

1.6 Multiplikation eller division av ett decimaltal med en tiopotens

Eftersom talet tio är bas för decimalsystemet visar det sig särskilt enkelt att utföra multiplikation och division av ett decimaltal med en tiopotens. För dessa fall av aritmetisk operation har man ingen anledning att göra någon uppställning.

Motsvarande gäller exempelvis multiplikation och division av binära tal med tvåpotenser, eftersom talet två är bas för det binära positionssystemet.

Exempel 10. Några multiplikationer med tiopotenser:

$$25 \cdot 10 = 250$$
$$25 \cdot 100 = 2500$$
$$38{,}76 \cdot 1000 = 38760 \quad \square$$

I allmänhet gäller alltså att multiplikation av ett decimaltal med tiopotens innebär ett 'skifte av decimalkommat' åt höger lika många steg som tiopotensens exponent anger: multiplikation med 10 (10^1) ger ett steg, med 100 (10^2) två steg, med 1000 (10^3) tre steg, och så vidare. Om siffrorna tar slut fyller man på med 0:or.

Exempel 11. Några divisioner med tiopotenser:

$$25/10 = 2{,}5$$
$$25/100 = 0{,}25$$
$$38{,}76/10\,000 = 0{,}003876 \quad \square$$

Division av ett decimaltal med tiopotens innebär ett 'skifte av decimalkommat' åt vänster istället för åt höger lika många steg som tiopotensens exponent anger: division med 10 ger ett steg åt vänster, med 100 två steg, och så vidare på samma sätt. Om siffrorna tar slut fyller man på med nollor efter decimalkommat.

För att förstå vad det är som händer vid multiplikation eller division med tiopotenser i decimalsystemet, låt oss titta närmare på exemplen ovan.

Till att börja med multiplikation:

$$\begin{aligned} 25 \cdot 100 &= (2 \cdot 10^1 + 5 \cdot 10^0) \cdot 10^2 \\ &= 2 \cdot 10^1 \cdot 10^2 + 5 \cdot 10^0 \cdot 10^2 \\ &= 2 \cdot 10^3 + 5 \cdot 10^2 + 0 \cdot 10^1 + 0 \cdot 10^0 \\ &= 2500 \end{aligned}$$

Den distributiva lagen visar att en enskild siffras värde ökar med en faktor 10^2 i produkten, vilket innebär att dess position måste skiftas två steg åt vänster. Alla positioner svarande mot en tiopotens mindre än multiplikanden 10^2 fylls på med 0:or.

Ett liknande resonemang kan utföras för division med tiopotens:

$$\begin{aligned} 25/10 = 25 \cdot \frac{1}{10} &= (2 \cdot 10^1 + 5 \cdot 10^0) \cdot 10^{-1} \\ &= 2 \cdot 10^1 \cdot 10^{-1} + 5 \cdot 10^0 \cdot 10^{-1} \\ &= 2 \cdot 10^0 + 5 \cdot 10^{-1} \\ &= 2{,}5 \end{aligned}$$

En enskild siffras värde minskar här istället med en faktor 10^{-1} i produkten, vilket innebär att dess position skiftas ett steg åt höger istället för vänster. Detta går på ett ut med att säga att decimalkommat ska flyttas ett steg åt vänster.

Dessa två paradigmexempel ger ett sätt att visa och förklara det allmänna mönstret. Låt oss sammanfatta dessa viktiga aritmetiska tumregler i en display:

[1] *Produkten av ett decimaltal och en tiopotens kan enkelt beräknas genom att skifta decimalkommat åt höger så många steg tiopotensens exponent anger, och eventuellt fylla på med 0:or efter sista siffran i decimaltalet. Kvoten mellan ett decimaltal och en tiopotens kan också enkelt beräknas genom att man istället skiftar decimalkommat åt vänster så många steg som exponenten anger, och eventuellt fylla på med 0:or efter decimalkommat.*

Exempel 12. Beräkna värdet av: (a) $19 \cdot 100$ (b) $2{,}73 \cdot 1000$ (c) $1984/100$
(d) $285/10000$

Lösning: (a) 1900 (b) 2730 (c) 19,84 (d) 0,0285. □

2 Kommentarer

2.1 Allmänna "B–kommasystem"

Kan decimalsystemets form för representation av decimaltal generaliseras till en godtycklig bas på samma sätt som ovan? Både ja och nej. Naturligtvis kan man definiera en delmängd av de rationella talen som "B–kommatal", de rationella tal q som kan uttryckas på formen

$$q = N + b_{-1}B^{-1} + \ldots + b_{-m}B^{-m}$$

eventuellt försedd med negativt signum, där $N, m \in \mathbb{N}$. Däremot kommer mängden av så definierade "B–kommatal" inte självklart utgöra samma delmängd av $\mathbb{Q}$ som decimaltalen $\mathbf{D}$.

Exempel 13. Antag vi satte basen $B = 3$. Då ingår det rationella talet '11 hela och 1 9–del' bland 3–kommatalen, och vi skulle skriva det som '12.01'. Men bråket $11\frac{1}{9}$ går däremot inte att representera exakt i decimalsystemet. Omvänt, talet $1/10 = 0.1$ ingår i decimaltalen, men detta rationella tal går inte att representera exakt i 3–systemet. En approximation till fem "3–maler" skulle vara

$$[0.1]_{\text{tio}} \approx [0.00220]_{\text{tre}} = \frac{2}{27} + \frac{2}{81} \approx 0.0987$$

(eller $[0.1]_{\text{tio}} = [0.00220\ldots]_{\text{tre}}$). $\square$

Mängden av "B–kommatal" har det matematikvetenskapliga namnet **ringen av ändliga bråkutvecklingar till basen** B (eng. *ring of terminating fractions to base* B), som bland annat kan betecknas

$$\frac{\mathbb{Z}}{B^{\mathbb{N}}}$$

och utgör en kommutativ ring med etta. Lägg märke till att denna mängd kan beskrivas på följande sätt:

$$\frac{\mathbb{Z}}{B^{\mathbb{N}}} = \{mB^{-n} : m \in \mathbb{Z} \wedge n \in \mathbb{N}\}$$

Här gäller förstås

$$\mathbf{D} = \frac{\mathbb{Z}}{10^{\mathbb{N}}}$$

3 Lock/portar

Teorifrågor

F1. Allmänt om decimaltal: (a) Vad är ett decimaltal?

(b) Varför kallades decimaltal tidigare för decimalbråk?

(c) Vad är heltalsdelen och decimaldelen i ett decimaltal?

F2. (a) Hur förhåller sig mängden av rationella tal till mängden av decimaltal?

(b) Ge tre exempel på bråk som inte kan uttryckas exakt som decimaltal.

(c) Vad är skillnaden mellan ett decimaltal och decimalutveckling?

F3. Hur är: (a) decimalsystemet uppbyggt?

(b) ett positionssystem uppbyggt i största allmänhet?

F4. Vad är den allmänna formen för representation av ett naturligt tal i: (a) decimalsystemet?

(b) det binära positionssystemet?

(c) ett allmänt positionssystem med basen B?

F5. Vad är den allmänna formen för representation av ett decimaltal, där decimaldelen kan vara större än noll?

F6. Hur beräknar man enklast produkten respektive kvoten av ett decimaltal med en tiopotens?

Problem

P1. Skriv decimaltalet som ett enda bråk: (a) 1,23 (b) 2,942 (c) 31,25

P2. Decimalutveckla $488/7$ till fyra decimaler.

P3. Skriv decimaltalet 5823 som: (a) en summa av ental, tiotal, och så vidare. (b) en explicit summa av tiopotenser.

P4. Skriv decimaltalet 329,35 som: (a) ett blandat bråk med en heltalsdel och en bråkdel som utgör en summa av bråk med tiopotenser i nämnaren

(b) en heltalsdel plus en summa av tiopotenser med heltalsexponent

(c) ett enda bråk

P5. Skriv talet tjugoett i: (a) basen tio (b) basen två (c) basen fem

P6. Beräkna värdet av produkten respektive kvoten: (a) $223 \cdot 100$ (b) $6{,}88 \cdot 1000$ (c) $49322/100$ (d) $5299/100000$

Algoritmer för de fyra räknesätten: en analys

Artikel 12

Innehåll

Abstract

I det här dokumentet ska vi försöka att *matematiskt analysera* algoritmerna (uppställningarna) för de fyra räknesätten. Att analysera innebär här att *försöka förklara varför*, hur det kommer sig att de överhuvudtaget fungerar, istället för att bara *beskriva* dem.

Vi kommer inte att i detalj gå igenom "hur man gör" den eller den uppställningen för de fyra räknesätten, på det sätt man skulle göra med en nybörjare. Texten förutsätter att läsaren känner igen dem från tidigare. För den läsare som inte vet eller är osäker på hur man gör med en eller flera av dessa uppställningar eller som behöver fräscha upp minnet finns det till exempel massor med textmaterial och videodemonstrationer att tillgå på internet.[1]

1 Kärninnehåll

1.1 Begreppet algoritm och traditionella uppställningar för de fyra räknesätten

En **algoritm** är en beskrivning, ett recept, en specifikation, en uppsättning instruktioner, för *hur man steg för steg kan utföra en viss typ av uppgift*, som är så noggrann och väldefinierad att den i princip kunde utföras av en maskin/dator. Varje datorprogram rymmer nämligen en algoritm såsom själva principskissen eller grundritningen för sitt sätt att fungera, sitt verkningssätt, och varje algoritm är ritningen för ett åtminstone teoretiskt möjligt datorprogram. Man kan också säga att en algoritm är en exakt och stegvis beskivning av en *procedur* varigenom man så att säga kan ta sig från "punkt A" till "punkt B".

En **aritmetisk algoritm** är en algoritm, ett "datorprogram", för aritmetiska beräkningar av något slag. Läsaren har förmodligen fått be-

[1]Se t.ex. YouTube, Khan Academy, Mattecentrum.

kanta sig med åtminstone fyra olika aritmetiska algoritmer. Det jag syftar på är de olika **uppställningar** man får lära sig för addition, subtraktion, multiplikation och division, kort sagt, för de fyra räknesätten. Det är dock bra att förstå skillnaden mellan algoritm och uppställning. Den aritmetiska algoritmen är själva principskissen eller ritningen för beräkningen, medan uppställningen syftar på ett bestämt sätt att redogöra för beräkningen ”på papper”. Den person eller maskin som utför instruktionerna enligt algoritmen eller datorprogrammet kallas för **kalkylatorn**. Före den maskinella beräkningsteknikens framväxt och utveckling utfördes ju beräkningar av människor och för hand på papper, och ”kalkylator”, ett ord med latinskt ursprung, lär verkligen ha existerat som en officiell arbetstitel.

Från år 1955 fram till cirka 1980 rekommenderade Skolöverstyrelsen matematiklärare i svenska skolor att lära eleverna divisionsuppställningen *”trappan”*. Därefter kom man att rekommendera en divisionsuppställning som kallas för *”liggande stolen”* och det var den jag fick lära mig när jag gick i grundskolan under 1980/90–talet. Liggande stolen är nästan samma uppställning som trappan. Av villken anledning man beslutade att börja rekommendera liggande stolen istället för trappan vet jag inte. På sätt och vis är det lite märkligt, eftersom liggande stolen har en uppenbar nackdel jämfört med trappan: i trappan kan man fortsätta decimalutvecklingen och fylla på 0:or utan att så att säga krocka med stolsitsen i uppställningen. Numera lär sig många skolelever varken trappan eller liggande stolen utan en uppställning som kallas för *”kortdivision”*. Den vinner en fördel genom sin större knapphet. Nackdelen med den är att varje enskilt steg i proceduren inte redovisas lika tydligt som i de övriga uppställningarna för division. Men just eftersom den kräver mindre utrymme på pappret och skrivarbete föredrar många elever kortdivision, och för små beräkningar räcker den gott och väl.

De sedvanliga algoritmerna för de fyra räknesätten kallar vi för

additions–,

subtraktions–,

multiplikations–, respektive

divisionsalgoritmen.

De tre förstnämnda algoritmerna har i Sverige bara en traditionell uppställning såvitt jag vet och dessa kallar vi följaktligen *additions–*, *subtraktions–* respektive *multiplikationsuppställning*. Divisionsalgoritmen har emellertid flera olika, i olika delar av världen och under olika decennier använda, korresponderande divisionsuppställningar för konkreta beräkningar med hjälp av den. Därför kan man inte i samband med division tala om "divisionsuppställningen" i singularis. Vi har nämnt åtminstone tre olika divisionsuppställningar som förekommer i skolundervisningen: "trappan", "liggande stolen" samt "kortdivision". Förutom dessa finns även *"tysk divisionsuppställning"*. Dessa utgör alltså inte sinsemellan olika algoritmer utan endast olika sätt att redovisa de beräkningar som utförs med *en och samma underliggande* divisionsalgoritm, en och samma principskiss eller grundritning.

Låt oss med ett samlingsnamn kalla de fyra räknesättens traditionella algoritmer för **de elementära aritmetiska algoritmerna**. Varje sådan algoritm är alltså *en stegvis procedur för beräkning av respektive räknesätt för två decimalt representerade positiva heltal.* Det som menas med beräkning av summan, differensen, produkten eller kvoten är att reducera denna till ett enda decimaltal (eller till ett valt antal decimaler i det fall divisionen inte går jämnt ut).

1.2 Multiplikation eller division av ett decimaltal med en tiopotens

Låt oss till att börja med påminna oss om att multiplikation och division med en tiopotens (10, 100, 1000, etc) är särskilt enkel i decimalsystemet, varför det i sådana fall inte finns något behov av att göra någon uppställning: det är ju bara att flytta decimalkommat si och så många steg och eventuellt fylla på med 0:or.

Några exempel:

$$\begin{aligned}
&25 \cdot 10 = 250\\
&25 \cdot 100 = 2500\\
&38,76 \cdot 1000 = 38760\\
&25/10 = 2{,}5\\
&25/100 = 0{,}25\\
&38{,}76/100 = 0{,}3876
\end{aligned}$$

I allmänhet gäller att multiplikation av ett decimaltal med tiopotens innebär ett *skifte av decimalkommat* åt höger lika många steg som tiopotensens exponent anger: multiplikation med 10 (10^1) ger ett steg, med 100 (10^2) två steg, med 1000 (10^3) tre steg, och så vidare. Division av ett decimaltal med tiopotens innebär ett skifte av decimalkommat åt vänster istället för åt höger lika många steg som tiopotensens exponent anger: division med 10 ger ett steg åt vänster, med 100 två steg, och så vidare på samma sätt.

För att förstå vad det är som händer vid multiplikation eller division med tiopotenser i decimalsystemet, låt oss titta närmare på exemplen ovan. Till att börja med:

$$\begin{aligned}
25 \cdot 100 &= (2 \cdot 10 + 5 \cdot 1) \cdot 10^2\\
&= 2 \cdot 10 \cdot 10^2 + 5 \cdot 10^2\\
&= 2 \cdot 10^3 + 5 \cdot 10^2 + 0 \cdot 10 + 0 \cdot 1\\
&= 2500
\end{aligned}$$

Den distributiva lagen visar att en enskild siffras värde ökar med en faktor 10^2 i produkten, vilket innebär att dess position måste skiftas två steg åt vänster. Alla positioner svarande mot en tiopotens mindre än multiplikanden 10^2 fylls på med 0:or.

Ett liknande resonemang kan utföras för division med tiopotens, till exempel:

$$\begin{aligned}25/10 &= (2 \cdot 10 + 5 \cdot 1) \cdot \frac{1}{10} \\ &= 2 \cdot 10 \cdot 10^{-1} + 5 \cdot 1 \cdot 10^{-1} \\ &= 2 \cdot 1 + 5 \cdot 10^{-1} \\ &= 2{,}5\end{aligned}$$

En enskild siffras värde minskar här istället med en faktor 10^{-1} i produkten, vilket innebär att dess position skiftas ett steg åt höger istället för vänster, vilket går på ett ut med att flytta decimalkommat ett steg åt vänster. Dessa två exempel ger, hoppas jag, en förklaring till det allmänna mönstret.

1.3 Algoritmerna för addition och subtraktion

1.3.1 Analys av additionsalgoritmen

Till att börja med ska vi analysera additionsalgoritmen i decimalsystemet, det vill säga vi ska till att försöka besvara:

Fråga 1. Hur kommer det sig att additionsalgoritmen fungerar?

Låt oss till exempel beräkna summan av $a = 8979$ och $b = 3125$ genom den traditionella uppställningen för addition.

```
  111
  ----
  8979
+ 3125
-------
 12104
```

Slutsatsen av beräkningen är att $8979 + 3125 = 12104$.

Varför fungerar den här algoritmen/uppställningen? Låt oss formulera ett strukturerat resonemang för att förklara hur det kommer sig:

1. Vid addition av två termer med sifferlängderna fyra och fyra blir summan ett tal som i decimalsystemet har högst fem siffror, eftersom var och en av de två termerna är högst 9999, och $9999 + 9999 < 10000 + 10000 = 20000$. Vi kan skriva den obekanta summan som

$$s = d_4 d_3 d_2 d_1 d_0$$

2. Summan av entalen i termerna är $9 + 5 = 14$. Det ger entalssiffran $d_0 = 4$. Inga andra siffror i de två termerna a och b än just entalssiffrorna *kan bidra* till entalssiffran i summan s, eftersom övriga siffror har värden större än eller lika med 10. De utav 14 återstående 10 läggs på tiotalen.
3. Summan av tiotalen är $10 + 70 + 20 = 100$. Det ger tiotalssiffran $d_1 = 0$ och de resterande 100 läggs på hundratalen.
4. Summan av hundratalen är $100 + 900 + 100 = 1100$. Det ger hundratalssiffran $d_2 = 1$ och de resterande 1000 läggs på tusentalen.
5. Summan av tusentalen är $1000 + 8000 + 3000 = 12000$. Det ger tusentalssiffran $d_3 = 2$ och tiotusentalssiffran $d_4 = 1$. Klart.
6. Slutsatsen är att $s = 12104$.

Resonemanget tjänar som ett paradigmexempel som visar det allmänna mönstret här, eftersom ett analogt resonemang kunde upprepas för vilka par av positiva heltal som helst.

Algoritmen för addition, liksom de övriga aritmetiska algoritmerna, kan formuleras utan att man därvid nämner den speciella redovisningsform som uppställningen för addition utgör. Det som algoritmen underförstått förutsätter är att kalkylatorn åtminstone är förmögen att beräkna summan av två eller tre siffror i decimalsystemet. För detta ges inga instruktioner i denna formulering, men i det fall man tänker sig att man skulle bygga en maskin från scratch för algoritmens utförande, krävs att någon sorts minimal additionstabell implementeras. Ett sätt att beskriva algoritmen utan att tänka sig någon speciell grafisk uppställning för den på papper är att använda *pseudokod*, se kommentarerna.

1.3.2 Analys av subtraktionsalgoritmen

Fråga 2. Hur kommer det sig att subtraktionsalgoritmen fungerar?

Som nästa påminnelse om de här olika uppställningarna tittar vi på en subtraktionsuppställning för beräkning av differensen mellan talen $a = 7193$ och $b = 3255$:

```
   1 1
   ----
   7193
 - 3255
 -------
   3938
```

Slutsatsen av beräkningen är att $7193 - 3255 = 3938$.

En analys av algoritmen kan gå till såhär:

1. Vid subtraktion av två positiva heltal med som mest fyra siffror (och där minuenden är större än subtrahenden) blir resultatet ett tal med som mest fyra siffror, eftersom differensen inte kan överstiga 9999. Vi kan skriva den obekanta differensen som

$$f = d_3d_2d_1d_0$$

2. För att göra det tydligare vad vi gör vid uppställningen delar vi upp den differens som ska beräknas på följande sätt:

$$f = (7000 + 100 + 90 + 3) - (3000 + 200 + 50 + 5)$$

3. Eftersom entalet i minuenden är mindre än entalet i subtrahenden krävs att vi *lånar* ett tiotal från nästa siffra i minuenden. Det ger entalssiffran $13 - 5 = 8 = d_0$. Inga andra siffror i de två termerna a och b kan bidra till entalssiffran i differensen.

4. Eftersom vi har lånat 10 från 90 har vi kvar 8 tiotal i minuenden. Beräkningen $80 - 50 = 30$ ger tiotalssiffran $d_1 = 3$.

5. Hundratalet i a är mindre än hundratalet i b, varför vi återigen måste låna från nästa högre positionsvärde i ordningen. Beräkningen $1100 -$

200 = 900 ger hundratalssiffran $d_2 = 9$.

6. Eftersom vi lånat 1000 från 7000 har vi kvar 6 tusental i minuenden. Beräkningen $6000 - 3000 = 3000$ ger slutligen tusentalssiffran $d_3 = 3$.

7. Slutsatsen är att $f = 3938$. Klart.

Detta resonemang fungerar som ett paradigmexempel som visar det generella mönstret, eftersom ett analogt resonemang kan upprepas för vilka par av positiva heltal som helst, givet att minuenden är större än subtrahenden.

1.3.3 Summan eller differensen mellan två decimaltal

Addition och subtraktion med decimaltal, i de fall där decimaldelen inte är noll, kan alltid återföras på uppställningen för samma räknesätt applicerat på positiva heltal. Vid addition och subtraktion gäller det bara att placera decimalkommat på rätt ställe: de två termerna ska placeras på ett sådant sätt att kommatecknen är i rak linje (eng. *aligned*) ovanför varandra, så att alltså ental står ovanför ental, tiondelar ovanför tiondelar, hundradelar ovanför hundradelar, och så vidare. Låt oss titta på beräkning av summan $2{,}39 + 5{,}82$:

```
   1 1
   ----
   2,39
+  5,82
-------
   8,21
```

1.4 Multiplikationsalgoritmen

Så till multiplikation och division.

1.4.1 Analys av multiplikationsalgoritmen

Fråga 3. Hur kommer det sig att multiplikationsalgoritmen fungerar?

Låt oss titta på en uppställning för produkten av talen $a = 322$ och $b = 7$:

```
  322
*   7
 -----
 2254   1 1
```

Slutsatsen är att $322 \cdot 7 = 2254$.

En analys av beräkningen ovan skulle kunna se ut såhär:

1. Vid multiplikation av två faktorer där en har tre siffror och den andra är ensiffrig blir resultatet ett heltal som har som mest fyra siffror, eftersom produkten är mindre än $1000 \cdot 10 = 10000$. Låt oss skriva den sökta produkten som

$$p = d_3 d_2 d_1 d_0$$

2. Det som utnyttjas vid den här uppställningen är det faktum att multiplikation är distributiv över addition, det vill säga att man kan dela upp en given produkt i delprodukter. Närmare bestämt är de delprodukter man bestämmer vid uppställningen:

$$322 \cdot 7 = (300 + 20 + 2) \cdot 7$$

3. Produkten av entalssiffran i 322 och 7 är 14, vilket ger entalssiffran i slutresultatet $d_0 = 4$. De resterande 10 läggs till tiotalen.

4. Produkten av tiotalet 20 och 7 är 140, till vilket vi lägger de 10 i 'minnet', så att vi får 150. Detta ger att tiotalssiffran i p är $d_1 = 5$. De resterande 100 läggs på hundratalen.

5. Produkten av hundratalet 300 och 7 är 2100, till vilket läggs de 100, så att vi får 2200. Detta ger hundratalssiffran $d_2 = 2$.

6. Eftersom inga fler termer återstår att multiplicera med 7 lämnar det oss också med tusentalssiffran $d_3 = 2$. Observera att vid den sista beräkningen

läggs ingen siffra i minnet.

Såhär skulle man också kunna sammanfatta den beräkning som utförs vid uppställningen:

$322 \cdot 7$	
$(300 + 20 + 2) \cdot 7$	
$(300 + 20) \cdot 7 + 14$	$d_0 = 4$
$300 \cdot 7 + 150 + 4$	$d_1 = 5$
$2200 + 50 + 4$	$d_2 = 2, d_3 = 2$
2254	$p = 2254$

Multiplikation med ett ensiffrigt tal är det basfall till vilket fallet med fler siffror än en återförs på. Låt oss till exempel se vad som händer om vi multiplicerar 322 med det tvåsiffriga talet 17:

```
   322
*   17
  -----
  2254    1 1
+ 3220
  -----
  5474
```

Slutsatsen av beräkningen är att $322 \cdot 17 = 5474$. De beräkningar som utförs är dels multiplikation med entalet 7 och därefter med tiotalet 10.

Ett gammalt sätt att i uppställningen justera för att multiplikationen med nästa siffra egentligen motsvarar multiplikation med tiotal istället för ental i nästa steg (eller hundratal, tusental, etc) är att 'skifta' ett steg åt vänster efter varje siffra man multiplicerat med. Själv brukar jag rekommendera att man fyller på med 0:or istället för att bara skifta åt vänster, då det blir tydligare vad det är man faktiskt räknar ut i varje rad av uppställningen. I sista steget av beräkningen återstår helt enkelt att addera delprodukterna. Såhär skulle man alternativt kunna sammanfatta den beräkning som utförs i uppställningen:

$$\begin{aligned} &322 \cdot 17 \\ &322 \cdot (10 + 7) \\ &322 \cdot 10 + 322 \cdot 7 \\ &3220 + 2254 \\ &5474 \end{aligned}$$

1.4.2 Produkten mellan två decimaltal

Multiplikation med decimaltal, i de fall där decimaldelen inte är noll, kan alltid återföras på uppställningen för samma räknesätt applicerat på positiva heltal. Vid multiplikation kan man behandla de två decimaltalen på samma sätt som med heltalen, med den skillnaden att man som det sista steget i beräkningen räknar det totala antalet decimaler (efter decimalkomma) sett över båda faktorerna och sätter ut just så många decimaler i resultatet. Låt oss titta på beräkningen av produkten $4{,}6 \cdot 7{,}8$:

```
     4,6
*    7,8
   -----
     368     4 4
+   3220
   -----
   35,88
```

Slutsatsen är att $4{,}6 \cdot 7{,}8 = 35{,}88$. Eftersom det är en decimal i faktorn 4,6 och en decimal i faktorn 7,8 har vi totalt två decimaler i resultatet.

För att förklara varför man kan göra på det här sättet vid multiplikation av decimaltal kan man hänvisa till bråkräkning:

$$4{,}6 \cdot 7{,}8 = \frac{46}{10} \cdot \frac{78}{10} = \frac{46 \cdot 78}{10 \cdot 10} = \frac{3588}{100} = 35{,}88$$

Analogt, antag man ville beräkna 2,76·8,43. Då får man istället:

$$2{,}76 \cdot 8{,}43 = \frac{276}{100} \cdot \frac{843}{100} = \frac{276 \cdot 843}{100 \cdot 100} = \frac{232668}{10000} = 23{,}2668$$

Decimalkommat ska flyttas fyra, alltså två plus två, steg efter beräkning av heltalsprodukten $276 \cdot 843$.

1.5 Divisionsalgoritmen och dess analys

Slutligen kommer vi till:

Fråga 4. Hur kommer det sig att divisionsalgoritmen fungerar? Varför får man kvoten på det där sättet?

Till skillnad från vad som är fallet med addition, subtraktion och multiplikation finns som sagt ett flertal olika uppställningar för division att välja mellan, men själva den grundläggande algoritmen eller principen bakom den är densamma oavsett. I skolorna har man haft preferens för en viss divisionsuppställning beroende på årtionde och land. Jag känner som sagt till åtminstone fyra olika uppställningar som används i skolorna: trappan, liggande stolen, kortdivision samt tysk divisionsuppställning.

Liksom med algoritmerna för de tre övriga räknesätten är den väsentliga biten av analysen att titta på fallet med division av två positiva heltal. Alla övriga fall, såsom division med decimaltal, återföres på fallet positiva heltal. Låt oss titta på två olika fall: för det första *heltalsdivision (euklidisk division)*, i vilket resultatet blir en *heltalskvot* q och en *heltalsrest* r, som ibland är lika med noll. För det andra *allmän division*, i vilket fall resultatet blir ett rationellt tal a/b, som har en heltalsdel och en bråkdel, och där man vill kunna uppge kvotens värde till ett valt antal decimaler (istället för att uppge bråkdelen på bråkform vill säga). Ibland är förstås bråkdelen möjlig att uttrycka exakt som ett enda decimaltal, såsom vid beräkning av 21 dividerat med 4:

$$21/4 = 5\frac{1}{4} = 5{,}25$$

1.5.1 Bråk och periodiska decimalutvecklingar

Ett bråk (rationellt tal), och därmed kvoten mellan två heltal, går oftast bara att approximera till ett valt antal decimaler med decimaltal, men inte uttrycka exakt som ett enda decimaltal. Decimaltalen **D** utgör en äkta delmängd av de rationella talen $\mathbb{Q}$, som har oändligt många element utanför **D**. Detta är en skillnad mellan divisionsalgoritmen jämfört med de övriga tre, som alltid ger ett slutgiltigt resultat för decimaltal som indata.

Däremot är decimalutvecklingen av kvoten mellan två rationella tal alltid periodisk (medan irrationella tal har aperiodisk utveckling). Med att decimalutvecklingen är **periodisk** menas att det finns en följd av siffror som hela tiden upprepar sig efter ett tag vid decimalutveckling av bråket. Längden av den minsta följd av siffror för vilken detta gäller kallar vi för **perioden** eller **periodlängden** och själva blocket av dessa siffror kallar vi för **repetenden** eller också **perioden** i decimalutvecklingen av bråket. När man har upptäckt decimalutvecklingens period behöver man inte längre utföra divisionsalgoritmen utan det räcker med att bara upprepa perioden så länge man önskar.

Exempel 1. (a) Bråket $1/3$ kan inte uttryckas exakt som ett decimaltal, däremot approximeras till ett godtyckligt antal decimaler:

$$\frac{1}{3} = 0{,}333\ldots$$

Repetenden är ”3” med perioden 1.

(b) Division av 22 med 7 till ett stort antal decimaler med hjälp av divisionsalgoritmen ger

$$\frac{22}{7} = 3{,}1428571428\ldots$$

Eftersom upprepning av resten sker på position −7 från decimalkommat räknat, kan vi konstatera att repetenden är "142857" med längden/perioden 6. □

Ett annat sätt att skriva ned decimalutvecklingen på ett sätt som tydligt signalerar vad repetenden och perioden är och var den börjar är följande, med föregående exempel:

$$\frac{1}{3} = 0{,}[3]$$

respektive

$$\frac{22}{7} = 3{,}[142857]$$

En detaljerad förklaring till det rationella talets periodiska decimalutveckling ges i dokumentet "Periodiska decimalutvecklingar" DFM III(b)–(c).

1.5.2 Heltalsdivision och divisionsalgoritmen

Vi kan för att exemplifiera titta på en uppställning för beräkning av kvoten 364/7. Med tysk divisionsuppställning redovisas beräkningarna såhär:

```
 365 / 7 = 052
-0
--
 36
-35
 --
  15
  -7
```

--

1

Slutsatsen är att

$$365/7 = 52 \text{ rest } 1$$

Resultatet kan också kontrollräknas genom att multiplicera 52 med 7:

$$52 \cdot 7 = 364$$

Det visar att 52 uppfyller den definierande ekvationen för heltalsdivisionen 365 div 7.

Resultatet av beräkningen uppfattad som allmän division kan dessutom skrivas:

$$\frac{365}{7} = 52\frac{1}{7}$$

alltså 52 hela och 1 7–del. Om man vill fortsätta beräkningen av den allmänna kvoten, i formen av si och så många decimaler, kan man återigen utnyttja divisionsalgoritmen. Hur detta går till och varför det fungerar påminner vi oss om och går igenom i nästkommande avsnitt.

Steg för steg tänker vi ungefär såhär under processen av att utföra divisionsalgoritmen:

($h1$) ”Hur många gånger går 7 i 3? Jo, noll gånger och det ger den första siffran 0 i svaret. 0 gånger 7 är 0. Det lämnar 3 i rest och så flyttar vi ned nästa siffra 6.”

($h2$) ”Hur många gånger går 7 i 36? Fem gånger, vilket ger nästa siffra 5. Resten är 1 och så flyttar vi ned 4.”

($h3$) ”Hur många gånger går 7 i 14? Jo, två gånger, vilket ger nästa siffra 2 i svaret. Resten är nu 1, så där är vi klara.”

Frågan är nu alltså varför, hur det kommer sig, att den här processen överhuvudtaget fungerar och levererar ett korrekt resultat?

Frågan som man vill besvara här är ”Vilket helt antal gånger går 7 i

365?" Detta går på ett ut med att ställa denna fråga:

> Vilket naturligt tal q multiplicerat med 7 är mindre än eller lika med 365 med en rest r mindre än 7?

— Detta är definitionen av operationen heltalsdivision.

Idéen bakom divisionsalgoritmen är att dela upp frågan "Hur många gånger går 7 i 365?" i ett antal *ordnade delfrågor*. Delfrågorna (h1) till (h3) motsvarar *egentligen* dessa frågor:

($h1'$) "Hur många gånger går 700 i 300?" — 0 gånger

($h2'$) "Hur många gånger går 70 i 360?" — 5 gånger

($h3'$) "Hur många gånger går 7 i 15?" — 2 gånger

Hur ger då dessa delfrågor det efterfrågade naturliga talet q?

1. Talet q kan som högst ha 3 siffror d_2, d_1 och d_0 i sin decimala representation, eftersom 365 har tre siffror:

$$q = d_2d_1d_0 = d_2 \cdot 10^2 + d_1 \cdot 10 + d_0 \cdot 1$$

2. Multiplikation med 7 ger

$$7q = 7(d_2 \cdot 10^2 + d_1 \cdot 10 + d_0 \cdot 1) = d_2 \cdot 700 + d_1 \cdot 70 + d_0 \cdot 7$$

3. För att hitta hundratalssiffran d_2 ställer vi i själva verket frågan "Hur många gånger går 700 i 300?" Svaret på den är "0 gånger", vilket ger $d_2 = 0$. Att vi inte behöver ställa frågan "Hur många gånger går 700 i 365?" beror ju på att vi inte kan få plats med fler 'exemplar' av 700 genom att lägga till tiotalen och entalen.

4. Resten här är än så länge 365. Att vi nu kan ställa frågan "Hur många gånger går 70 i 360?" för att finna tiotalssiffran d_1, istället för "Hur många gånger går 70 i 365?", är av liknande anledning: att lägga till entalen kan inte bidra med ytterligare ett 'exemplar' av 70 till siffran d_1.

5. Resten är 15. Frågan "Hur många gånger går 7 i 15?" ger entalssiffran $d_0 = 2$.

6. Heltalskvoten är $q = 52$ och resten är $r = 1$.

Ett liknande eller analogt resonemang kan upprepas för alla par av positiva heltal till täljare och nämnare. Detta konkreta exempel tjänar med andra ord som ett paradigmexempel, som genom det särskilda uppvisar det allmänna.

1.5.3 Allmän division och divisionsalgoritmen

Uppgiften här är att försöka förklara varför divisionsalgoritmen fungerar för beräkning eller approximation av den allmänna kvoten till ett valt antal decimaler, alltså att förklara varför decimalutveckling med hjälp av divisionsalgoritmen ger korrekt resultat.

Låt oss påminna oss om hur en uppställning för beräkning av kvoten mellan talen $a = 22$ och $b = 7$ kan gå till:

```
 22 / 7 = 03,142
-0
---
 22
-21
 ---
  10
  -7
  ---
   30
  -28
   ---
    20
   -14
    ---
      6
```

Slutsatsen är att

$$22/7 = 3{,}142\ldots$$

De tre prickarna efter den sista siffran signalerar att decimalutvecklingen kan fortsättas med fler än tre decimaler, eftersom resten än så länge inte är noll.[2] Steg för steg tänker man ungefär såhär när man genomför divisionsalgoritmen:

> ”Hur många gånger går 7 i 2? Jo, noll gånger. Det ger resten 2 och så flyttar vi ned 2 och får 22.”
>
> ”Hur många gånger går 7 i 22? Jo, tre gånger. Det ger resten 1 och eftersom siffrorna i 22 är slut sätter vi dit en 0:a.”
>
> ”Hur många gånger går 7 i 10? Jo, en gång. Det ger resten 3 och så sätter vi dit en ny 0:a.”
>
> ”Hur många gånger går 7 i 30? Fyra gånger, vilket ger nästa siffra 4, och resten 2 och så sätter vi dit en ny 0:a.”
>
> ”Hur många gånger går 7 i 20? Två gånger. Det ger nästa siffra 2 och resten 6, eftersom 2 gånger 7 är 14.”

Och så vidare.

För att klart och tydligt förklara varför algoritmen är uppbyggd som den är kan man resonera på följande sätt.

1. Som ett exempel, låt kvoten $K = a/b = 22/7$.
2. För att hitta ett närmevärde till kvoten med tre decimaler är det vi söker efter ett decimaltal

$$\begin{aligned} D &= d_1 d_0, d_{-1} d_{-2} d_{-3} \\ &= d_1 \cdot 10 + d_0 \cdot 1 + d_{-1} \cdot \frac{1}{10} + d_{-2} \cdot \frac{1}{100} + d_{-3} \cdot \frac{1}{1000} \\ &= d_1 \cdot 10^1 + d_0 \cdot 10^0 + d_{-1} \cdot 10^{-1} + d_{-2} \cdot 10^{-2} + d_{-3} \cdot 10^{-3} \end{aligned}$$

   som har följande egenskaper:
   (a) D är mindre än eller lika med kvoten K, och
   (b) D ligger inom ett avstånd från K strikt mindre än en tusendel (i annat fall skulle vi ju kunna öka siffran d_{-3}).
3. Vi vill med andra ord lösa ekvationen

$$22/7 = D + R$$

[2] 22 7–delar är för övrigt en av Arkimedes approximationer till talet π.

där $0 \leq R < 0{,}001$.

4. Genom multiplikation av vänster– och högerled med nämnaren 7 kan ekvationen skrivas om som:

$$\begin{aligned} 22 &= d_1 \cdot 7 \cdot 10^1 + d_0 \cdot 7 \cdot 10^0 + d_{-1} \cdot 7 \cdot 10^{-1} + \\ &\quad d_{-2} \cdot 7 \cdot 10^{-2} + d_{-3} \cdot 7 \cdot 10^{-3} + R \cdot 7 \\ &= d_1 \cdot 70 + d_0 \cdot 7 + d_{-1} \cdot 0{,}7 + d_{-2} \cdot 0{,}07 + d_{-3} \cdot 0{,}007 + R \cdot 7 \end{aligned}$$

5. Tiotalssiffran: För att hitta tiotalssiffran i D ställer vi i divisionsalgoritmen frågan "Hur många gånger går 7 i 2?" I själva verket är detta frågan hur många gånger 70 går i 22 (jämför med omskrivningen i rad (4) ovan). Svaret på den är noll, varför siffran d_1 är 0. Täljaren 22 minus $0 \cdot 70$ ger den första resten $R_1 = 22$.

6. Entalssiffran: Det antal gånger 7 går i 22 är tre, varför siffran d_0 är 3. Den första resten 22 minus $3 \cdot 7$ ger den andra resten $R_0 = 1$.

7. Tiondelssiffran: Den tredje frågan man ställer vid divisionsalgoritmens utförande är ju "Hur många gånger går 7 i 10?" I själva verket är detta frågan hur många gånger 0,7 går i 1, vilket framgår av omskrivningen i rad (4) ovan. Svaret på den är ett, varför siffran d_{-1} är 1. Notera att detta antal *är lika med* det antal gånger 7 går i 10, eftersom ekvationen $0{,}7X = 1$ har exakt samma lösningar som $7X = 10$. Det är därför den andra resten får en extra 0:a i uppställningen. Den andra resten 1 minus $1 \cdot 0{,}7$ ger den tredje resten $R_{-1} = 0{,}3 = 0{,}30$.

8. Hundradelssiffran: Det antal gånger 0,07 går i resten 0,30 är lika med det antal gånger 7 går 30, vilket är 4 gånger, varför siffran d_{-2} är 4. Den tredje resten 0,30 minus $4 \cdot 0{,}07 = 0{,}28$ ger den fjärde resten $R_{-2} = 0{,}02 = 0{,}020$.

9. Tusendelssiffran: Det antal gånger 0,007 går i resten 0,020 är lika med det antal gånger 7 går i 20, vilket är 2 gånger, varför siffran d_{-3} är 2. Den fjärde resten 0,020 minus $2 \cdot 0{,}007 = 0{,}014$ ger den femte resten $R_{-4} = 0{,}006 = 0{,}0060$. Och där är vi klara.

10. Vad är nu resten R? Jämför vi med omskrivningen i rad (4) ser vi att

$$R_{-4} = 7 \cdot R$$

Denna ekvation har den enda lösningen $R = 0{,}006/7 = 0{,}001 \cdot 6/7$. Som vi ser uppfyller R det krav vi ställde på resten i rad (3) att R är mindre än 0,001.

11. Vi har alltså att

$$22/7 = 3{,}142 + 0{,}001 \cdot 6/7$$

Problemet är löst. Bråket 22/7 utvecklat till tre decimaler är 3,142 och resten är $0{,}001 \cdot 6/7$.

12. Vill man fortsätta decimalutvecklingen en siffra till frågar man hur många gånger 0,0007 ($= 7 \cdot 10^{-4}$) går i resten 0,0060, vilket går på ett ut med att fråga hur många gånger 7 går i 60, vilket är åtta gånger, varför den fjärde decimalen d_{-4} då blir 8. På det där sättet kan man fortsätta decimalutvecklingen.

Resonemanget (1)–(12) tjänar i sin helhet som ett paradigmexempel som uppvisar det allmänna mönstret för divisionsalgoritmen och därmed förknippade uppställningar: trappan, liggande stolen, kortdivision, med mera. Även om vi har tittat på ett konkret exempel, så bär stegen i resonemanget det allmänna i sig som något exemplet pekar mot.

Med det beteckningssätt för heltalsdivision som introducerades i relevant avsnitt kan man sammanfatta analysen av stegen i divisionsalgoritmen för fallet 22/7 på det här sättet:

Beräkning som utförs:	Vilket egentligen motsvarar:
2 div 7 = 0 rest 2	Hur många gånger går 70 i 22?
22 div 7 = 3 rest 1	... 7 i 22?
10 div 7 = 1 rest 3	... 0,7 i 1,0?
30 div 7 = 4 rest 2	... 0,07 i 0,30?
20 div 7 = 2 rest 6	... 0,007 i 0,020?

Ett ledigt sätt att besvara en fråga på formen (F4) är avslutningsvis det här:

> ”Antag att man vill beräkna kvoten 22 delat med 7 till några decimaler. Först får man ju då att 7 går 3 gånger i 22, med resten 1. 7 går förstås 0 gånger i 1, varför den fråga man behöver ställa är hur många gånger 0,7 går i 1. Detta ger den första

decimalen. Men att fråga hur många gånger 0,7 går i 1 är (mer eller mindre) samma sak som att fråga hur många gånger 7 går i 10. Det är därför man i divisionsalgoritmen helt enkelt förlänger resten med siffran 0."

Jag tycker vi nöjer oss så och går vidare till nästa serie beräkningsfall.

1.5.4 Kvoten mellan två decimaltal

Beräkning av kvoten mellan två decimaltal genom divisionsuppställning kan alltid utföras genom att man förvandlar nämnaren till ett heltal.

Exempel 2. Kvoten 14/0,2 kan beräknas:

$$\frac{14}{0{,}2} = \frac{14 \cdot 10}{0{,}2 \cdot 10} = \frac{140}{2} = 70$$

Exempel 3. Låt oss titta på beräkning av kvoten 54,48/1,2.

1. Det första steget är att skriva om kvoten, så att alla decimaler i nämnaren försvinner:

$$\frac{54{,}48}{1{,}2} = \frac{544{,}8}{12}$$

2. För att beräkna 544,8/12 kan man beräkna 5448/12 med hjälp av någon av de traditionella divisionsuppställningarna och sedan flytta decimalkommat ett steg åt vänster, det vill säga dela resultatet med 10.

$$\frac{544{,}8}{12} = \frac{5448}{12}/10 = 454/10 = 45{,}4$$

□

Dessa två exempel är, hoppas jag, tillräckliga som illustrationer av den allmänna metoden.

2 Kommentarer

2.1 Additionsalgoritmen i pseudokod

Med **pseudokod** menar man i matematiken, logiken och datalogin ett i hög grad konventionellt språk för att beskriva algoritmer, som har vissa drag av en del klassiska programmeringsspråk av typen högnivå och delvis liknande grammatik, men som inte begränsas av just det slags detaljerade och strikta syntaxregler som präglar varje faktiskt programmeringsspråk, utan som ligger närmare naturligt språk.

i	$[a]_i$	$[b]_i$	m	x	$[s]_i$
0	5	5	0	10	0
1	3	1	1	5	5
2	1	4	0	5	5
3	0	0	0	0	0

Figur 1: Redovisning av additionsalgoritmen för beräkning av summan $s = a + b$, där $a = 135$ och $b = 415$.

I pseudokod kunde man formulera den bakomliggande algoritmen eller programmet för beräkning av summan $s = a+b$ av två positiva heltal a och b med maximalt n siffror[3], utan att därvid förutsätta en bestämd uppställning på papper, på följande sätt:

Funktion: beräkning av summan av två positiva heltal med maximalt n siffror

Indata: positiva heltalstermer a, b

Utdata: summan $s = a + b$ av a och b

Hjälpvariabler: räknare i, minnessiffra m, aritmetiker x

Sätt $i := 0$ och $m := 0$

[3]På den inbyggda miniräknaren i min mobiltelefon är femton det maximala antalet siffror som tillåtes som indata.

```
Så länge 0 ≤ i ≤ n − 1 gör såhär:

    Sätt aritmetikern x := m + [a]_i + [b]_i

    Sätt minnessiffran m := [x]_1

    Sätt siffran [s]_i := [x]_0

    Sätt räknaren i := i + 1

Sätt j := n + 1

Sätt [s]_j := [x]_1

Skriv ut s på skärmen
```

Observera att vid det näst sista steget i koden har räknarvariabeln i förvandlats till n. Vid det sista steget i additionsuppställningen överförs ingen siffra till "minnet", utan den sista eventuella "minnessiffran" skrivs ut längst till vänster i resultatet av beräkningen. Låt oss titta på ett konkret exempel där varje steg i pseudokodens beräkning av summan redovisas (se figur 1). Vi sätter $a = 135$ och $b = 415$.

Procedurens resultat är $s = a + b = 0550 = 550$, vilket framgår av kolumnen längst till höger.

3 Lock/portar

Teorifrågor

F1. Analysera algoritmen för addition med stöd av exemplet 394+232.

F2. Analysera algoritmen för multiplikation med stöd av exemplet $532 \cdot 14$.

F3. Analysera algoritmen för division med stöd av exemplet 24/7.

F4. Vad innebär det att en decimalutveckling är periodisk? Vad är perioden respektive repetenden i följande decimalutveckling?

$$45{,}000333576576576576\ldots$$

F5. Hur kommer det sig att decimalutvecklingen till ett bråk, till exempel bråket 1/7, är periodisk?

F6. Hur ser sambandet ut mellan periodiska decimalutvecklingar och rationella tal?

Problem

P1. Skriv decimaltalet som en explicit summa av tiopotenser: (a) 5823 (b) 329,35 (c) 54,49393

P2. Beräkna med hjälp av uppställningarna för addition respektive subtraktion: (a) $455 + 373$ (b) $9338 + 49382$ (c) $935 - 252$ (d) $48331 - 18993$

P3. Beräkna med hjälp av uppställningen för multiplikation: (a) $431 \cdot 5$ (b) $573 \cdot 48$ (c) $1{,}7 \cdot 4{,}5$

P4. Bestäm kvoten som ett decimaltal genom någon uppställning för divisionsalgoritmen. Om divisionen inte går jämnt ut ange perioden för kvotens decimalutveckling med lämplig notation: (a) 83/4 (b) 594/6 (c) 3293/5 (d) 365/7 (e) 8542/12 (f) 95,2/1,1 (g) 46,33/1,5

P5. Skriv decimaltalet som ett enda bråk: (a) 1,23 (b) 2,942 (c) 31,25

Periodiska decimalutvecklingar

Artikel 13

Innehåll

Abstract

Vi konstaterar och ger bevis för att varje bråk/rationellt tal har en periodisk decimalutveckling, och omvänt, att varje periodisk decimalserie (som inte övergår i en oändlig upprepning av 9:or) utgör decimalutvecklingen för ett bestämt rationellt tal. Därmed finner vi ett enkelt sätt att så att säga trolla fram nya irrationella talsymboler: det är bara att välja en regel för en aperiodisk decimalutveckling.

1 Kärninnehåll

1.1 Från bråk till periodisk utveckling

Decimaltalen är en delmängd av de rationella talen, eftersom varje decimaltal kan skrivas om som ett enda bråk. Decimaltalet 1,25 kan skrivas om som bråket 125 100–delar till exempel:

$$1{,}25 = 1 + \frac{2}{10} + \frac{5}{100} = \frac{100}{100} + \frac{20}{100} + \frac{5}{100} = \frac{125}{100}$$

Däremot gäller inte det omvända: inte varje bråk kan uttryckas exakt som ett enda decimaltal. Decimaltalen är med andra ord en äkta delmängd av de rationella talen. Vid decimalutvecklingen av ett bråk med hjälp av divisionsalgoritmen är det därför bara i somliga fall i vilka processen slutligen ger resten noll. Naturligtvis kan dock varje bråk decimalutvecklas till ett valfritt antal decimaler. Detta ger decimala närmevärden till bråket med godtyckligt fin noggrannhet i approximationen, beroende på hur många decimaler man väljer.

Däremot är det faktiskt så att varje bråk har en **periodisk decimalutveckling**. Detta är aldrig fallet med irrationella tal såsom $\sqrt{2}$ eller π, utan är något som kännetecknar just bråkens decimalutveckling. Med andra ord, irrationella tal kännetecknas av att de har **aperiodiska** decimalutvecklingar. Med att decimalutvecklingen är periodisk menas att det finns en följd av siffror som hela tiden upprepar sig efter ett tag vid decimalutveckling av bråket. Längden av den minsta följd av siffror för vilken detta gäller kallar vi för **perioden** eller **periodlängden** och själva blocket av dessa siffror kallar vi för **repetenden** eller också **perioden** i decimalutvecklingen av bråket. När man har upptäckt decimalutvecklingens period behöver man inte längre utföra divisionsalgoritmen utan det räcker med att bara upprepa perioden så länge man önskar.

Exempel 1. (a) Eftersom $1/4 = 0{,}25$ är den kortaste perioden siffran

"0" och decimalutvecklingens periodlängd är 1:

$$\frac{1}{4} = 0{,}25000\ldots$$

(b) Bråket 1/3 kan inte uttryckas exakt som ett decimaltal, däremot approximeras till ett godtyckligt antal decimaler:

$$\frac{1}{3} \approx 0{,}3333333$$

Decimalutvecklingen av 1/3 har perioden "3" och har periodlängden 1. Varför det blir så visar sig då man utför division av 1 med 3 genom divisionsalgoritmen. I varje steg får man samma rest 1, vilket ger den följande frågan "Hur många gånger går 3 i 10?" I ett sånt här fall, där perioden är ganska så uppenbar, kan man använda skrivsättet:

$$\frac{1}{3} = 0{,}333\ldots$$

(c) Division av 22 med 7 till ett stort antal decimaler med hjälp av divisionsalgoritmen ger

$$\frac{22}{7} \approx 3{,}1428571428$$

Eftersom upprepning av resten sker på position -7 från decimalkommat räknat, kan vi konstatera att perioden är "142857" med längden 6. Decimalutvecklingen till bråket 22 7–delar har alltså perioden "142857" och periodlängden 6. □

Ett annat sätt att skriva ned decimalutvecklingen på ett sätt som tydligt signalerar vad perioden är och var den börjar är följande:

$$\frac{22}{7} = 3{,}[142857]$$

(I litteraturen förekommer också skrivsättet $3{,}\overline{142857}$.) Med detta skrivsätt har vi

$$\frac{1}{4} = 0{,}25[0]$$

och

$$\frac{1}{3} = 0,[3]$$

1.2 Förklaring till periodiciteten

Låt oss nu titta på

Fråga 1. ”Hur kommer det sig att decimalutvecklingen av ett bråk alltid är periodisk?”

För att finna en bra förklaring låt oss titta på ett konkret exempel som uppvisar det allmänna mönstret.

Exempel 2. Vi sätter $a = 40$ och $b = 54$ och utför divisionsuppställningen ”trappan”. Resultatet visas i figur 1.

1. I första steget får vi 0 som svaret på hur många gånger b går i a, så att heltalsdelen är 0 före decimalkommat och resten $r_1 = a = 40$.
2. Vi förlänger r_1 med en 0:a, det vill säga multiplicerar r_1 med faktorn 10, och räknar hur många gånger $b = 54$ går i $10r_1$. Detta ger vår första siffra efter decimalkommat som $d_1 = 7$ och resten $r_2 = 10r_1 - d_1b = 400 - 378 = 22$.
3. Vi fortsätter på samma sätt: vi förlänger r_2 med en faktor 10 och räknar hur många gånger 54 går i $10r_2$, vilket ger nästa decimal $d_2 = 4$ och resten $r_3 = 10r_2 - d_2b = 220 - 216 = 4$.
4. Vi förlänger r_3 med faktorn 10 och får $d_3 = 0$ och $r_4 = 10r_3 - d_3b = 40 - 0 = 40$.

Och där stannar vi. Detta därför att vi nu kan notera att den rest vi har erhållit i fjärde steget är exakt samma som i första, alltså att $r_1 = r_4$. Därefter kommer samma mönster helt enkelt upprepa sig. Att det här är vad vi alltid har att förvänta oss beror på att resten r_i alltid ligger mellan 0 och nämnaren b, närmare bestämt $0 \leq r_i < b$. Vi har bara ett ändligt antal ”fack” b stycken som resten r_i kan hamna i. Förr

$$
\begin{array}{rll}
 & 0{,}740740\ldots & = 0{,}d_1d_2d_3d_4d_5d_6\ldots \\
54 & \overline{40{,}\emptyset\emptyset\emptyset\emptyset\ldots} & \\
 & \underline{-00} & \\
 & 400 & = 10r_1 \\
 & \underline{-378} & \\
 & 220 & = 10r_2 \\
 & \underline{-216} & \\
 & 40 & = 10r_3 \\
 & \underline{-00} & \\
 & 400 & = 10r_4 \\
 & \vdots &
\end{array}
$$

Figur 1: Divisionsalgoritmen enligt uppställningen "trappan" utförd på täljaren $a = 40$ och nämnaren $b = 54$. Den fjärde resten r_4 är samma som r_1, därefter sker upprepning. Perioden/repetenden är "740" och periodlängden är 3.

eller senare får vi antingen resten 0 eller så måste upprepning ske, och där har vi förklaringen till periodiciteten genom paradigmexempel.
□

□

Utgående från exempel 2 kan vi formulera ett generellt, abstraherat resonemang som förklaring till/bevis för periodiciteten:

1. Utan förlust i resonemanget allmängiltighet kan vi anta att $0 < a < b$, så att heltalsdelen vid divisionen är 0, och dessutom att a och b har samma antal siffror. I annat fall kan vi helt enkelt multiplicera a med lämplig 10–potens, som vi sedan dividerar varje element i decimalutvecklingen med.

2. Vi använder divisionsalgoritmen. I första steget får vi heltalsdelen 0 före decimalkommat och första resten $r_1 = a$. Men vid varje ytterligare steg vi tar i beräkningen förlänger vi en given rest r_i, där $i = 1, 2, 3, \ldots$, med en faktor 10 och räknar hur många gånger b går i $10r_i$.

3. För resten r_i vid denna heltalsdivision gäller förstås att $0 \leq r < b$, det vill säga r är ett av talen $0, 1, 2, \ldots, b-1$.

4. Eftersom det bara finns b sådana möjliga "fack" kommer man någon gång under processen antingen få resten 0 (divisionen går jämnt ut) eller få exakt samma rest som vid ett tidigare steg. Om exempelvis $r_{13} = r_{38}$ så kommer siffersträngen (perioden) $d_{13} \ldots d_{37}$ upprepa sig i all oändlighet efter decimal d_{37}.

□

Ett sätt att besvara fråga 1 är alltså:

> "Vid varje steg av decimalutveckling av bråket genom divisionsalgoritmen får man en rest som är något av talen 0 till bråkets nämnare minus 1. Eftersom det bara finns ett ändligt antal möjliga fack kommer man någon gång under processen få exakt samma rest som vid ett tidigare steg. Därav den periodiska upprepningen."

Låt oss sammanfatta det vi har kommit fram till i en display:

[1] *Decimalutvecklingen till ett bråk a/b är periodisk. Decimalutvecklingen till bråket kan erhållas med hjälp av divisionsalgoritmen.*

1.3 Från oändlig periodisk utveckling till bråk

Faktum är att varje möjlig periodisk decimalutveckling (undantaget decimalföljder som vid någon punkt övergår i en oändlig upprepning av 9:or) korresponderar mot ett och endast ett rationellt tal, på så sätt att man kan finna minst ett bråk som har den givna periodiska decimalserien som decimalutveckling.

För att finna det rationella tal som en given periodisk decimalserie motsvarar kan man gå tillväga på följande sätt.

Exempel 3. Vilket rationellt tal svarar mot den periodiska decimalserien?

$$S = 20{,}12[92675]$$

Lösning: 1. Börja med att bestämma efter hur många decimaler den första perioden framträder. Detta antal är 2. "Multiplikation" av decimaltalsföljden S med tiopotensen 10^2 ger

$$10^2 \cdot S = 2012,[92675]$$

2. Periodlängden är 5 och om vi nu istället "multiplicerar" talföljden med $10^{2+5} = 10^7$ får vi

$$10^7 \cdot S = 201292675,[92675]$$

3. "Subtraktion" av den senaste följden med den förra ger en "ekvation" som vi med en gång löser:

$$\begin{aligned} 10^7 \cdot S - 10^2 \cdot S &= 201292675,[92675] - 2012,[92675] \\ &= 201292675 - 2012 = 201290663 \\ (10^7 - 10^2) \cdot S &= 201290663 \\ 9999900 \cdot S &= 201290663 \\ S &= \frac{201290663}{9999900} \end{aligned}$$

4. Det bråk som faller ut i det sista steget av lösningen i (3) har den efterfrågade decimalutvecklingen S. □

Resonemanget (1)–(4) visar den allmänna metoden: *För en given periodisk decimalutveckling går det att finna ett bråk som har denna periodicitet genom att "multiplicera" decimalutvecklingen med lämpliga tiopotenser och lösa den resulterande "ekvationen".*

I det fall man har en periodisk decimalsummeföljd som vid någon punkt övergår i en oändlig upprepning av 9:or korresponderar denna mot den följd där den sista siffra som inte är 9 ökas med 1 varefter en oändlig upprepning av 0:or inträder. Följden 2,6584999... korresponderar till exempel mot samma rationella tal som följden 2,6585000... (vilket också kan "visas" med ovanstående metod)

Vi sammanfattar det vi har kommit fram till:

[2] *Ett reellt tal är rationellt om och endast om det har en periodisk decimalutveckling (som är entydigt bestämd om man undviker följder som någonstans övergår i en oändlig upprepning av 9:or).*

Detta är alltså inte definitionen av 'rationellt tal', utan ett teorem.

1.4 Decimalserier som övergår i en oändlig upprepning av 9:or

Några ord om decimalserier som någonstans övergår i en oändlig upprepning av 9:or. Enligt det sätt som decimalutvecklingen för ett reellt tal är definierad, så kan en sådan aldrig övergå i en oändlig upprepning av 9:or, utan i så fall bara en oändlig upprepning av 0:or, det vill säga motsvarande rationella tal är ett decimaltal.

En decimalserie med oändlig upprepning av 9:or motsvarar dock ett rationellt tal som sitt gränsvärde, nämligen det decimaltal man erhåller genom att addera 1 till den sista decimalpositionen före den oändliga upprepningen av 9:or och ta bort alla efterföljande siffror (eller byta ut 9:orna mot 0:or om man så vill).

Exempel 4. (a) Den oändliga decimalsummeföljden 0,24999... har gränsvärdet $0{,}25 = 1/4$, vilket vi erhåller genom att addera 1 till 4:an på decimalposition -2 och ta bort 9:orna.

(b) Den oändliga serien 0,999... har gränsvärdet 1, vilket vi får genom att addera 1 till 0:an på decimalposition 1 (entalspositionen) och ta bort alla 9:or. □

1.5 Aperiodiska decimalutvecklingar och irrationella tal

Eftersom rationella tal korresponderar mot periodiska decimalutvecklingar är det naturligtvis mycket lätt att (upp)finna nya irrationella talsymboler, helt enkelt genom att definiera dem via något val av regel för en aperiodisk decimalserie. Därefter kan man lätt approximera dessa irrationella tal till vilken noggrannhet man så önskar!

Exempel 5. (a) Decimalserien

$$R = 0{,}10110111011110\ldots$$

genererar en irrationell talsymbol, enligt regeln att strängar av siffran "1" av teckenlängd $1, 2, 3, \ldots$ ska separeras av en 0:a (jämför med avsnitt 1.5.5 ur artikeln "Den reella talsymbolens principer och hantverk").

(b) På samma sätt, låt s_n = "111...1" vara en sträng av 1:or med längden $f(n) = n^2$ för $n = 1, 2, 3, \ldots$, och sätt

$$R = R(s_n) = 0{,}s_1 0 s_2 0 s_3 0 \ldots$$

för alla positiva heltal n. Eftersom längden av s_n är en strängt växande talföljd är decimalserien aperiodisk och genererar en irrationell talsymbol.

(c) Generellt, låt s_n = "111...1 och t_n = "000...0" vara strängar av 1:or respektive 0:or av längden $f(n)$ respektive $g(n)$, där

$$f, g : \mathbb{Z}^+ \to \mathbb{N}$$

är aritmetiska funktioner och antingen f eller g är strängt växande. Då genererar

$$R = R(s_n, t_n) = 0{,}s_1 t_1 s_2 t_2 s_3 t_3 \ldots$$

ett irrationellt tal. □

2 Lock/portar

Teorifrågor

F1. Vad innebär det att en decimalutveckling är periodisk? Vad är perioden/repetenden respektive periodlängden i följande decimalutveckling?

$$45{,}000333576576576576\ldots$$

Finns det ett kortare sätt att uttrycka decimalutvecklingen ovan?

F2. Hur kommer det sig att decimalutvecklingen till ett bråk är periodisk? Kan du förklara med hjälp av något exempel?

F3. Hur ser sambandet ut mellan periodiska decimalutvecklingar och rationella tal?

F4. Hur kan man enkelt generera nya irrationella talsymboler?

Problem

P1. Bestäm kvoten som ett decimaltal genom någon uppställning för divisionsalgoritmen. Om divisionen inte går jämnt ut ange perioden för kvotens decimalutveckling med lämplig notation: (a) 83/4 (b) 594/6 (c) 3293/5 (d) 365/7 (e) 8542/12 (f) 95,2/1,1 (g) 46,33/1,5

P2. Skriv decimaltalet som ett enda bråk: (a) 1,23 (b) 2,942 (c) 31,25

P3. Finn ett bråk som korresponderar mot den periodiska decimaltalsföljden

$$14{,}87394439443944394439443944\ldots$$

P4. (a) Hitta på en aperiodisk decimalserie! Approximera dess motsvarande irrationella tal till tjugo decimalers noggrannhet.

(b) Konstruera en irrationell talsymbol utifrån de aritmetiska funktionerna $f(n) = n^2 + 1$ och $g(n) = n + 2$ för $n = 1, 2, 3, \ldots$

Negativet till ett tal: grundläggande idéer och principer

Artikel 14

Innehåll

Abstract

Tanken med det här dokumentet är att påminna om och förtydliga regler för negativa tal och negativoperatorn $(-A)$. Ett smidigt och elegant sätt att överblicka, sammanfatta och framställa reglerna är med den visuella–geometriska *talpilsmodellen* (eller *vektormodellen*) för negativet. Därtill tittar vi också på hur man kan närma sig reglerna ur synvinkeln av abstrakt algebra och formell logik, där det specifikationskrav som ställs på *kompletteringen* av de positiva talen med symboler för negativa tal måste resultera i en ordnad kommutativ ring med etta. Samtliga resonemang i det här dokumentet är lika tillämpliga på rationella tal som reella tal generellt.

1 Kärninnehåll

1.1 Allmänt

1.1.1 Notation och vokabulär

Vid utvidgningen av (i) de icke–negativa reella talen till (ii) att inkludera negativa tal förser vi samtliga talsymboler ur kategorin (i) med **signum**, också kallat **tecken** eller **förtecken**, för vilket det är internationell standard att utnyttja "+" respektive "−"; alltså samma notation som för operationerna addition/subtraktion. Om a är ett positivt tal så säges symbolen $-a$ eller $(-a)$ utgöra ett **negativt tal**. Ett positivt tal har "underförstått" tecken +, vi skriver till exempel vanligtvis inte "+3" för det positiva talet tre. Signum medför en indelning av de reella talen i tre distinkta klasser som uttömmer alla möjligheter: positiva tal $\mathbb{R}^+$, talet 0 samt negativa tal $\mathbb{R}^-$.

Signum ger oss vidare en *1–ställig operator* som vi kallar **negativet, negativoperatorn** eller **den additiva inversen**, och vars funktionsvärde på samma sätt skrivs

$$(-a)$$

För positiva tal ger denna operator motsvarande negativa tal, för negativa tal ger den motsvarande positiva tal. Det följer att

$$-(-a) = a$$

för alla $a \in \mathbb{R}$.

Notationen för negativa tal såväl som för negativoperatorn kan egentligen utläsas på flera olika sätt, vilket kan vara klargörande ibland:

(-2)
$\rightleftarrows$
minus två
negativt två

negativet till två
motsatsen till två

Exempel 1. Negativoperatorn applicerad på ett antal numeriska konstanter:

$$(-1) = -1$$
$$-(-2) = 2$$
$$-(-(-3)) = -3$$

Observera att ett negativt tal, såsom 'negativt ett', kan skrivas både med och utan parenteser beroende på vad som är lämpligt i kontexten, alltså som (-1) eller bara -1. □

För att tydliggöra sambandet mellan negativa tal och negativoperatorn kan vi titta på några olika synonyma sätt att formulera och skriva ned ett och samma matematiska påstående:

$$-(-5) = 5$$
$$\rightleftarrows$$

Minus *minus* 5 är lika med 5
Negativet till negativt 5 är lika med 5
Negativet till negativt 5 är 5
Negativet till negativet till 5 är (lika med) 5

Skillnaden mellan subtraktion och negativet till ett tal kan på samma sätt framhävas genom att man betraktar några olika sätt att utläsa och skriva något lämpligt aritmetiskt påstående:

$$8 - (-5) = 13$$
$$\rightleftarrows$$

Åtta minus *minus* fem är lika med tretton
Åtta minus negativt fem är lika med tretton
Åtta minus negativt fem är tretton
Differensen mellan 8 och negativet till 5 är lika med 13

En grundläggande logisk–algebraisk koppling mellan subtraktion och negativoperatorn är att:

[1] *För alla tal A och B upp till de komplexa gäller att differensen mellan A och B är precis lika med summan av A och den additiva inversen till B. Med matematisk notation:*

$$A - B = A + (-B)$$

Det vill säga, högerledet utgör den entydigt bestämda lösningen till den för differensen i vänsterledet definierande ekvationen $X + B = A$.

Detta är en ekvation som är giltig inom varje struktur av typen ring, en logisk konsekvens av den matematiska definitionen av differensen samt ringaxiomen.

Jag understryker att vi alltså har *tre olika användningar av samma skrivsätt "−"* i matematiken:

– för negativa tal

– för negativoperatorn/additiva inversen

– för den binära aritmetiska operationen subtraktion

Den fråga som således naturligt kan komma för en är

Fråga 1: *Varför har man valt att använda samma beteckning för dessa tre ting: negativa tal, den additiva inversen och subtraktion?*

Det finns antagligen olika svar till den frågan. Det finns som vi såg ett nära samband mellan subtraktion och den additiva inversen enligt [1], som är giltigt för alla reella tal, komplexa tal och överhuvudtaget alla par av element i en algebraisk struktur av typen ring. Därtill kommer att bruket av samma beteckning är en lång tradition (ett bruk), det är internationell standard, det är typografiskt enklare och det strömlinjeformar beräkningar och härledningar. Fördelarna av att man vare sig muntligt eller skriftligt behöver göra en distinktion mellan "negativt 3" i betydelsen det negativa talet -3 respektive den additiva inversen till 3 är större smidighet, på samma sätt vi ofta inte behöver skilja mellan "1/3" som bråket 1 3–del respektive kvoten 1 dividerat med 3.

Men ”rent logiskt” finns förstås ingen obetingad anledning att använda samma tecken, eftersom vi i varje fall rör oss med distinkta begrepp. I en del (amerikanska) läromedel har jag sett att man faktiskt skiljer negativoperatorn och negativa tal från subtraktion genom själva beteckningssättet. Man skriver till exempel ’negativt 3’ som $^{-}3$ istället för -3; en likhet som $5-(-3)=5+3=8$ skrivs då istället

$$5 - {}^{-}3 = 5 + 3 = 8$$

Det står: ”5 minus *negative* 3 equals 5 plus 3 which equals 8.” Andra alternativa beteckningssätt man kunde fantisera vore väl något i stil med

$$\sim 3 \quad \neg 3 \quad {}^{\neg}3 \quad 3^c$$

Andra tecken hade använts, men de hade fungerat som samma symboler, eftersom reglerna för deras användning vore intakta.[1] Det är möjligt att det på något stadium av undervisningen fyller en didaktisk funktion med denna åtskillnad i skrivsätt, åtminstone på så sätt att man medvetandegör skilda saker. Hursomhelst behöver man ändå förr eller senare vänja sig vid bruket av samma skrivsätt, då det är internationell standard på alla högre nivåer av matematiska studier, forskning och tillämpningar.

1.1.2 Absolutbelopp och avstånd på tallinjen

Med **absolutbeloppet** eller **det absoluta värdet** av ett reellt tal menas talet utan eventuellt negativt signum; absolutbeloppet brukar betecknas

$$|a|$$

[1]Hade man till och med valt att använda distinkta skrivsätt för alla tre funktioner, hade en aritmetisk likhet som $7-(-(-5))=2$ kanske kunnat se ut såhär:

$$7 - \neg(5^c) = 2$$

Eller något i den stilen. En smula otympligt kanske?

och till exempel är $|5| = 5$ och $|-5| = 5$. Med "cases"-notation kan man teckna definitionen av absolutbeloppet såhär:

$$|a| = \begin{cases} a, & \text{om } a \geq 0 \\ -a, & \text{annars} \end{cases}$$

för alla $a \in \mathbb{R}$.

Avståndet eller **den absoluta differensen** mellan två reella tal kan nu definieras som det absoluta värdet av differensen mellan talen. Med $a, b \in \mathbb{R}$ kan avståndet skrivas

$$d(a, b) = |a - b|$$

Exempelvis är avståndet mellan 4 och 15 lika med 11 enheter:

$$d(4, 15) = |4 - 15| = |-11| = 11$$

Lägg märke till att eftersom vi tar absolutbeloppet av skillnaden spelar det ingen roll i vilken ordning subtraktionen utförs.

Exempel 2. Enligt radarn är koordinaterna för en dykare $y = -34$ m (under vattenytan) och helikoptern $y = 255$ m (ovanför vattenytan). Vad är det lodräta avståndet mellan dykaren och helikoptern?

Lösning: Vi beräknar helt enkelt avståndet mellan koordinaterna:

$$d(255, -34) = |255 - (-34)| = |255 + 34| = 289$$

Avståndet är 289 meter. □

Exempel 2 ger ett förslag på hur man kan motivera, visa poängen med räknereglerna för negativa tal. I det här fallet åskådliggör problemet den räkneregel som säger att subtraktion med ett negativt tal innebär en teckenvändning.

1.1.3 Vad är nyttan med att införa negativa tal?

De regler som gäller för räkning med negativa tal och negativoperatorn, och som till exempel är sammanfattade i den vanliga talpilsmodellen, har karaktären av definierande eller axiomatiska regleringar för vår matematik. Detta hindrar förstås inte att man ställer en annan sorts och viktig fråga, nämligen:

Fråga 2: *Vilken nytta gör det att införa negativa tal överhuvudtaget?*

— Här är det mest naturliga att peka på specifika *tillämpningar* där reglerna visar sin användbarhet: avståndsberäkningar i koordinatsystem, naturvetenskapliga tillämpningar såsom hastighet, acceleration och kraft, räkning på temperaturer, tillgångar och skulder på kontot, och så vidare. Den typen av illustrationer fungerar som motiveringar och exempel på användningar, men de erbjuder inget sätt att vare sig 'bevisa' eller 'vederlägga' reglerna för negativoperatorn.

Att beräkna *avstånd* mellan punkter på en linje, i planet eller i rymden (eller i högre–dimensionella rymder) är en möjlig bra illustration av nyttan med negativa tal och deras räkneregler. I problem 1 bestod uppgiften i att beräkna avståndet mellan en helikopter och en dykare. För två punkter på en tallinje, alltså ett 1–dimensionellt koordinatsystem, kan avståndet beräknas enligt den tidigare formeln, vilket också kan kallas *avståndformeln för* $\mathbb{R}^1$:

$$d(x,y) = |x-y| = \sqrt{(x-y)^2}$$

Förutsättningen för att denna formel ska fungera är räknereglerna för addition med negativa tal. Enligt *avståndsformeln för* $\mathbb{R}^2$ kan avståndet mellan två punkter $P = (x_1, y_1)$ och $Q = (x_2, y_2)$ i ett cartesiskt koordinatsystem bestämmas enligt

$$|PQ| = \sqrt{\Delta x^2 + \Delta y^2} = \sqrt{(x_2 - x_1)^2 + (y_2 - y_1)^2} \quad \text{(längdenheter)}$$

Formeln kan enkelt härledas ur Pythagoras sats.

Poängen med följande beräkningar är att man *inte behöver göra några ändringar i formeln* beroende på om vissa av punkterna har negativa koordinater eller ta hänsyn till det inbördes läget mellan punkterna. Man kan helt enkelt tillämpa formeln som den står. Här ser vi alltså exempel på nyttan med att reglerna för negativet ser ut som de gör.

Exempel 3. Bestäm avståndet mellan punkterna:

(a) $P = (3,4)$ och $Q = (13,9)$ (b) $P = (-3,-6)$ och $Q = (1,10)$
(c) $P = (19,23)$ och $Q = (-4,-5)$

Lösning: Enligt avståndsformeln är

(a) $|PQ| = \sqrt{(13-3)^2 + (9-4)^2} = \sqrt{100+25} = \sqrt{125} \approx 11{,}18$ l.e.

Avståndsformeln tillsammans med talpilsprincipen ger

$$\begin{aligned}\text{(b)}\ |PQ| &= \sqrt{(1-(-3))^2 + (10-(-6))^2} = \sqrt{4^2+16^2} = \sqrt{16+256} \\ &= \sqrt{272} \approx 16{,}49\end{aligned}$$

Slutligen

$$\begin{aligned}\text{(c)}\ |PQ| &= \sqrt{((-4)-19)^2 + ((-5)-23)^2} = \sqrt{(-23)^2+(-28)^2} \\ &= \sqrt{529+784} = \sqrt{1313} \approx 36{,}24\end{aligned}$$

□

Exempel 4. Fartyg F har koordinaterna $(-4.2, 5.3)$ sjömil på radarn och fartyg G har koordinaterna $(6.7, -9.0)$ sjömil. Vad är avståndet mellan fartygen? (1 nautisk mil = 1 852 meter)

Lösning: Med avståndsformeln får vi

$$\begin{aligned}d(F,G) &= \sqrt{(x_G - x_F)^2 + (y_G - y_F)^2} \\ &= \sqrt{(6.7-(-4.2))^2 + ((-9.0)-5.3)^2} \approx 17.98\end{aligned}$$

Avståndet är cirka 18 nautiska mil. □

Man kan fortsätta att på det här sättet plocka exempel ur analysen och tillämpningar på studiet av naturliga, ekonomiska eller andra sorters processer, där till exempel negativ derivata tolkas som att farten avtar eller att processen fortgår i en viss riktning. I allmänna ordalag kan man säga att signum medför att *ett förlopps riktning*, av avtagande/tilltagande i något avseende, kan uttryckas och behandlas smidigare matematiskt med införandet av negativa tal:

höger–vänster, framåt–bakåt, uppåt–nedåt

fortare–långsammare rörelse

starkare–svagare koncentration

Och så vidare.

1.2 Den visuella–geometriska approachen till negativoperatorn

1.2.1 Talpilsmodellen: 1–dimensionella vektorer som ett sätt att överblicka räknereglerna

Det vanligaste sättet att göra sig en bild av och modell för negativa tal & negativoperatorn är den representation där man tänker sig varje reellt tal som en sorts **(reell) talpil** på tallinjen. Pilen anger en storlek och en riktning på tallinjen, och kan alltså tänkas som en *1–dimensionell* ***vektor***. Pilen är helt och hållet bestämd av denna storlek och riktning: två pilar som har samma storlek och riktning motsvarar exakt samma reella tal. Denna modell kan vi ge namnet **talpilsmodellen** eller **vektormodellen** för negativoperatorn.[2]

[2] $\mathbb{R}$ som ett 1–dimensionellt vektorrum är en 'modell' för 'axiomen' för negativa tal/negativoperatorn i den matematiska logiken och mängdlärans bemärkelse; det är inte en 'matematisk modell' i ordets vanligare bemärkelse av tillämpad matematik. I talpilsmodellen är skalärerna och de 1–dimensionella vektorerna samma objekt, så att de reella talen omväxlande ska uppfattas som skalärer respektive

De regler som bestämmer talpilsmodellen är som följer:

(T_1) *Talpilarnas storlek och riktning:* Pilens storlek är det reella talets *absolutbelopp*. Pilens riktning från origo motsvarar det reella talets tecken. Den ena riktningen, *positiv riktning* eller "höger", motsvarar positiva tal och den andra riktningen, *negativ riktning* eller "vänster", negativa tal.

(T_2) *Vektorregeln för multiplikation:* Multiplikation av två reella talpilar resulterar i en pil som har samma storlek som produkten av de reella talens absolutbelopp. Multiplikation av två positiva talpilar får positiv riktning. Multiplikation av $(-a)$ och b resulterar i en talpil som får *omkastad* riktning i förhållande till produkten ab. Samma sak gäller multiplikation av a och $(-b)$. Med andra ord gäller att pilen vrids eller "flippas" över ett halvt varv för varje förekomst av negativoperatorn.

(T_3) *Vektorregeln för addition och subtraktion:* Addition och subtraktion med pilarna följer samma regler som addition och subtraktion med geometriska vektorer. Att addera två talpilar a och b innebär att man fäster b:s startpunkt vid a:s spets och låter summan vara den pil som startar i origo och har spetsen där b:s spets hamnar efter pilarnas sammansättning. Att subtrahera den reella talpilen b från talpilen a går på ett ut med att addera a och den till b *omkastade* pilen $(-b)$.

Talpilsmodellen är, som sagt, det vanligaste sättet att åskådliggöra negativa tal. De flesta av oss får på ett eller annat sätt bekanta sig med den i matematikundervisningen. Den är ett användbart verktyg för minnet, för undervisning i matematik och vid problemlösning. Den är effektiv för att göra sammanhangen mellan räknelagarna för reella tal och negativoperatorn begripliga och överskådliga.

1–dimensionella vektorer. I produkten 'xy' är x skalär och y en vektor, medan i produkten 'yx' är y skalär och x vektor, men den resulterande produkten, vektorn xy, är densamma. I summan $x + y$ ska både x och y uppfattas som vektorer. Med den linjära algebrans terminologi är $\mathbb{R}$ ett 1–dimensionellt linjärt rum över sig självt såsom rummets kropp av skalärer.

Talpilsmodellen låter oss nu koncist sammanfatta alla negativoperatorns räkneregler:

[2] *Negativoperatorn och multiplikation, addition och subtraktion med reella tal följer samma regler som talpilsmodellen; negativoperatorn är så att säga synkron med talpilsmodellen.*

Detta är ett slags schematik eller huvudledning för negativoperatorn. Det utgör en reglering som vi kan kalla för **talpilsprincipen** eller **vektorprincipen** för negativoperatorn.

Däremot ska, noga räknat, själva begreppen eller metoderna 'negativt tal' och 'negativet till ett tal', med de regler som gäller för opererandet med dessa, skiljas från denna särskilda visuella–geometriska modell och det normala sättet att visualisera de reella talen på en tallinje. Ett reellt tal är inte ett geometriskt objekt, men geometrin ger ett naturligt och ursprungligt sätt att representera, symbolisera och visualisera talen och samband mellan dem.

Låt oss nu se hur man med talpilsmodellen kan 'lista ut' värdet av och tecken på olika aritmetiska eller algebraiska uttryck, utan att behöva 'veta dem' på förhand.

Exempel 5. Beräkna uttrycket (bestäm talpilens storlek och riktning):

(a) $5+(-8)$ (b) $4-(-8)$ (c) $(-2)\cdot(-4)$

Lösning: (a) Se figur 1:

1. Sammansättning av talpilarna 5 och (-8) resulterar i en talpil som har storleken 3 i negativ riktning.
2. Ur rad (1) och princip (T_3) följer att $5+(-8)=-3$.

(b)

1. Att subtrahera (-8) från 4 går, enligt modellens regel (T_3), på ett ut med att addera 4 och den till (-8) omkastade pilen.
2. Den till (-8) omkastade pilen är 8.

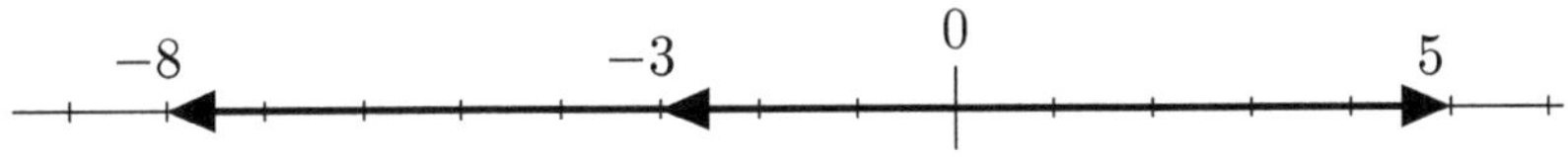

Figur 1: Sammansättning av talpilarna 5 och (−8) enligt vektorregeln (T_3) resulterar i talpilen (−3).

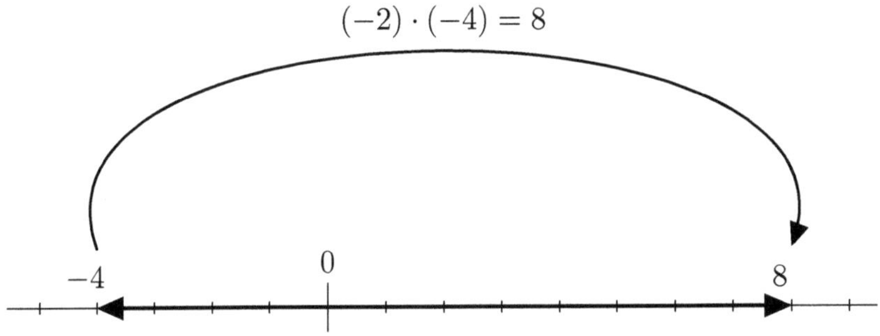

Figur 2: Vridning av talpilen (−4) ett halvt varv och förstoring med en faktor 2 enligt talpilsprincipens vektorregel för multiplikation (T_2) resulterar i talpilen 8.

3. Summan av talpilarna 4 och 8 är 12.
4. Slutsatsen är att $4 - (-8) = 4 + 8 = 12$, som förväntat.

(c) Se figur 2:

1. Produktens storlek är $2 \cdot 4 = 8$ enligt (T_2).
2. Enligt (T_2) ska pilen (−4) flippas över, med resultatet att produkten får positiv riktning.
3. Ur rad (1) och (2) drar vi slutsatsen att $(-2) \cdot (-4) = 8$.

□

Exempel 5 ger mönsterexempel på hur talpilsprincipen ska tolkas och användas. Lägg märke till att en förekomst av negativoperatorn innebär en vridning ett halvt varv, medan två förekomster innebär vridning ett helt varv, vilket går på ett ut med ingen vridning alls. Det är en sorts förklaring till räkneregeln ”negativt gånger negativt ger positivt”.

Jag vill här understryka att talpilsprincipen är *definierande regler* för räkning med negativa tal och negativoperatorn. De reflekterar begreppsliga regleringar eller ’axiom’. Det finns ingenting att bevisa! Man kan också härleda de algebraiska sambanden för negativet ur kroppegenskapen enbart. Detta är två olika sätt att överblicka och närma sig räknereglerna för negativa tal: å ena sidan det åskådligt–geometriska, å andra sidan det abstrakt–algebraiska.

Den formellt–algebraiska approachen är ämnet för artikeln ”Negativa tal och additiv invers: den algebraiska approachen” och lämnar därför den åt sidan tills vidare.

1.2.2 Explikering och ’geometrisk’ härledning av räkneregler för negativoperatorn utifrån talpilsmodellen

Detta med talpilsprincipen och talpilsmodellens regler är egentligen ”allt man behöver veta”. Men det kan ändå vara bra att bena ut konsekvenserna av denna enda matematiska reglering, så att man inte varje gång man står inför en situation där man behöver handskas med negativet till ett tal måste konsultera talpilsschemat.

Här är en första viktig explikering av räknelagarna, som kan framställas som en konsekvens av talpilsprincipen:

[3] *Under utvidgningen från positiva reella tal till negativa tal förblir de fundamentala räknelagarna kommutativitet, associativitet och distributivitet intakta.*

För att visa hur detta så att säga ’följer’ från talpilsmodellen kan vi exemplifiera med ett förklarande resonemang till den kommutativa lagen för multiplikation:

1. Enligt vektorregeln (T_2) för multiplikation har produkten AB samma storlek som produkten $|A| \cdot |B|$ av de reella talens absolutbelopp. Analogt

får vi att produkten BA har samma storlek som $|B| \cdot |A|$.

2. Multiplikation med positiva tal är kommutativ, varför $|A||B| = |B||A|$.

3. Ur (1) och (2) följer att talpilarna AB och BA har samma storlek.

4. Om man tänker igenom de olika fall av tecken som är möjliga inser man att talpilarna AB och BA dessutom erhåller samma riktning. (Antag till exempel att A är negativt och B positivt. Enligt regel (T_2) har då både AB och BA negativ riktning.)

5. Ur (3) och (4), tillsammans med den allmänna reglering [2] som vi här kallar talpilsprincipen, följer att inte bara *talpilarna* utan även *de reella talen* AB och BA är identiska. Enligt definitionen av kommutativitet är multiplikation fortfarande kommutativ under utvidgning med negativoperatorn, vilket skulle visas.

Ur [2] får vi också ett batteri av räkneregler för addition, subtraktion och multiplikation med negativoperatorn på plats:

[4] *Följande samband är uppfyllda vid addition, subtraktion och multiplikation med negativoperatorn:*

(a) $-(-A) = A$

(b) $A - B = -(B - A)$

(c) $A - B = A + (-B)$

(d) $(-A) + (-B) = -(A + B)$

(e) $A - (-B) = A + B$

(f) $A \cdot (-B) = (-A) \cdot B = -AB$

(g) $(-A) \cdot (-B) = AB$

Låt oss exemplifiera ett förklarande resonemang till räkneregel [4:e].

1. Enligt modellens vektorregel (T_3) går subtraktion av pilen $(-B)$ från pilen A på ett ut med att addera A och den till $(-B)$ omkastade pilen.

2. Den till $(-B)$ omkastade pilen är B.

3. Ur raderna (1) och (2) följer att differensen motsvaras av talpilen $A+B$.

4. Enligt talpilsprincipen är alltså $A - (-B) = A + B$, vilket skulle visas.

På liknande sätt kan man resonera sig fram till övriga räkneregler.

Räknereglerna [4] kan nu utnyttjas direkt vid beräkning, vilket läsaren säkert är van vid, utan att man behöver konsultera talpilsmodellen eller något annat.

Exempel 6. (a) Ur [4:b] följer att $8 - 20 = -(20 - 8) = -12$.

(b) Ur [4:e] följer att $7 - (-9) = 7 + 9 = 16$.

(c) Ur [4:f] följer att $5 \cdot (-6) = -(5 \cdot 6) = -30$. □

Ytterligare en konsekvens av talpilsprincipen kan vara bra att sätta på display, då vi kommer att ha behov av den längre fram:

[5] *Absolutbeloppet av produkten av två reella tal är lika med produkten av de reella talens absolutbelopp:*

$$|AB| = |A| \cdot |B|$$

Exempelvis är $|5 \cdot (-3)| = |5| \cdot |-3| = 5 \cdot 3 = 15$.

Räknelagarna för division med negativa tal och negativoperatorn är utformade så att man hela tiden ska kunna utnyttja den matematikvetenskapliga definitionen av operationen division: för $B \neq 0$ är A/B den entydigt bestämda lösningen till den för kvoten definierande ekvationen

$$BX = A$$

För division där negativoperatorn är involverad gäller allmänt:

[6] *Kvoten mellan två reella tal, där negativoperatorn är involverad, kan alltid bestämmas genom att man återför den på den definierande ekvationen för division och tillämpar reglerna för multiplikation med negativoperatorn.*

Exempel 7. Beräkna $(-24)/(-6)$.

Lösning:

1. Uppgiften kräver att vi löser den definierande ekvationen

$$(-6) \cdot X = -24$$

för kvoten $(-24)/(-6)$.

2. Eftersom absolutbeloppet av högerled och vänsterled är lika får vi att

$$6|X| = 24$$

Denna ekvation har lösningen $|X| = 4$.

3. Likheten $|X| = 4$ medger högst två möjligheter i aritmetiken: $X = 4$ eller $X = (-4)$.

4. Multiplikation av (-6) med (-4) ger dock resultatet positivt 24, enligt räknereglerna för multiplikation.

5. Ur (1), (3) och (4) drar vi slutsatsen att den definierande ekvationen (1) endast tillåter lösningen $X = 4$.

Per definition är alltså $(-24)/(-6) = 4$. □

Ett kort sätt att besvara frågan ”Varför blir (-24) delat med (-6) lika med 4?” är alltså det här: ”Vilket tal måste vi multiplicera (-6) med för att få (-24)? Jo, 4. Alltså är (-24) dividerat med (-6) lika med 4.”

Exempel 7 kan betraktas som ett paradigmexempel som visar ett allmänt mönster. Det visar nämligen att division med två negerade tal resulterar i en kvot som är lika med kvoten mellan de onegerade talen. Denna teckenregel är precis densamma som för multiplikation. Om vi på liknande sätt tänker igenom de olika möjliga teckensituationer som kan uppstå för den definierande ekvationen $AX = B$, där A och B är reella tal, inser vi att division med reella tal alltid uppfyller samma teckenregler som multiplikation.

[7] *Kvoten mellan två reella tal A och B, där negativoperatorn är involverad, har samma absolutbelopp som kvoten mellan $|A|$ och $|B|$. För övrigt uppfyller division med negativoperatorn samma teckenregler som multiplikation. Låt A och B vara reella tal, där*

B inte är noll. Då gäller att:

(a) $(-A)/B = A/(-B) = -(A/B)$

(b) $(-A)/(-B) = A/B$

Låt oss titta på ytterligare ett paradigmexempel för att uppvisa det allmänna mönstret, denna gång svarande mot sats [7:a].

Exempel 8. Vi ska bestämma kvoten $(-30)/5$.

1. Den definierande ekvationen för kvoten är $5X = -30$.
2. Tar vi absolutbeloppet av vänster– och högerled får vi att

$$|X| = |(-30)|/|5| = 30/5 = 6$$

3. Likheten $|X| = 6$ medger i aritmetiken endast de två möjligheterna $X = 6$ eller $X = -6$.
4. Multiplikation av 5 med 6 ger dock positivt 30.
5. Ur raderna (1), (3) och (4) drar vi slutsatsen att lösningen till ekvation (1) är $X = -6$. Kvoten får negativt tecken, precis som vid multiplikation av ett negativt och ett positivt tal.

Enligt definitionen av division är alltså $(-30)/5 = -6$. □

Som avslutning tittar vi på några korta beräkningar där negativoperatorn är involverad.

Exempel 9. Beräkna: (a) $9 - 27$ (b) $(-18) + 56$ (c) $(-15) - (-29)$ (d) $(-7) \cdot (-7)$ (e) $5 \cdot (-10)$ (f) $18/(-6)$

Lösning: Givet den kunskap vi nu har om negativoperatorn får vi

(a) $9 - 27 = -(27 - 9) = -18$

(b) $(-18) + 56 = 56 - 18 = 38$

(c) $(-15) - (-29) = (-15) + 29 = 29 - 15 = 14$

(d) $(-7) \cdot (-7) = 7 \cdot 7 = 49$

(e) $5 \cdot (-10) = -(5 \cdot 10) = -50$

(f) $18/(-6) = -(18/6) = -3$

Klart. □

1.3 Den abstrakta logisk–algebraiska approachen till negativoperatorn: kompletteringen av positiva med negativa tal till en ordnad kommutativ ring med etta

De etablerade reglerna för räkning med negativa tal och additiv invers/negativoperatorn kan alltså symboliskt sammanfattas och överblickas visuellt–geometriskt i talpilsmodellen för negativa tal. I det här avsnittet undersöker vi istället hur räknereglerna kan sammanfattas "rent algebraisk", det vill säga med den abstrakta algebrans formella–logiska metod.

1.3.1 Introduktion av en symbol n för additiv invers och negativt tal

Räknelagarna för räkning med negativa tal kan återföras på motsvarande räknelagar för positiva tal, tillsammans med fastställda regler för opererandet med negativet till ett tal. Samma analys av negativoperatorn fungerar lika bra för reella tal generellt som för rationella tal.

Det spelar egentligen ingen roll på vilken nivå av positiva/icke–negativa taltyper man introducerar de negativa talen. Det är inget som är mer "rätt" i någon objektiv mening, att man till exempel "måste" göra introduktionen redan för de positiva heltalen. Grundprincipen är densamma, oavsett vi "i teorin" inför negativa tal vid de naturliga talen eller vid de rationella eller till och med först vid de reella talen. Tills vidare låter vi därför mängden

$$\mathcal{P}$$

vara antingen $\mathbb{N}$, $\mathbb{Q}^{\geq 0}$ eller $\mathbb{R}^{\geq 0}$. För våra behov i denna studie räcker detta (dock skulle området för 'icke–negativa element' i princip kunna utvidgas till ett mer generaliserat algebraiskt konstruktionsförlopp). Notera att vi här gör antagandet $0 \in \mathcal{P}$, ett alternativ hade varit att låta $0 \notin \mathcal{P}$.

Vi inför *en symbol*

$$n$$

som till varje talsymbol $a \in \mathcal{P}$, där $a \neq 0$, *introducerar* en ytterligare sammansatt talsymbol $n(a)$, som vi kallar ett **negativt tal** och specifikt det till elementet a **motsvarande** negativa talet. Vi *tillåter* därefter att n tillämpas utvidgat och upprepade gånger, så att

$$n(n(a)) = a$$

och $n(0) = 0$. Vi kallar n för **negativoperatorn** eller **den additiva invers(funktion)en** och $n(x)$ för **negativet** till x eller synonymt **den additiva inversen** till eller för elementet x (ett alternativt namn som ibland förekommer är *motsatsen till*, eng. *opposite of* x). Vanligtvis betecknas förstås $n(x)$ med *liknande notation som för subtraktion*, så att

$$-x \iff_{\mathsf{def}} n(x)$$

gäller. Så, till exempel, om $a = 1$ *introducerar vi* 'det negativa talet' $n(1)$, också betecknat -1 eller (-1); om $a = 4.5$ introducerar vi $n(4.5)$, också betecknat -4.5; om $a = \pi$ introduceras $n(\pi)$ och så vidare. Det kan dock vara bra att påminna sig att det finns fler och alternativa sätt att utläsa skrivsättet för $n(x)$ än som "minus x", eftersom det lätt förväxlas med den binära operationen subtraktion.

Vi definierar följande mängder relativt $\mathcal{P}$ och den införda operatorsymbolen $n(\_)$:

icke–negativa tal	$\mathcal{K}^{\geq 0} =_{\mathsf{def}} \mathcal{P}$
positiva tal	$\mathcal{K}^{>0} = \mathcal{K}^{+} = \mathcal{P}^{+} =_{\mathsf{def}} \mathcal{P} - \{0\}$
negativa tal	$\mathcal{K}^{<0} = \mathcal{K}^{-} = \mathcal{P}^{-} =_{\mathsf{def}} \{n(a) : a \in \mathcal{P}^{+}\}$

Slutligen låter vi **kompletteringen** $\mathcal{K} = K(\mathcal{P})$ av $\mathcal{P}$ (eller, ekvivalent, av $\mathcal{P}^{+}$) med avseende på operatorn n vara mängden av alla negativa tal, talet noll samt alla positiva tal tillsammans. Med mängdlärans skrivsätt

$$\mathcal{K} = \mathcal{K}^{<0} \cup \mathcal{K}^{\geq 0} = \mathcal{P}^{-} \cup \mathcal{P}$$

De regler som ska gälla för räkning med symbolen n kan sammanfattas på åtminstone två olika sätt. Antingen (A) genom *talpilsprincipen* för negativoperatorn, som vi gick igenom tidigare. Eller (B) genom en *formell–algebraisk* axiomatisk approach. Som man säger, en ”renodlad” algebraisk approach. Det finns nu flera olika vägar man kan ta, men ett första steg till en algebraisk framställning vore att lista så många olika *allmänna* räkneregler för positiva tal utvidgade med negativa tal som vi bara kan komma på. Denna lista med olika aritmetiska samband eller räkneregler baserar vi då förstås på dels talpilsmodellen och dels vår praktiska erfarenhet av att ha studerat och svettats med matematiken på olika nivåer. Således kan man säga att dessa är regler som vi ”förväntar oss” eller ”vill” att negativoperatorn ska uppfylla (så brukar matematiker uttrycka sig).

Dessa regler som i praktiken etablerades för negativa tal utgjorde ett led i en lång historisk process av begreppens, notationens och räknereglernas utveckling, ungefär från medeltid och framåt. Motiveringen och bakgrunden till dem var lämpligheten, smidigheten av dessa regler i anslutning till konkret matematisk eller tillämpad problemlösning och beräkningar (till exempel i ekonomi eller analytisk geometri). Så det är klart att både analysen och återuppförandet (eng. *reenactment*) av negativa tal och deras räkneregler bygger på att det finns en praktik av att räkna så och så som har visat sig *nyttigt* för olika specifika syften, i annat fall kunde vi inte lika självklart tala om att ”vilja” eller

”förvänta sig” någonting alls av en helt abstrakt symbolintroduktion. (Man kan inte enbart, som görs i en del läromedel, hänvisa till att ”man vill kunna lösa” en ekvation såsom $x + 10 = 5$.)

1.3.2 Kompakt axiomatiskt specifikationskrav på $K(\mathcal{P})$: ordnad kommutativ ring med etta

Ett första steg i en algebraisk beskrivning och axiomatisering av negativoperatorn vore som sagt att samla ihop en svampkorg av aritmetiska–algebraiska samband från elementär matematik, vilka vi kan känna som allmänna ”specifikationskrav” vi redan i praktiken ställer på området av icke–negativa tal utvidgade med negativa tal. Denna lista eller svampkorg kommer då troligtvis inte utgöra en minimal mängd av logiskt oavhängiga antaganden. Ett möjligt nästa steg i den algebraiska analysen vore således att försöka strukturera, samla och ordna upp dessa räknelagar i mindre mängder Σ av axiom och definitioner, så att de övriga sambanden utgör algebraiska–logiska konsekvenser av Σ (ur synvinkeln av abstrakt algebra och mängdlära).

Ett smidigt och elegant urval Σ som faktiskt sammanfattar mycket utgår från vanliga standarddefinitioner ur modern/abstrakt algebra. För mer information se övriga artiklar i portfölj III eller artikeln ”En kort introduktion till abstrakt algebra” ur DFM, V, det finns förstås också mycket information i läromedel och olika resurser på nätet. Särskilt förväntar vi oss åtminstone de egenskaper av kompletteringen $\mathcal{K}$, som utgörs av de definierande villkoren för en **kommutativ ring med etta**. Om vi till detta lägger en utvidgad linjär ordningsrelation $<$ på $\mathcal{K}$ med ordningslagarna intakta, så har vi mer bestämt en **ordnad kommutativ ring med etta**, det vill säga:

K1–K3 Addition och multiplikation är kommutativa och associativa operationer och multiplikation är distributiv över addition.

K4 Talen 0 och 1 är neutrala element för addition respektive multiplikation.

K5(a) Existensen av additiv invers, det vill säga, för varje x ett $n(x)$ för vilket $x + n(x) = n(x) + x = 0$. Denna additiva invers skrivs som vanligt $(-x)$ snarare än $n(x)$ (existensen av denna invers är ju så att säga hela andemeningen med konstruktionen).

O1–O3 Det finns en linjär ordningsrelation $<$ på $\mathcal{K}$ för vilken både summan och produkten uppfyller additions– respektive multiplikationslagen för olikheter (alternativt, för vilken både summan och produkten av positiva element förblir positiva).

Jämför med artiklarna "Allmänna räknelagar för de fyra räknesätten" och "Storleksrelationen *mindre än (eller lika med)*" ur DFM III(b).

Detta är alltså vad vi behöver här, för att kunna härleda allt det övriga bekant från elementära matematikstudier (såsom välkända räknelagar för addition och multiplikation med negativa tal): en ordnad kommutativ ring med etta. Men en väsentlig skillnad är att de rationella och reella talen dessutom bildar kroppar, vilket *inte* är fallet med $\mathbb{Z}$, eftersom allmän division inte kan utföras för heltal. Vi kan alltså inte — men som vi kommer att se behöver heller inte — ställa specifikationskravet att $\mathcal{K}$ är en kropp.

Vi kan nu sammanfatta det minsta krav vi ställer på $\mathcal{K}$ som vi här, i den här analysen (inte allmänt vedertagen terminologi), kallar **(den första) strukturspecifikationen för kompletteringen med negativa tal**:

[8] *Kompletteringen $\mathcal{K} = K(\mathcal{P})$ skall vara en ordnad kommutativ ring med etta, vars mängd av icke–negativa element är precis lika med $\mathcal{P}$.*

Därav följer till att börja med att $\mathcal{K} = \mathcal{P}^+ \cup \{0\} \cup \mathcal{P}^-$, med de tre delmängderna inbördes uteslutande.

1.3.3 Exempel på härledningar utifrån strukturspecifikationen [8]

Härledningar utifrån ring– och kroppegenskapen finns flera exempel på i artiklarna ”Allmänna räknelagar för de fyra räknesätten” (DFM III(b)) och ”En kort introduktion till abstrakt algebra” (DFM V). Här kommer några påminnelser:

Vi säger att ett specifikt element $x \neq 0$ i en ring R med enhetselement är **inverterbart** eller har en **multiplikativ invers**, om det finns något $y \in R$ för vilket

$$xy = yx = 1$$

Exempelvis kan man relativt enkelt visa följande samband för KE–ringar:

[9] *Låt R vara en kommutativ ring med etta. Då gäller, för alla $x, y \in R$:*

(a) *De neutrala elementen* 0 *och* 1 *är entydigt bestämda i R.*

(b) *Den additiva inversen $(-x)$ är entydigt bestämd, för varje givet element $x \in R$.*

(c) $(-x)y = x(-y) = -(xy)$

(d) $(-x)(-y) = xy$

(e) *Varje element $x \neq 0$ har högst en multiplikativ invers.*

(f) *Om $x \neq 0$ är inverterbart, så är även $(-x)$ inverterbart, och den multiplikativa inversen till $(-x)$ är precis lika med den additiva inversen till x^{-1}:*

$$(-x)^{-1} = -x^{-1}$$

Bevisen för (a), (b) och (c) är de mest elementära av exempel på formella bevis/algebraiska härledningar.

(a): Antag för något $a \in R$ det är fallet att $a + x = x + a = x$, för alla $x \in R$. Då är

$$a = a + 0 = 0$$

Alltså är det neutrala elementet 0 unikt i R. På analogt sätt visas påståendet för enhetselementet 1.

(b): Låt $x \in R$ och antag $y + x = 0$. Då är

$$y = y + 0 = y + (x + (-x)) = (y + x) + (-x) = 0 + (-x) = -x$$

Alltså är den additiva inversen entydigt bestämd för x.

(c): Ur distributiviteten och existensen av additiv invers får vi

$$n(x)y + xy = (n(x) + x)y = 0 \cdot y = 0$$

Ur detta och (b) följer $n(x)y = n(xy)$. På samma sätt visas att $xn(y) = n(xy)$.

(d): Dubbel tillämpning av (c) ger

$$n(x)n(y) = n(xn(y)) = n(n(xy)) = xy$$

(e): lämnas till läsaren.

(f): Vi beräknar produkten av $n(x^{-1})$ och $n(x)$. Enligt (d) är

$$n(x)n(x^{-1}) = xx^{-1} = 1$$

och tillsammans med (e) följer påståendet.

□

Exempel 10. (a) Vi får att $5 + (-7) = -2$. Eftersom $5 + (-7) + 2 = 7 + (-7) = 0$, måste den additiva inversen till 2 vara lika med $5 + (-7)$ eftersom inversen är entydigt bestämd enligt [9(b)].

(b) Med räknelag [9(c)] och kunskap om räkning med positiva tal i $\mathbb{N}$ får vi $(-3) \cdot 4 = -(3 \cdot 4) = -12$. □

1.3.4 Villkor för att erhålla $K(\mathcal{P})$ som en kropp

Som vi konstaterade tidigare är $\mathbb{Z}$ inte en kropp, så kompletteringen till en ordnad kommutativ ring med etta ger inte omedelbart möjlighet att dividera tal. Dock behöver vi inte göra något separat antagande om existensen av multiplikativ invers vid utvidgningen av de icke–negativa rationella eller reella talen till att inkludera negativa. Vi får ju nämligen som en omedelbar konsekvens av teorem [9(f)] att:

[10] *Om varje nollskilt element i $\mathcal{P}$ har en multiplikativ invers, så är $\mathcal{K}$ en ordnad kropp.*

Speciellt gäller att vi får $\mathbb{Q}$ och $\mathbb{R}$ som ordnade kroppar under den vanliga linjära ordningsrelationen för tal på tallinjen (storleksrelationen för positiva tal).

Man kan relativt lätt visa att eftersom $\mathcal{P}$ dessutom har den arkimediska egenskapen, att för alla $a \in \mathcal{P}$ existerar $n \in \mathcal{P}$ sådant att $a < n$, så är $\mathcal{K}$ en **arkimediskt ordnad kropp** under samma förutsättning som i [10].

1.3.5 Logiskt–matematiskt problem: systemets modellerbarhet såsom vettighet

Det logisk–begreppsliga "grundvalsproblem" matematiker och logiker/filosofer ställs inför i den algebraiska framställningen så långt är:

Fråga 3. Men hur kan vi vara säkra på att det ger oss ett i någon mening "fungerande" stycke matematik att bara sådär huxflux introducera en operatorsymbol '$n(x)$' och säga att räkning med den *simsalabim* ska uppfylla kravspecifikationen [8]?

— Detta problem är helt jämförbart med det man ställs inför vid introduktionen av *den imaginära enheten* för komplexa tal med specifikationen $i^2 = -1$ och bevarande av associativitet, kommutativitet och så vidare.[3]

Det är inte uppenbart hur man ska kunna svara på och komma tillrätta med en dylik frågeställning. Man kan lätt föreställa sig studenter och lärare ge något av följande två svarsmönster. **Svarsmönster 3:1**:

> "Titta på talpilsmodellen, där ser du att det inte är något problem att räkna på det här sättet."

Svarsmönster 3:2:

> "Det ger ett fungerande stycke matematik, därför att erfarenheten har visat att det är praktiskt att räkna på det här sättet vid problemlösning i geometri, ekonomi, fysik, med mera."

Man kan säga att matematiker och logiker/filosofer fann sig otillfredsställda med de attityder till eller responser på frågeställningar såsom den i fråga 3, och därmed liknande, vilka reflekteras i svarsmönster av sorten 3:1 och 3:2. *Varför* man fann sig otillfredsställd är i sin tur inte någon enkel fråga att svara på, men det är ett faktum *att* man gjorde det. Man ville varken ha något som hänvisade till diagram och visuella resonemang eller till serien av konkreta, praktiska tillämpningar utanför matematiken. Man ville ha en, som man säger, "rent logisk" eller "rent algebraisk" approach till frågor av den här sorten.

Det har varit en lång historisk process att komma fram till det sätt man resonerar i nutidens matematikvetenskap. För det första brukar "vettighet" översättas till, tolkas som *motsägelsefrihet, konsistens*: att man inte kan komma fram till formellt logiska motsägelser i systemet, ett man får "A är fallet och A är inte fallet" som ett teorem. Och nyckeln, eller i varje fall en huvudnyckel — det är så man resonerar i matematikvetenskapen — till att demonstrera konsistens är begreppet om *(rent matematisk) modellerbarhet.* Att man kan fin-

[3]Jmf. artikeln "De komplexa talen: en introduktion" ur DFM IV.

na/konstruera/uppvisa minst en **modell** för axiomsystemet, en modell som i sin tur uppfattas som varande oproblematisk.

Vi påminner oss om att *detta* begrepp om en 'rent matematisk modell' nu inte alls är samma begrepp som det 'matematisk modell' vi har i *yttre* tillämpningar av matematiken i samhälle, teknologi och vetenskap. Det betyder något annat, det har en speciell teknisk betydelse, som bara kan förklaras genom exempel. Ett sådant kommer att ges längre fram i texten, i kommentarerna avsnitt 2.2.2.

Det praktiska sättet att försöka visa denna ett axiomsystems "vettighet" såsom motsägelsefrihet är alltså genom att *konstruera en rent matematisk modell.* Ur en synvinkel skulle man kunna hävda att vi redan *har* gjort det, att vi har en rent matematisk modell som visar motsägelsefriheten: nämligen den vanliga talpilsmodellen för tallinjen! I denna modell för axiomsystemet 'ordnad kommutativ ring med etta' har vi följande identifikationer[4]:

(i) Element $x \in \mathcal{K}$ $\longleftrightarrow$ Talpil $\bar{a}$ eller $-\bar{a}$, där $a \in \mathcal{P}$.

(i) Icke–negativa element $x \in \mathcal{K}^{\geq 0}$ $\longleftrightarrow$ Talpil $\bar{a}$, där $a \in \mathcal{P}$.

(ii) Negativfunktionen/additiv invers $n(x)$ $\longleftrightarrow$ Vridning av $\bar{a}$ halvt varv på tallinjen

(iii) Summan $x + y \in \mathcal{K}$ $\longleftrightarrow$ Vektoraddition $\bar{a} + \bar{b}$

(iv) Produkten $xy \in \mathcal{K}$ $\longleftrightarrow$ Talpilens längd $= ab$ samt halvt varvs vridning för varje förekomst av negativoperatorn i x och y.

Men, som sagt, man fann inte denna sorts diagrammatiska och visuella symboliska tänkande helt tillfredsställande för den sorts grundvalsundersökning man genomförde. Man ville, som man uttryckte det,

[4] Att vi har en modell innebär inte automatiskt att vi har alla möjliga modeller och inte heller att alla modeller är isomorfa. Den abstrakta strukturen 'ordnad kommutativ ring med etta' är uppenbarligen *inte* kategorisk, eftersom redan $\mathbb{Z}$, $\mathbb{Q}$ respektive $\mathbb{R}$ är tre icke–isomorfa modeller av axiomen.

inte bygga på "bilder" eller "geometrisk åskådning". Detta hänger nära samman med den process som kallas *analysens aritmetisering* i matematikens historieskrivning och försöket att etablera *mängdläran* som något av en teoretisk bas eller grundval för matematikvetenskapen.

Oaktat om man finner det nödvändigt eller inte nödvändigt att ta några fler steg *endast* i syftet att visa vettigheten i att införa våra negativa tal (vilket för de flesta studenter kan upplevas som långsökt), kan man i den vidare kulturhistoriska reliefen ändå konstatera att denna frigörelse från *bundenheten* vid euklidisk geometri (*Elementa*) och begreppsbildningens intuitiva–visuella åskådbarhet faktiskt har varit ett mycket viktigt steg i vetenskapernas utveckling, (troligtvis) avgörande för framväxten av modern fysik i början av 1900–talet. När man börjar röra sig med mer exotiska och komplicerade algebraiska och mängdteoretiska strukturer, så är det svårt eller omöjligt att bygga på enkla visuella diagram såsom talpilsmodellen eller punkttanglar.

Den metod för rent matematisk modellering av ett givet axiomsystem, som då har utvecklats i modern logik– och matematikvetenskap, är i stora drag baserad på mängdlära. Det logiskt–matematiskt intressanta i denna nära relation mellan det formella–algebraiska sättet att se på och uppfatta innebörden av ett axiomsystem visavi mängdteoretisk modellering ligger dock inte enbart i möjligheten av konsistensbevis, utan också, kanske desto mer, i andra typer av frågeställningar kring axiomsystemet. Andra frågeställningar rörande ett system än den om motsägelsefrihet är till exempel:

– Hur många, upp till isomorfi, distinkta modeller finns det av den abstrakta strukturen/axiomsystemet S?

– Kan man visa att alla modeller för S är isomorfa?

– Vilka sorters delstrukturer kan man finna i S?

– Vad blir konsekvensen av att göra den och den konstruktionen ovanpå S?

Allt det där är exempel på matematiska frågor som undersöks i logik, mängdlära och abstrakt algebra.

I kommentarsavsnitten fördjupar vi oss mer i problemet att konstruera explicita modeller för $K(\mathcal{P})$, som inte utgörs av talpilsmodellen, men som är rent algebraiska–mängdteoretiska. Den i matematiklitteraturen allra vanligaste metoden för mängdteoretisk konstruktion av en modell för $\mathcal{K} = K(\mathcal{P})$ är såsom *mängden av alla ekvivalensklasser av ordnade par* (a, b) *med element ur* $\mathcal{P}$ *under en den grothendieckska ekvivalensrelationen.* — Därmed sammanhänger slutligen **svarsmönster 3:3**, vilket en del läsare säkert känner igen från högre studier i matematik:

> ”Vi kan konstruera en mängdteoretisk modell av axiomen enligt [8], nämligen med $\mathcal{K}$ som mängden av ekvivalensklasser av ordnade par av element ur $\mathcal{P}$ under en viss speciell ekvivalensrelation. Mängden $\mathcal{P}$ kan då identifieras med en delstruktur av denna mängd av ekivalensklasser.”

En översiktlig genomgång erbjuds som sagt i kommentarerna.

2 Kommentarer

2.1 Logiska reflektioner: frågetecken kring negativa tal

De vanligaste källorna till missförstånd gällande negativa tal är förmodligen de här:

(A) Att man blandar samman operationen subtraktion, å ena sidan, och operationen av att bilda negativet till ett tal, å den andra. Detta visar sig bland annat i att man upplever sättet att läsa uttrycken som förvirrande, såsom ”minus minus 2” av det numeriska uttrycket $5 - (-2)$. Här kan det vara förtydligande att istället säga ”minus negativt 2”.

(B) Att man inte tillräckligt uppmärksammar skillnaden mellan en och annan modell eller jämförelse, som ska visa möjliga tillämpningar, motivera eller hjälpa en att få överblick på räknereglerna, från själva reglerna och behärskandet av dessa. Man kanske fastnar i frågor om ”hur man kan bevisa” eller ”veta det och det sambandet” i aritmetiken. Den här låsningen kan undanröjas genom att man gör sig uppmärksam på att negativa tal och negativoperatorn är en användbar matematisk uppfinning, men att det egentligen inte är passande att tala om att ”bevisa” eller ”motbevisa” någonting. Däremot kan man motivera, ge en bakgrund till, visa poängen med, ordna upp deduktivt, och så vidare.

Genom att medvetandegöra dessa skillnader hoppas jag kunna undanröja en del oklarheter.

Det är inte helt passande att när det gäller räknelagarna för negativa tal och negativoperatorn tala om att bevisa eller motbevisa något. Man kan förklara varför man har fattat de och de besluten, motivera deras utseende eller visa på vilka sätt det kan upplevas som ”vettigt”, men inte så mycket mer än så.

Det innebär dock inte att dessa räknelagar är några helt godtyckliga axiom som man har smällt upp hux flux, men det betyder att det endast går att *motivera* räknelagarna, och därmed ge en förklaring till varför "man" har valt att räkna just så och så. Man kan säga att introduktionen av negativa tal är en teknisk *uppfinning*; men liksom varje stor uppfinning har den även ett element av *upptäckt* över sig. Upptäckten består bland annat i det att man kan göra just så och att det har de och de fördelarna, att nya vägar i matematiken avtäcks, med mera.

Det är numera känt att likartade motsvarigheter till våra negativa tal förekommer hos kineserna redan för 2000 år sedan och hos indierna åtminstone från 600–talet. Hos araberna förekommer negativa tal åtminstone från 1000–talet. I europeisk matematik introducerades alltså 'de negativa talen' relativt sent, under renässansen (ca 1400–tal) på ett ungefär. Syftet där var dels att på ett enkelt och överskådligt sätt hålla reda på samt kunna göra smidiga beräkningar med skulder och tillgångar, men det bidrog också till utvecklandet av algebra och nya sätt att handskas med ekvationer. Det introducerades ursprungligen alltså som en *bokföringsmetod* bland annat.

Som matematisk konstruktion orsakade de här "negativa" talen redan från början oenigheter och förbryllelse hos matematikerna. Det fanns säkert dem som inte såg några problem med negativa tal, men det har också funnits motstånd mot att acceptera dem. Man tyckte de var ett ofog och undrade hur i hela friden något skulle kunna vara "mindre än noll". Det är alltså inget att förvånas över att studenter även idag kan uppleva bruket av negativa tal som förvirrande.

En mindre önskvärd effekt som assimilationen av negativa tal i talsystemet medför är att bruket av likhetstecknet '=' utvidgas, så att de för positiva tal fortfarande upplysande läsningarna av tecknet = som "lika mycket som", "lika stor som", etcetera, inte längre blir begripliga. Den matematiska åskådningen tappar liksom fotfäste. Påståendet $3 \cdot 4 = 12$ kan ju till exempel läsas "Fyra taget tre gånger är precis lika mycket som tolv av någon enhet". Men hur det är med uttrycket $(-3) \cdot (-4) = 12$ under läsningen "Negativt fyra taget negativt tre gånger är precis lika mycket som tolv enheter"? Här blir det inte längre lika påtagligt att läsningen "lika mycket som" istället för "är lika med" bidrar särskilt mycket till att klargöra en innebörd hos påståendet.

Anledningen till att man inom matematiken ändå så småningom accepterade och införlivade negativa tal och till och med kom att uppleva dem som rätt så "naturliga", var förmodligen att man insåg hur mycket de underlättade vissa saker i samband med beräkningar och algebraisk problemlösning. Man förstod att man kunde betrakta dem helt enkelt som ett användbart matematiskt *verktyg*, men utan att därvid känna sig tvungen att rättfärdiga dem i någon ontologisk mening, tillerkänna dem något slags oberoende matematisk existens och innebörd. Det är i en vid mening att man betraktade dem under synvinkeln 'bokföringsmetod'.

Detta innebär vidare att ett lämpligt sätt att ställa frågan om meningen med negativa tal är som *till vilken nytta?* Jag menar inte att detta alltid är den bästa frågan att ställa när det gäller matematiken, men i just det här fallet är det verkligen en lämplig fråga. Kanske det bästa sättet att hjälpa någon som har den frågan är att titta på olika exempel på problemlösning och beräkningar, där frånvaron av negativa tal som metod och notation skulle göra resonemangen avsevärt krångligare. Den analytiska geometrin, ekvationslösning och matematisk analys tillhandahåller förmodligen de mest överskådliga och upplysande illustrationerna till negativreglernas lämplighet. Man kan peka på det att vid studiet av fysikaliska, kemiska eller biologiska modeller för olika naturprocesser innebär en negativ derivata att någonting avtar (blir mindre och mindre) eller att processen fortgår i en viss riktning.

För att ytterligare belysa det här med att 'förklara' räknereglerna för negativa tal, låt oss titta på följande fråga:

Fråga 4. "Hur kommer det sig att minus gånger minus ger plus? Varför blir till exempel $(-2) \cdot (-2) = 4$?"

Det inte alls är självklart, bara utifrån hur frågan står skriven, vad personen som ställer den skulle räkna som ett *tillfredsställande* svar på den.

Ett slags svar sker med hänvisning till något slags tillämpat problem eller livssituation, där de negativa talen kommer in på ett sätt som känns begripligt. Dessa svar sker i grund och botten med hänvisning till nytta, såsom i föregående avsnitt. Detta är ett sätt att betrakta frågan. Ett exempel får vara *svarsmönster 4;1*:

> L: ”Antag att temperaturen sjunker med 2 grader per dygn. Det kan vi uttrycka genom att säga att *temperaturökningen* är (-2) grader Celcius per dygn. Om vi vill veta hur mycket temperaturen har stigit två dagar framåt tar vi helt enkelt 2 gånger (-2), det vill säga (-4). Är du med där?”
>
> E: ”Det känns rimligt”
>
> L: ”Men antag att vi istället vill veta hur mycket temperaturen ökat tre dagar *bakåt*. Ja, då kan vi faktiskt i vår aritmetik ta (-2) gånger (-2). För två dagar sedan var temperaturen fyra grader högre, eftersom temperaturen stadigt sjunker. Det stämmer bra med att vi låter $(-2) \cdot (-2) = 4$. Fördelen med det här att vi inte behöver bry oss om att i ord förklara om något sjunker/ökar eller går framåt/bakåt i matematiken — vi kan helt enkelt göra ett lämpligt bruk av minustecken!”

Ett annat *svarsmönster 4;2*:

> L: ”Låt oss tänka oss att vi gör bokföring i ett stort företag. Nu tittar vi på vårt *konto* med skulder och tillgångar. Ett ansamlande av två stycken skulder vardera av storleken två gulddubloner resulterar i en total skuld på två gånger två, det vill säga fyra, varken mer eller mindre. Detta passar med $2 \cdot (-2) = -4$. Skuldkontot ökar med 4. Håller du med om det?”
>
> E: ”Javisst”
>
> L: ”Å andra sidan, ett *återlämnande* av två skulder på vardera två gulddubloner, resulterar i en allmän ökning av tillgångar på två gånger två, det vill säga fyra, återigen. Detta passar med att $(-2) \cdot (-2) = 4$. Skuldkontot minskar med 4.”

En helt annan kategori av svar skiljer sig radikalt från ovanstående mönster. Det är svar som är, vad man kallar, *rent matematiska*. Här kan man å den ena och den andra sidan urskilja:

(a) Svar som utförs med hänvisning till någon *"geometrisk" modell/schema*, och speciellt talpilsmodellen, vilket är det som faller sig mest naturligt givet tallinjen som representation av de reella talen.

(b) Svar på frågor om räknereglerna för negativa tal som utförs i *rent logisk–algebraiska* termer.

Låt oss titta på ett svar som faller under (a), vilket är *svarsmönster 4;3*:

> L: "Produkten negativt 2 gånger negativt 2 ska, enligt talpilsmodellen, ha samma absolutbelopp som produkten 2 gånger 2, vilket är 4. Frågan är här vilket tecken? Multiplikation av ett tal a med ett tal b, där b har negativt tecken, innebär att vi måste vända talpilen a ett halvt varv på tallinjen. Talpilen -2 är riktad åt vänster på tallinjen. Eftersom vi har en minustecken på den andra 2:an vänder vi därför -2 ett halvt varv, och hamnar på den positiva axeln, och får positivt 4 som resultat. Därför har vi att $(-2) \cdot (-2) = 4$."

Huvuddelen av det här dokumentet utgår alltså från den rent matematiska approach till negativoperatorn, som tar avstamp i den visuella talpilsmodellen.

Vad gäller svarstypen (b) är det inte ovanligt att lärare på olika nivåer av matematikutbildningen försöker besvara frågor om reglerna för räkning med negativa tal i algebraiska termer. De är inte heller sällsynta i läromedlen för högstadiet eller gymnasiet. Sådana algebraiska förklaringar följer på ett ungefär *svarsmönster 4;4* (se figur 3):

> L: "Låt oss ta ett exempel där vi har två negativa tal med olika absolutbelopp för att inte behöva hålla reda på så många 2:or. Låt oss titta på likheten $(-2) \cdot (-3) = 6$. Till att börja med kan vi konstatera att -2 gånger 0 borde vara lika med 0. Vilket tal som helst taget 0 gånger ger 0, eller hur?"

1:	$(-2) \cdot 0 = 0$
2:	$(-2) \cdot (3 + (-3)) = 0$
3:	$(-2) \cdot (3 + (-3)) = (-2) \cdot 3 + (-2) \cdot (-3)$
4:	$(-2) \cdot 3 = -6$
5:	$(-6) + (-2) \cdot (-3) = 0$
6:	$(-2) \cdot (-3) = 6$

Figur 3: Lärarens algebraiska "härledning" av likheten $(-2) \cdot (-3) = 6$, som en typ av förklaring till räknereglerna för negativa tal.

> L. skriver rad (1) på tavlan.
>
> "Alltså är -2 gånger talet 3 plus -3 lika med 0, eftersom summan av ett tal och dess motsats ju blir 0."
>
> På tavlan: rad (2).
>
> "Men vi vill också *fortsättningsvis* kunna använda den distributiva lagen. Alltså borde -2 gånger 3 plus -3 vara lika med -2 gånger 3 plus -2 gånger -3. Kan ni gå med på det?"
>
> L. skriver rad (3) på tavlan.
>
> "Negativt gånger positivt ger negativt: -2 gånger 3 är lika med -6."
>
> På tavlan: rad (4)
>
> "Jämför vi nu rad 2, 3 och 4 får vi att (-6) plus (-2) gånger (-3) är lika med 0", säger L. och skriver på tavlan den avslutande rad (5). "Däri ser vi det uttryck vars värde vi vill bestämma! Vilket tal adderat till *negativt* 6 ger 0? — Jo, 6 förstås. Den givna slutsatsen är att $(-2) \cdot (-3) = 6$."

Det finns säkert elever på alla nivåer av matematikstudiet som kan finna någon tillfredsställande i den här typen av algebraisk motivering. De känner sig nöjda så, eftersom det ger en känsla av sammanhang i talsystemet.

Men jag har heller inga svårigheter med att föreställa mig att det finns massor med studenter, som inför dessa slags algebraiska förklaringar reagerar på ett annat sätt, och inte alls skulle känna att deras fråga blivit ordentligt behandlad. "Men varför vill vi fortsätta använda samma räknelagar? Kunde det inte vara roligare att testa några andra regler för de nya talen för en gångs skull? — Lev lite!" "Varför ska vi överhuvudtaget definiera negativt gånger något? Kan vi inte bara låta det vara ifred?" "Hur vet vi att gånger kan kastas om sådär helt utan vidare?" Och så vidare. Dessa algebraiska motiveringar upplevs garanterat som otroligt abstrakta för många elever.

Jag kan se åtminstone två saker som kan göra de algebraiska förklaringsmönstren intressanta för någon som studerar matematik. Det ena handlar om att de bidrar litegrann till att fylla i bilden, till gestaltningen av matematiken till en meningsfull helhet. Dock tror jag inte att detta lämpligen sker i isolering från andra sätt att närma sig de negativa talen: exempel på problemlösning, exempel på hur uttryckssättet förenklas, talpilsmodellen, historiska betraktelser, med mera.

Den andra omständighet som kan göra dem intressanta är ifall man ser dem mot bakgrund av modern matematikvetenskap, och de strävanden som den kom att börja bli förenad med från mitten av 1800–talet och framåt. De återspeglar ett slags helhetssträvande vad avser matematikämnet, och hänger samman med utveckling inom algebran, logiken och studiet av matematikens grundvalar, till vilket hör försöken att axiomatisera olika bitar av matematiken. Man kunde säga att det som gör den algebraiska "härledningen" intressant är att den kan ses i ljuset av olika intellektuella försök eller tendenser att gestalta helheter.

Algebraiska motiveringar till räknelagar för negativa tal bygger på en idé hämtad ur modern matematikvetenskap: *utvidgningar av algebraiska strukturer.* Man kan föreställa sig utvidningsproblemet som ett *fantiserat* vetenskapligt projekt i vilket frågan är hur man kunde utvidga den befintliga positiva aritmetiken till att också inkludera en ny sorts objekt — 'negativa tal' — under dessa villkor:

(i) att generella regler som gäller för opererandet med positiva tal i så stor utsträckning som möjligt ska behållas intakta, det vill säga fortsätta gälla.

(ii) att härledningen av räknereglerna för negativet ska följa ur en mycket liten uppsättning antaganden (axiom och definitioner), där kravet består i att 'följdriktigheten' är anpassad till den formella–algebraiska logikens och mängdlärans tankemönster.

De negativa talens faktiska historia är dock längre och mer komplicerad än varje möjlig algebraisk motivering. I den historiska verkligheten var det inte så att det under renässansen liksom ställdes upp ett vetenskapligt projekt med avsikten att nu hux flux "utvidga aritmetiken" så att vissa ekvationer alltid skulle vara lösbara och så att de fyra räknesätten även skulle gå att tillämpa på dessa nyskapelser. I Europa tog det som sagt lång tid att acceptera bruket av negativa tal och framförallt känna sig bekväm med det. Att motivera räkneregler för negativa tal utifrån generella räknelagar för allt som man är beredd att benämna tal (kommutativitet, distributivitet, etc) tillhör en senare idéhistoria.

Ytterligare en typ av svar kan alltså kallas för *historiemedvetet*. Det befinner sig på en nivå som kräver förmågan till vidare tankeblick, i vilken man också kan uppfatta matematiken som mänsklig aktivitet och som ett inslag i det vetenskapliga tänkandets kulturlandskap, som en historisk och kollektiv verksamhet med riktning mot framtiden. Denna typ exemplifieras av *svarsmönster 4;5*:

> L: "Analogier med den redan befintliga matematiken gjorde att det kändes mer eller mindre naturligt att gå vidare i den riktningen. Effektiviteten i samband med problemlösning och algebraiska metoder för beskrivningen av olika geometriska eller fysikaliska situationer gjorde att införandet av negativa tal ändå kändes acceptabelt. Det var ungefär som att man tänkte: 'För att det här ska kunna passa med det där, måste det bli si och så när vi räknar med negativa tal.' 'Det där har fördelen att' och så vidare. Med koordinatsystemet och tallinjen till hands kändes det mest naturligt att fortsätta på just det

här sättet. Det fanns algebraiska fördelar med att tänka si och så: man kunde behålla kommutativiteten, associativiteten, med mera."

Säkert kan många av oss finna denna sorts historiemedvetna reflektioner givande, eftersom det ger ett större sammanhang åt de mer "närsynta" tillämpade, geometriska eller algebraiska sätten att närma sig frågorna.

2.2 Logisk–matematisk fördjupning: konkreta modeller för $\mathcal{K}$ som ordnad KE–ring

2.2.1 Edmund Landaus *Grundlagen der Analysis*

Edmund Landau (*Grundlagen der Analysis*, kapitel IV) reducerar mängden av antaganden Σ och konstruerar samtidigt en modell för $K(\mathcal{P})$ genom att explicit specificera, ange regler för hur *funktionerna* invers, addition respektive multiplikation ska beräknas, givet introduktionen av och ett minimalt antal specifikationer för symbolen 'n' eller '$-$'.[5] Landau definierar exempelvis addition för allmänna element $x, y \in \mathcal{K}$ på följande vis:

$$x + y =_{\mathsf{def}} \begin{cases} -(|x| + |y|), & \text{om } x, y < 0 \\ |x| - |y|, & \text{om } x > 0, y < 0, |x| > |y| \\ 0, & \text{om } x > 0, y < 0, |x| = |y| \\ -(|y| - |x|), & \text{om } x > 0, y < 0, |x| < |y| \\ y + x, & \text{om } x < 0, y > 0 \text{ (återför på rad (2)–(4))} \\ y, & \text{om } x = 0 \\ x, & \text{om } y = 0 \end{cases}$$

Själva raderna i definitionen utgår från räknelagar som vi redan ac-

[5]Landau genomför konstruktionen för specifikt $\mathcal{K} = K(\mathbb{R}^+)$, men metoden fungerar även för andra val av $\mathcal{P}$.

cepterar som "intuitivt" giltiga för räkning med negativa tal, från talpilsmodellen och tidigare praktisk erfarenhet. Så ur en synvinkel är vad Landau gör att han plockar ihop en lista Σ' med räknelagar som vi åtminstone förväntar oss/vill ska vara giltiga. Ur en annan synvinkel är vad han gör att konstruera en konkret modell för $\mathcal{K}$ genom en serie algebraiska *funktionsdefinitioner*: han specificerar i detalj hur inversen, addition och multiplikation ska beräknas givet introduktionen av symbolen n för negativet. "Om x är negativt och y är negativt, så är xy positivt och lika med $|x||y|$", och så vidare.

Det är efter dessa detaljerade funktionsdefinitioner som Landau i sin framställning kan visa att till exempel den kommutativa respektive associativa lagen gäller för addition respektive multiplikation. Dessa räknelagar är alltså inte antaganden (vilket skulle vara att gå helt i cirkel), utan logiska konsekvenser av hur funktionerna addition och multiplikation utvidgas vid introduktion av operatorsymbolen '$n(x)$' eller '$-x$'.

Här kan det vara på sin plats att fundera över syftet med konstruktionen. Å ena sidan, vid första påseendet kan Landaus förfarande verka intuitivt tilltalande, eftersom det tycks vara ett kortare steg från den praktiska erfarenhet vi har av att räkna med negativa tal. Å andra sidan, om man betänker att syftet helt enkelt är att bevisa att strukturspecifikationen [8] är "vettig" genom en konkret icke–diagrammatisk/mängdteoretisk modell, så finns det ett tekniskt mycket enklare sätt att bygga upp modellen än genom att behöva på det här sättet ange funktionsdefinitioner uppdelade på massor med olika fall beroende på inbördes förtecken, vilket snabbt blir ett tungrott förfarande.[6]

[6]Jämför Anders Vretblad, *Algebra och kombinatorik*, s. 201:

> Nackdelen med den [Landaus ovan antydda konstruktionsmetod] är att många bevis (för räkneregler osv.) blir sönderstyckade i en massa "fall", beroende på de ingående talens tecken och relativa storlekar. Den metod vi skisserat [ekvivalensklasser av ordnade par av snitt] ger en elegantare uppbyggnad av teorin.

Detta smidigare modellbygge baseras, som sagt, på vissa ekvivalensklasser av ordnade par av element ur $\mathcal{P}$. Detta är, kan man säga, standardkonstruktionen utav en mängdteoretisk modell för $\mathcal{K}$.

2.2.2 "Standardkonstruktionen": $K(\mathcal{P})$ som en mängd av ekvivalensklasser av ordnade par ur $\mathcal{P}$

Det i läromedel för högre matematik vanliga tekniska konstruktionsförfarandet för att få en mängdteoretisk modell av utvidgningen till negativa tal givet $\mathcal{P}$ består i att konstruera den så kallade **grothendieckgruppen** $\mathsf{Grd}(\mathcal{P})$ till $\mathcal{P}$ utvidgad till en ordnad kommutativ ring med etta.[7] Detta är, som det visar sig, en konkret mängdteoretisk modell för $\mathcal{K} = K(\mathcal{P})$. Det för många läroböcker typiska är att genomföra denna modell för utvidgningen från $\mathcal{P} = \mathbb{N}$ till heltalen $K(\mathbb{N}) = \mathbb{Z}$, men konstruktionsmetoden är egentligen inte beroende av denna begränsning. De 'negativa talen' kan, som sagt, införas på valfri nivå av positiva tal. Exempelvis så introducerar både Landau och Vretblad de negativa talen först efter det att de positiva reella talen har "etablerats".

Principskissen för denna modell är enkel och elegant: Elementen $x \in \mathcal{K}$ introduceras mängdteoretiskt som vissa ekvivalensklasser av ordnade par av icke–negativa element. Den intuitiva motiveringen bakom denna konstruktionsmetod är följande: Ett ordnat par av icke–negativa tal (alternativt positiva tal) (a, b) kan tänkas såsom *representerande en utvidgad typ av tal*

$$x = a - b$$

beroende på *om differensen* $a - b$ *är positiv, negativ eller noll.* Detta utvidgade tal x är 'lösningen' till ekvationen $x + b = a$, det vill säga den för differensen $a - b$ definierande ekvationen. Det är vanligt att i sammanhanget av denna konstruktionsmetod kalla det ordnade paret (a, b) av icke–negativa tal just för en *differens.*

[7]Efter Alexander Grothendieck (1928–2014), av tyskt ursprung, en framstående forskare i 1900–talets matematikvetenskap.

Två sådana ordnade par/differenser av positiva tal (a_1, b_1) och (a_2, b_2) kan sägas *utgöra/representera/motsvara samma utvidgade tal* om och endast om

$$a_1 - b_1 = a_2 - b_2 \tag{I}$$

det vill säga *om differensen mellan talen är precis lika stor och har samma signum.* Jämför till exempel med följande självklara samband ur elementär aritmetik:

$$-1 = 1 - 2 = 2 - 3 = 3 - 4 = \dots$$
$$-2 = 1 - 3 = 2 - 4 = 3 - 5 = \dots$$
$$-3 = 1 - 4 = 2 - 5 = 3 - 6 = \dots$$

Eftersom operationen subtraktion dock än så länge inte får antas vara generellt definierad, behöver ekvationen (I) omformuleras till det matematiskt ekvivalenta påståendet

$$a_1 + b_2 = a_2 + b_1 \tag{I'}$$

vilket endast innehåller operationen addition. Den sista likheten kan nu utnyttjas som ett *identitetskriterium för differenser/ordnade par av tal uppfattade som representanter för den utvidgade taltypen.* Detta är alltså något liknande identitetskriterierna för bråk (ordnade par av heltal) som representanter för rationella tal. Så tänker man i konstruktionen att, till exempel, paret $(1, 2)$ liksom $(2, 3)$ båda två är representanter för den utvidgade taltypen -1 eller $n(1)$.

Låt oss nu titta på *hur operationerna addition och multiplikation kan utvidgas till dessa ordnade par som differenser.* Till att börja med addition:

$$(a_1, b_1) + (a_2, b_2) =_{\mathsf{def}} (a_1 + a_2, b_1 + b_2) \tag{II}$$

Intuitiv motivering från elementär algebra:

$$(a_1 - b_1) + (a_2 - b_2) = a_1 + a_2 - b_1 - b_2 = (a_1 + a_2) - (b_1 + b_2)$$

Vidare, operationen multiplikation utvidgas såhär:

$$(a_1, b_1) \cdot (a_2, b_2) =_{\mathsf{def}} (a_1a_2 + b_1b_2, a_1b_2 + a_2b_1) \qquad \text{(III)}$$

Intuitiv motivering från elementär algebra:

$$(a_1-b_1)(a_2-b_2) = a_1a_2-a_1b_2-b_1a_2+b_1b_2 = (a_1a_2+b_1b_2)-(a_1b_2+a_2b_1)$$

Så, dessa reflektioner föranleder alltså definitionen av en relation $\sim_{\mathsf{grd}}$ på mängden av ordnade par ur $\mathcal{P} \times \mathcal{P}$ i enlighet med (I):

$$(a_1, b_1) \sim_{\mathsf{grd}} (a_2, b_2) \iff_{\mathsf{def}} a_1 + b_2 = a_2 + b_1$$

Här kallar vi denna relation **(grothendiecksk) ekvivalens** på $\mathcal{P}^2$. För enkelhet i texten använder vi även det förkortade skrivsättet $\sim$ för grothendiecksk ekvivalens. Det är en lätt sak att visa att namnet "ekvivalens" är motiverat, det vill säga att $\sim$ utgör en ekvivalensrelation på mängden av dessa ordnade par.

Elementen i kompletteringen $K(\mathcal{P})$ definieras nu — i denna specifika modell — som varande ekvivalensklasserna av ordnade par med avseende på relationen $\sim$. Med mängdlärans typiska notation:

$$K(\mathcal{P}) =_{\mathsf{def}} \{x : \exists a, b \in \mathcal{P}\ (x = [(a,b)]_\sim)\} = \mathcal{P}^2/\sim$$

Ekvivalensklassen till (a, b) betecknas med för mängdläran typisk notation som $[(a, b)]_\sim$ eller bara $[(a, b)]$.

Operationerna $+$ och $\cdot$ utvidgas till ordnade par enligt definitionerna (II) och (III). Det är en lätt sak att visa att dessa utvidgade operationer respekterar ekvivalensklasserna/ekvivalensrelationen $\sim$, så att det inte spelar någon roll med vilka specifika representanter summan respektive produkten beräknas; alltså precis på samma sätt som för bråk som specifika representanter för rationella tal.

En modell för det neutrala elementet 'noll' är den ekvivalensklass som består av alla par på formen (a, a); vi kan till exempel definiera

$$0 =_{\mathsf{def}} [(1,1)]_\sim$$

eller som $[(0,0)_\sim]$ eller liknande. Låt (a, b) vara en representant för något element $x \in \mathcal{K}$. Vi säger att x är *negativt* $(x < 0)$ om $a < b$; detta gäller därmed alla representanter för x. Exempel:

$$-1 = [(1,2)]_\sim$$

Vi säger att x är *positivt* $(x > 0)$ om $a > b$. Exempel:

$$3 = [(4,1)]_\sim$$

Generellt gäller att *den additiva inversen* $(-x)$ till x uppfyller

$$-[(a,b)]_\sim = [(b,a)]_\sim$$

Slutligen utvidgas *ordningsrelationen* $<$ på $\mathcal{P}$ till ekvivalensklasserna i $\mathcal{K}$ enligt följande:

$$x < y \iff_{\mathsf{def}} (y + (-x)) \text{ är positivt}$$

Det är också lätt att visa att detta är en linjär ordning som respekterar ekvivalensrelationen och att summan respektive produkten av positiva element ur $\mathcal{K}$ förblir positiva.

Att delmängden $\mathcal{K}^{\geq 0} = \{x \in \mathcal{K} : x > 0 \ \vee \ x = 0\}$ av icke-negativa element i $\mathcal{K}$ "är lika med" $\mathcal{P}$ ska i modellen förstås på följande sätt: $\mathcal{P}$ kan **bäddas in** (eng. *be embedded (imbedded) in*) i $\mathcal{K}$ genom den bijektiva avbildning

$$\phi : \mathcal{P} \to \mathcal{K}^{\geq 0}$$

för vilken $\phi(a) = [(a,0)]_\sim$. Man säger att elementet $a \in \mathcal{P}$ *identifieras med* klassen [(a,0)]. Denna funktion ϕ *bevarar/respekterar strukturen* hos $\mathcal{P}$ under de redan givna operationerna $+$ och $\cdot$ och den givna ordningsrelationen $<$.

Ekvivalensklasser av ordnade par är som sagt den vanligaste metoden för algebraisk–mängdteoretisk konstruktion av en modell för utvidgningen till negativa tal, då den ger en tekniskt smidigare uppbyggnad. Den är på så sätt den mest ändamålsenliga, tror jag man kan säga, om det specifika syftet just bara är att konstruera *någon* rent mängdteoretisk modell för en särskild algebraisk struktur, i vårt fall en struktur uppfyllande specifikationen [8].

För mer information om denna typ av mängdteoretiska konstruktion finns gott om resurser på nätet, konsultera alternativt någon lärobok i diskret matematik, modern algebra eller mängdlära. Se också Vretblad, appendix 5 samt Stoll, avsnitt 3.2–3.3 (konstruktion av $\mathbb{Z}$ från $\mathbb{N}$).

2.2.3 Grothendiecks grupp: några anmärkningar

I många moderna läroböcker i matematik för inledande nivåer på universitet/högskola kallas den här konstruktionen som ekvivalensklasser av ordnade par under grothendiecksk ekvivalens för själva "definitionen" av mängden av heltal $\mathbb{Z}$. Det här är ett uttryckssätt som kan vara tillräckligt för vissa didaktiska syften eller för den som vill gå vidare med mer avancerad matematik (utan att behöva bekymra sig över filosofiska frågor om ämnet).

Det finns dock inget som per automatik tvingar oss att gå med på detta som "den egentliga definitionen" av negativa tal eller heltalen i någon mer filosofisk–ontologisk mening. Vetenskapshistoriskt är dessa mängdteoretiska konstruktioner produkter från omkring slutet av 1800–talet och första decennierna av 1900–talet, medan negativa tal är något man opererat med även före 1800–talet, liksom symboler för irrationella tal såsom $\sqrt{2}$ och π.

Med ett mer noggrannt uttryckssätt skulle man kunna säga att heltalen kan sättas *i korrespondens med* konstruktionen $\mathsf{Grd}(\mathbb{N})$, och att under synvinkeln av algebraiska strukturer är de isomorfa:

$$\mathbb{Z} \cong \mathsf{Grd}(\mathbb{N})$$

Man kan *också* uttrycka det som så att $\mathsf{Grd}(\mathbb{N})$ är en *konkret modell (algebra)* av kompletteringen till $\mathbb{N}$, den kommutativa ringen

$$\langle K(\mathbb{N}), +, \cdot, 0, 1\rangle$$

Närmare en "egentlig" definition av $\mathbb{Z}$ snarare är att det är *den minimala kompletteringen med additiv invers* av $\mathbb{N}$ till en ordnad kommutativ ring med etta.

De konstruktioner som ekvivalensklasser av ordnade par som kan göras för våra vanliga positiva taltyper är exempel på modeller (konkreta algebror) som dessutom kan generaliseras till en konstruktion möjlig att utföra ovanpå varje *kommutativ monoid* M vilken som helst. Denna konstruktion resulterar i en algebraisk struktur av typen *kommutativ (abelsk) grupp*, som kallas för *grothendieckgruppen* $G = \mathsf{Grd}(M)$ till monoiden M. Detta är den minimala utvidgningen av M med additiv invers, upp till isomorfi.

Vi definierar relationen $\sim_{\mathsf{grd}}$ eller förkortat $\sim$ på $M \times M$ som

$$(x_1, y_1) \sim (x_2, y_2) \iff_{\mathsf{def}} \exists z \in M(x_1 + y_2 + z = x_2 + y_1 + z) \quad (\mathrm{I}'')$$

Det extra elementet $z \in M$ är nödvändigt därför att kancelleringslagen $a + c = b + c \implies a = b$ inte gäller generellt för monoider. För en monoid i vilken kancelleringslagen gäller kan dock definitionen (I″) förenklas till (I′) ur föregående avsnitt. Vi säger att de ordnade paren av element ur M är *(grothendieckskt) ekvivalenta.*

Ur synvinkeln av abstrakt algebra kan de nödvändiga reglerna som området av icke–negativa tal åtminstone behöver besitta för kompletteringens möjlighet beskrivas med orden att $\mathcal{P}$ utgör en *kommutativ semiring som saknar nolldelare.* En kommutativ semiring uppfyller alla de definierande axiomen för en kommutativ ring, bortsett från existensen av additiv invers. Det är ju införandet/konstruktionen av en additiv invers som man vill nå fram till. Eftersom detta är det villkor som behöver ställas på $\mathcal{P}$ kan den mängdteoretiska konstruktionsteknik varigenom man går över till $\mathbb{Z}$, $\mathbb{Q}$ eller $\mathbb{R}$ på samma sätt generaliseras genom att bilda grothendieckgruppen $\mathsf{Grd}(\mathcal{P})$ utvidgad till en ordnad kommutativ ring med etta.

3 Lock/portar

Teorifrågor

F1. (a) Vilka är de tre olika (huvudsakliga) användningarna av tecknet "–" i aritmetiken och algebran?

(b) Hur kan man utläsa beteckningssättet för negativa tal eller negativoperatorn på sätt som gör att det inte förväxlas med subtraktion?

(c) Vad är det allmänna algebraiska sambandet mellan subtraktion och additiv invers?

F2. (a) Vad menas med absolutbeloppet (det absoluta värdet) av ett reellt tal?

(b) Hur beräknas "avståndet" mellan två reella tal?

(c) Ge något exempel på nyttan med att införa negativa tal och de räkneregler som beslutats.

F3. (a) Vad innebär talpils– eller vektormodellen för negativoperatorn? Vilka är dess regler?

(b) Vad innebär den princip som vi här har benämnt talpilsprincipen?

F4. (a) Visa den kommutativa lagen för multiplikation utifrån talpilsprincipen.

(b) Vad kan man sägas om absolutbeloppet av produkten ab för två reella tal a och b?

F5. (a) Hur kan kvoten mellan två tal bestämmas, i det fall negativoperatorn är involverad?

(b) Vad kan man säga om kvotens absolutbelopp?

(c) Vad kan man säga om kvotens tecken i förhållande till teckenreglerna för multiplikation?

F6. Negativa tal — del algebraiska approachen:

(a) Vad menas i den här texten med kompletteringen $K(\mathcal{P})$ till en given mängd av positiva tal $\mathcal{P}$ ($\mathbb{Z}^+$, $\mathbb{Q}^+$ eller $\mathbb{R}^+$)?

(b) Vilket specifikationskrav ställs på kompletteringen?

(c) Varför behöver man inte ställa kravet att $\mathcal{K}$ ska utgöra en kropp?

(d) Vilken logiskt–matematiskt "grundvalsproblem" ställs man inför i den algebraiska approachen?

Problem

P1. Beräkna: (a) $5-23$ (b) $(-12)+44$ (c) $(-10)-(-18)$ (d) $(-8)\cdot(-6)$ (e) $7\cdot(-3)$ (f) $27/(-3)$

P2. Bestäm: (a) $|8|$ (b) $|-55|$ (c) $d(23,70)$ (d) $d(35,-28)$

P3. Bestäm tecknet på produkten: (a) $(-1)^2$ (b) $(-2)\cdot 3\cdot(-4)\cdot(-5)\cdot 6$ (c) $(-2)^7$ (d) $(-1)^{333}$ (e) $(-5)^n$, där n är ett jämnt naturligt tal.

P4. Mätningen av temperaturen över ett antal dagar ger följande mätvärden:

Dag Nr.	1	2	3	4	5	6	7
Temp. °C	$+3$	$+2$	-1	-5	0	$+4$	-9

Vilken temperaturskillnad: (a) är det mellan dag 1 och 4? (b) mellan dag 3 och 7? (c) är den största möjliga givet dessa mätdata?

P5. Visa hur det följer att multiplikation med negativoperatorn är associativ i de reella talen, om man som utgångspunkt tar talpilsprincipen och den associativa lagen för positiva tal.

P6*. Två massor A och B befinner sig vid tidpunkten $t=2$ sekunder vid koordinaterna $A=(-7.8,-19.4)$ km respektive $B=(22.0,-5.6)$ km. Vid tidpunkten $t=3$ sekunder har kropp B flyttat sig 2.3 meter i positiv x–riktning och 6.3 meter i positiv y–riktning.

(a) Vilket är avståndet mellan A och B vid tidpunkten $t=2$ s?

(b) Vilka koordinater har B vid $t=3$ s?

(c) Vilket är avståndet mellan A och B vid $t=3$ s?

P7*. Visa teorem [9(e)].

Storleksrelationen *mindre än (eller lika med)*

Artikel 15

Innehåll

Abstract

I den här artikeln erbjuds en översikt på de grundläggande regler som gäller för den vanliga ordningsrelationen på hela, rationella och reella tal, vanligtvis betecknad $<$ med motsvarande icke–strikta ordning $\leq$ och inversa relationer $>$ respektive $\geq$. Presentationen och analysen av ordningsegenskaperna i denna artikel är giltiga för de rationella och reella talen, och till lejonparten även heltalen. De reella talen ärver så att säga dessa ordningsegenskaper från de rationella. Samtidigt är mycket av presentationen och härledningarna möjliga att generalisera till kontexten av abstrakt algebra, så att de med vederbörliga förblir giltiga för algebraiska strukturer av samma typ.

1 Kärninnehåll

1.1 Inledande ord om storleksrelationen

1.1.1 Storleksrelationen: inklusiv ordning och strikt ordning

Exempel 1. (a) Om temperaturen T i en behållare ligger under vattnets fryspunkt kan man skriva $T < 0$ °C.

(b) En målarfirma tar m kr i grundavgift plus k kr per timme. Om kostnaden för en ommålning inte får överstiga 5000 kr, kan denna restriktion uttryckas som olikheten $0 \leq m + kt \leq 5000$, där t är arbetstiden i timmar.

(c) Toleransen för elektriska motstånd är ofta cirka 20%. Detta innebär att det faktiska värdet kan variera med plus/minus tjugo procent av det värde som står angivet på motståndet. Om motståndets teoretiska resistans är 35 Ω , kan man med matematisk notation skriva $0{,}8 \cdot 35 \leq R \leq 1{,}2 \cdot 35$. □

(Den vanliga) ordningsrelationen $<$ eller $\leq$ för de reella talen $\mathbb{R}$ kunde vi förslagsvis även kalla för **storleksrelationen**, för att ge denna specifika relation ett mer speciellt namn. Termen "ordningsrelation" ges nämligen även en mer generell definition i logiken och algebran. Här är några olika sätt att utläsa skrivsättet:

$A < B$

$\rightleftarrows$

A är mindre än B

A är strikt mindre än B

A föregår B

B följer efter A

Det kan vara bra att ha tillgång till ett ordförråd för att även kunna göra verbala läsningar av notationen "$A < B$", utan anknytning till begrepp om större och mindre kvantiteter. Det gäller förstås att det positiva talet $3 < 12$, men i matematiken har man också beslutat att även säga/skriva att $(-1) < 0$. Detta att något skulle kunna vara "mindre än noll" kan verka förbryllande. Men då gäller det helt enkelt att ha i åtanke att ordningsrelationen $<$ eller $\leq$ som den idag är definierad, på hela den reella tallinjen, är *en matematifiering och utvidgning* av relationen "det här är mindre än det där" applicerad på storheter av geometrisk eller empirisk art, där det är direkt begripligt att tala om en sak som större/mindre än en annan: "Den där träbiten är längre än den där", "Det här ljuset brinner starkare än det där", och så vidare. För ordningsförhållandet mellan negativa och positiva tal är det inte alls naturligt att tänka i termer av större eller mindre kvantiteter, det finns inget "mindre" över -100 jämfört med talet $+2$, annat än att $-100 < 2$ enligt den stadfästa ordningen.

Det definierande sambandet mellan den **strikta** ordningsrelationen $<$, *"mindre än"*, och den **inklusiva, icke–strikta** ordningsrelationen $\leq$, *"mindre än (eller lika med)"*, är (naturligtvis) att *a är mindre än eller lika med b om och endast om antingen a strikt föregår b eller a är precis lika med b*:

[1] *För alla* $A, B \in \mathbb{R}$ *gäller, per definition, att*

$$A \leq B \iff A < B \vee A = B$$

Eller logiskt ekvivalent:

$$A < B \iff A \leq B \wedge A \neq B$$

Relationen $<$, 'mindre än', och relationen $>$, 'större än', förhåller sig till varandra som **inversa (omvända, konversa)** relationer.[1] Det betyder att ekvivalensen

$$B > A \iff A < B$$

definierar det inbördes sambandet mellan dessa relationer. På samma sätt definierar

$$B \geq A \iff A \leq B$$

det inbördes sambandet mellan motsvarande icke–strikta och till varandra omvända relationer.

Exempel 2. Vi har till exempel att:

$$3 < 5 \quad 3 \leq 5 \quad 5 > 3 \quad 5 \geq 3 \quad 5 \leq 5 \quad 5 \geq 5 \quad 5 = 5$$

$$-3 > -5 \quad -5 < -3 \quad -5 \leq -3 \quad \neg(3 < 3) \quad \neg(-5 > -3)$$

□

I följande avsnitt av texten ska vi gå igenom grundläggande och allmänna **ordningsegenskaper** eller **ordningslagar** för heltalen, de rationella talen och de reella talen. Ordningsrelationen $<$ kan dock

[1]Generaliserad logisk definition: Om R är en binär relation, så definieras den till R *inversa, omvända, konversa* eller *transponerade* relationen som den binära relation S som är sådan att $xRy \iff ySx$. Omvändningen till R betecknas i litteraturen R^{-1} (som för funktioner), $R^{\sim}$, $\breve{R}$, med mera. För en bijektiv funktion f, uppfattad som en tvåställig relation, är den omvända relationen den inversa funktionen f^{-1}.

inte på något naturligt sätt utvidgas till en liknande relation på den komplexa talen. Ordningsegenskaperna används återkommande i algebran och analysen i beräkningar, härledningar och bevis.

Exempel 3. Lös olikheten: (a) $10x < 225$ (b) $4x > -15$ (c) $5x + 30000 \leq 40000$

Lösning: (a) Division av VL och HL med 10 (eller ekvivalent, multiplikation med den multiplikativa inversen $1/10$) ger lösningen $x < 22{,}5$.

(b) $4x > -15 \iff x > -15/4 = -3{,}75$

(c) $5x + 30000 \leq 40000 \iff 5x \leq 10000 \iff x \leq 10000/5 = 2000$
□

1.1.2 Att jämföra och ordna rationella tal

För att jämföra storleken mellan rationella tal utnyttjas, vad vi kan kalla, **huvudregeln för storleksrelationen i de rationella talen**:

> **[2]** *Låt $A, B \in \mathbb{Q}$ vara ställda på en gemensam positiv bråknämnare g, så att $A = a/g$ och $B = b/g$. Då är storleksrelationen mellan de rationella talen helt bestämd av storleksrelationen mellan heltalställjarna a och b:*
>
> $$\frac{a}{g} < \frac{b}{g} \iff a < b$$

Det vill säga, man kan återföra jämförelsen på motsvarande egenskaper för relationen $<$ begränsad till heltalen $\mathbb{Z}$.

Exempel 4. Bestäm storleksrelationen mellan bråken: (a) $1/5$ och $8/30$ (b) $7/15$ och $238/512$

Lösning: (a) Eftersom 5 är en faktor i 30 kan vi förlänga det första bråket med 6:

$$\frac{1}{5} = \frac{1 \cdot 6}{5 \cdot 6} = \frac{6}{30}$$

8 30–delar är större än 6 30–delar, eftersom heltalet åtta är större än heltalet sex. Med matematisk notation:

$$\frac{1}{5} < \frac{8}{30}$$

(b) En gemensam nämnare till bråken kan vi alltid finna genom korsvis multiplikation av de givna nämnarna:

$$\frac{7}{15} = \frac{7 \cdot 512}{15 \cdot 512} = \frac{3584}{7680}$$
$$\frac{238}{512} = \frac{15 \cdot 238}{15 \cdot 512} = \frac{3570}{7680}$$

Det andra bråket är alltså mindre än det första, eftersom 3570 är strikt mindre än 3584:

$$\frac{7}{15} > \frac{238}{512}$$

□

1.2 Allmänna algebraiska ordningslagar för de reella talen

1.2.1 Storleksrelationens linjäritet

Storleksrelationen kännetecknas speciellt av att vara en *linjär ordning* för de reella talen, en linjär ordningsrelation. För heltalen, de rationella och reella talen motiveras namnet "linjär ordning" förstås av möjligheten att diagrammatiskt tänka sig dessa tal ordnade i förhållande till varandra utmed en rät linje, den sedvanliga **tallinjen** eller **tallinjalen**.

Själva linjäriteten kan tekniskt definieras antingen i termer av den icke–strikta ordningsrelationen $\leq$ eller den strikta relationen $<$. Det

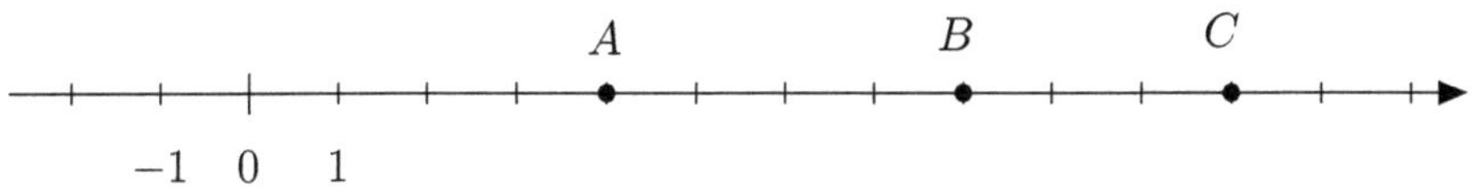

Figur 1: Möjligheten att föreställa sig och representera heltalen, de rationella och de reella talen på en endimensionell tallinje (tallinjalen) är förklaringen till namnet "linjär ordning" på den sorts ordningsrelation som den vanliga storleksrelationen $<$ utgör. Tallinjen gör det lätt att visualisera och i geometriska termer greppa grundläggande samband för storleksrelationen.

är egentligen vilket som, eftersom den ena ordningsrelationen enkelt kan definieras ur den andra. Här utgår vi från strikt olikhet, därför att det ger den enklaste sammanfattningen.

Vi säger att $<$ är en **(strikt) linjär ordning** på $\mathbb{R}$, eller en **total ordning**, därför att den besitter följande egenskaper enligt den allmänna logisk–algebraiska definitionen:

O1 *Storleksrelationen $<$ är en **linjär ordningsrelation**:*[2]

(a) ***Transitivitet:*** *Om ett reellt tal är mindre än ett annat och detta i sin tur är mindre än ett tredje, så är det första talet mindre än det tredje. Med matematisk notation:*

$$A < B \wedge B < C \implies A < C$$

(b) ***Trikotomilagen:*** *För två reella tal gäller uteslutande att det ena är strikt mindre än det andra eller så är de lika med varandra. Med andra ord, en men också endast en av följande möjliga relationer är giltig för varje par av reella tal A och B:*

$$A < B \qquad A = B \qquad B < A$$

[2] Linjäriteten kan alternativt definieras i termer av icke–strikt ordning $\leq$, men det spelar ingen större roll eftersom $<$ och $\leq$ enkelt kan definieras ur varandra. Om man behöver göra åtskillnad mellan de två olika definitionerna av 'linjär ordning' kan man säga *strikt* respektive *inklusiv* eller *icke–strikt* linjär ordning.

Att $A > 0$ motsvarar att A är ett **positivt** tal, att vi säger $A < 0$ motsvarar att A är ett **negativt** tal.

På grund av egenskaperna (a) och (b) säges $\mathbb{R}$, $\mathbb{Q}$ samt $\mathbb{Z}$ vara lika många exempel på en **linjärt ordnad mängd**, eller en **totalt** ordnad mängd eller **kedja**, under ordningsrelationen $<$. Storleksrelationen för våra vanliga reella tal är alltså det paradigmatiska exemplet på en linjär ordning. Linjäriteten är en så pass viktig och kännetecknande egenskap att vi sätter den på en egen display:

[3] *Heltalen, de rationella och de reella talen är linjärt ordnade mängder (typer) under den vanliga storleksrelationen.*

Själva namnet "linjär" kommer sig här, som sagt, av att de rationella och reella talen kan representeras som liggande utmed tallinjen. Om vi, som vanligt, låter positiv riktning vara åt höger i bilden, så motsvaras $A < B$ av att *den punkt som motsvarar talet A ligger till vänster om till B motsvarande punkt* på tallinjen. Exempelvis kan då transitiviteten översättas till rumsliga termer som "Om punkten A ligger till vänster om B och B till vänster om C, så ligger även punkten A till vänster om C", se figur 1. Tallinjen innebär alltså ett lätt sätt att åskådliggöra de rationella och reella talens ordningsegenskaper genom att den anknyter aritmetisk–algebraiska förhållanden till visuella, geometriska och diagrammatiska relationer.

Mängderna $\mathbb{Z}$, $\mathbb{Q}$ respektive $\mathbb{R}$ är alltså linjärt ordnade mängder under den vanliga storleksrelationen $<$. Däremot går denna inte att utvidga eller överföra till de komplexa talen $\mathbb{C}$. Dock kan man definiera olika *partiella ordningar* på $\mathbb{C}$, till exempel:

$$z_1 \prec z_2 \iff_{\mathsf{def}} |z_1| < |z_2|$$

Relationen $\prec$ så definierad är transitiv, däremot är inte trikotomilagen satisfierad, eftersom två komplexa tal som har samma längd inte behöver vara identiska. De komplexa talen utgör *inte* en ordnad kropp.

1.2.2 Ordnade ringar och integritetsområden

Linjäriteten liksom alla de samband för storleksrelationen vi påminner om och fastslår här är *intuitivt övertygande* för positiva tal och, om man tänker i termer av talinjen och den vanliga *talpilsmodellen*, även för negativa tal. Det kan dock vara intressant att strukturera upp sambanden i mindre grupper av "axiom", dels för tydlighetens skull och dels därför att åtskilliga samband faktiskt kan erhållas som formellt logisk–algebraiska konsekvenser av mindre urval av samband.

Talområdena $\mathbb{Z}$, $\mathbb{Q}$ samt $\mathbb{R}$ utgör alla *exempel på den algebraiska strukturen* ***ordnad KE–ring*** *(kommutativ ring med etta)*, därför att (1) de är kommutativa ringar med etta, (2) $<$ är en linjär ordningsrelation enligt O1, och dessutom (3) följande egenskaper är uppfyllda vid addition och multiplikation:

O2 ***Additionslagen*** *för olikheter (addition är monoton): Om man till bägge leden av en olikhet lägger ett och samma tal (element), så bevaras olikheten intakt. Med matematisk notation:*

$$A < B \implies A + C < B + C$$

O3 ***Multiplikationslagen*** *för olikheter (multiplikation är monoton): Om man multiplicerar bägge leden av en olikhet med ett och samma positiva tal (element), så bevaras olikheten intakt. Med matematisk notation: För alla* $C > 0$ *gäller att*

$$A < B \implies AC < BC$$

Att implikationerna kan stärkas till ekvivalenser ($\iff$) är en logisk konsekvens av O2 och O3 tillsammans med trikotomilagen O1(b).

Att $A > 0$ motsvarar att A är ett *positivt* tal, att vi säger $A < 0$ motsvarar att A är ett *negativt* tal. Eftersom $\mathbb{Q}$ och $\mathbb{R}$ dessutom är strukturer av typen kropp, varvid allmän division går att utföra inom dessa talområden, säger vi också att de är *strukturer av typen* ***ordnad***

kropp.

Vi sammanfattar:

[4] *De hela, rationella och reella talen utgör ordnade KE–ringar under den vanliga storleksrelationen $<$, de sistnämnda två dessutom ordnade kroppar.*

Följande konstaterande utgör en enkel logisk–algebraisk konsekvens av axiomen för strukturen ordnad KE–ring, och alltså [4]. Innehållet kunde sammanfattas med orden att de reella, rationella respektive hela talen utgör strukturer av typen **ordnat integritetsområde**:

[5] *För alla* $A, B, C \in \mathbb{R}$*:*

(a) *Trikotomi: Ett och endast ett av påståendena*

$$0 < A \qquad 0 = A \qquad 0 < (-A)$$

är giltigt.

(b) *Positivitet bevaras under addition:* $0 < A, B \implies 0 < A + B$

(c) *Positivitet bevaras under multiplikation:* $0 < A, B \implies 0 < AB$

(d) $A < B \iff 0 < (B - A)$

Begreppet ordnat integritetsområde är, bland annat, intressant därför att det ger ett alternativt sätt att algebraiskt sammanfatta ordningsegenskaperna: ordnad ring–egenskapen [4] kan omvänt visas vara en logisk konsekvens av [5], se kommentarerna.

Här ges en algebraisk härledning av [5] givet [4]:

(a): Enligt trikotomilagen gäller precis en av $0 < A$, $0 = A$ eller $A < 0$. Ur O2 följer

$$0 < A \implies 0 + (-A) < A + (-A) \iff (-A) < 0$$
$$A < 0 \implies A + (-A) < 0 + (-A) \iff 0 < (-A)$$

Beviset är klart.

(b): En direkt följd av O2: $0 < A$ och $0 < B$ medför $0 < A + 0 < A + B$.

(c): Analogt med (b).

(d): Ur [4] får vi $A < B \iff A + (-A) < B + (-A) \iff 0 < (B - A)$.

□

På liknande sätt kan man visa andra allmänna ordningsegenskaper algebraiskt enbart utifrån [4] som premiss. Särskilt bör nämnas två ytterligare ordningsegenskaper:

[6] *För alla $A, B, C \in \mathbb{R}$:*

(a) *När $C < 0$ gäller $A < B \implies BC < AC$ (speciellt har vi $A < B \implies -B < -A$)*

(b) $0 < A < B \implies 0 < B^{-1} < A^{-1}$

Sambandet (a) ovan kan uttryckas med orden att *multiplikation av en olikhet med ett negativt tal vänder på olikheten.* Om bägge leden av en olikhet multipliceras med ett reellt tal C, så lämnas ordningen oförändrad om C är positivt, men vänder ordningen om C är negativt. Även [6(a)] hänvisar vi till som *multiplikationslagen för olikheter*, även om fallet $C < 0$ tekniskt sett kan härledas från övriga definierande villkoren för en ordnad KE–ring.

Exempel 5. Härled påstående [6(a)] algebraiskt.

Lösning: Påståendet är en enkel konsekvens av multiplikationens monotonitet O3 och följande hjälpsats (lemma):

[*] *För alla $A, B \in \mathbb{R}$:*

$$A < B \iff -B < -A$$

Bevis för [*]:

Med [4] och [5] får vi:

$$\begin{aligned} -B < -A &\iff -A - (-B) > 0 \iff (-A) + B > 0 \\ &\iff (-A) + B > (-A) + A \iff B > A \end{aligned}$$

Klart.

Nu till beviset för [6(a)]: Antag $C < 0$. Då är $-C > -0 = 0$, enligt (*). Multiplikation av olikheten $A < B$ med $(-C)$ ger $-AC < -BC$. Ytterligare en tillämpning av (*) visar att $BC < AC$, givet $A < B$. □

Lägg också märke till det att *subtrahera* eller *dividera* bägge leden med ett tal C går på ett ut med att addera eller multiplicera med additiv $C' = -C$ respektive multiplikativ invers $C' = C^{-1}$. Detta gör att vi inte behöver formulera något separat "axiom" för subtraktion eller division.

1.2.3 Den arkimediska ordningsegenskapen

Vidare säges både de hela, rationella och reella talområdena vara **arkimediskt ordnade**, därför att följande ordningsegenskap är uppfylld:

O4 ***Den arkimediska egenskapen:*** *För alla tal A och B upp till de reella, om $0 < A$ så är $B < n \cdot A$ för något positivt heltal n.*

Den arkimediska egenskapen kan formuleras på lite olika sätt, som samtliga är matematiskt ekvivalenta, och förekommer som ett explicit led i en del bevis i algebra och analys.

Den arkimediska egenskapen hos en ordnad kropp medför bland annat att det inte finns några 'oändligt små element', *infinitesimaler*, respektive 'oändligt stora element', *infiniter* i områdena. I logikern–matematikern Abraham Robinsons *icke–standardanalys* rör man sig faktiskt med en utvidgning av $\mathbb{R}$ till en *icke–arkimediskt* ordnad kropp, så benämnd *de hyperreella talen*[3] i vilken man formellt opererar med symboler för 'infinitesimaler' och 'infiniter' (se kommentarerna).

1.2.4 Induktions– och välordningsprincipen

Vidare uppfyller de naturliga heltalen $\mathbb{N} \subset \mathbb{Z}$ den matematiska induktionsprincipen och heltalen är välordnade; dessa två egenskaper är i själva verket matematiskt ekvivalenta:

N1 ***Den matematiska induktionsprincipen:*** *Låt $P(n)$ vara ett heltalspredikat. Om då*

(i) $P(0)$ *är sant, och*

(ii) $P(k) \implies P(k+1)$, *för alla* $k \in \mathbb{N}$,

så är $P(n)$ sant för alla $n \in \mathbb{N}$.

N1′ ***Välordningsprincipen:*** *Varje mängd av heltal (eller naturliga tal) har ett minsta element.*

Mer information är lätt att hitta på nätet, se också artiklarna "De naturliga och hela talen" respektive "Den matematiska induktionsprincipen" ur DFM II (Talteori och diskret matematik).

1.2.5 Fullständighetsegenskapen, den fullständigt ordnade kroppen

Det reella talområdet säges dessutom besitta ytterligare en speciell ordningsegenskap, som gör att den skiljer sig från de rationella talen: nämligen det som kallas för **fullständighetsegenskapen**, för vilken vi använder den samlande beteckningen **O5**. Att man här talar i bestämd form singular kan vara en smula förvirrande, därför att det är en egenskap som kan formuleras på en rad olika sätt; emellertid är

[3]Ibland betecknade $\mathbb{R}^*$, ett skrivsätt som dock även används för den "punkterade" mängden $\mathbb{R} - \{0\}$ i en del kontexter.

alla dessa artikulationer matematiskt ekvivalenta: det ena implicerar det andra, och det tredje, och vice versa. Ett val av sätt att formulera fullständighetsegenskapen kallas ofta för ett **fullständighetsaxiom**. Det är denna de reella talens fullständighetsegenskap som tillåter oss att säga — till exempel — att varje positivt tal 'har en kvadratrot', eller att gränsvärdet för olika talföljder och funktioner 'existerar'. Den har karaktären av en sorts matematisk "existensgaranti".

Här är ett exempel på möjlig formulering av ett fullständighetsaxiom för $\mathbb{R}$, som ligger nära det sätt människor lär sig matematik idag, som vi här kallar för:

$O5_1$ ***Decimalserieaxiomet:*** *Varje decimalutveckling har ett gränsvärde i* $\mathbb{R}$.

De i matematiklitteraturen vanligaste två sätten att formulera fullständighetsegenskapen är dock supremumaxiomet (*axiomet om minsta övre gräns*) respektive monotonitetsaxiomet (*axiomet om växande och begränsade talföljder*), som rent logiskt även är konsekvenser av ($O5_1$):

$O5_2$ ***Monotonitetsaxiomet:*** *Varje växande och begränsad följd av reella tal — såsom en decimalutveckling — har ett gränsvärde bland de reella talen.*

Därnäst, och matematiskt ekvivalent:

$O5_3$ ***Supremumaxiomet:*** *Varje uppåt begränsad mängd av reella tal har en minsta övre gräns (supremum) bland de reella talen.*

Vilket vi väljer som axiom för en abstrakt–algebraisk definition eller axiomatisering är faktiskt valfritt; det vanligaste torde vara den sistnämnda formuleringen, supremumaxiomet, som är ganska matematiskt smidig.

Exempel 6. Låt $\{D_n\}$ vara följden av successivt bättre decimala närmevärde till $\sqrt{2}$. De första fyra elementen i följden är $D_0 = 1$, $D_1 = 1.4$, $D_2 = 1.41$, $D_3 = 1.414$. En övre gräns för $\{D_n\}$ är till exempel talet 2, eftersom $2^2 = 4 > 2$. Följden är, per konstruktion av en decimalutveckling, också växande (i detta fall *strikt* växande). Av både ($O5_1$) och ($O5_2$) följer uppenbarligen att $\{D_n\}$ har ett gränsvärde L i $\mathbb{R}$, för vilket man kan visa att $L^2 = 2$. Alternativt kan vi titta direkt på mängden $M = \{D_n\} = \{D_n : n \in \mathbb{N}\}$ och konstatera att denna har talet 2 som en övre gräns, och ur supremumaxiomet ($O5_3$) dra slutsatsen att M även har en minsta övre gräns L, för vilken man likaså kan visa att $L^2 = 2$. Med andra ord, talet 2 har en kvadratrot i $\mathbb{R}$.[4] □

De reella talen $\mathbb{R}$ säges således utgöra *en struktur av typen **fullständigt (linjärt) ordnad kropp (FLOK)***, därför att förutom att vara en ordnad kropp är dessutom fullständighetsegenskapen O5 uppfylld. För den fullständigt ordnade kroppen är faktiskt den arkimediska egenskapen O4 en logisk konsekvens[5], men det omvända gäller inte: de rationella talen är arkimediskt ordnade men besitter inte fullständighetsegenskapen, eftersom man till exempel inte kan hitta $\sqrt{2}$ i $\mathbb{Q}$.

Axiomsystemet fullständigt ordnad kropp **karakteriserar** faktiskt de reella talen $\mathbb{R}$ upp till isomorfi, det är ett *karakteriseringsresultat.* Man säger också att axiomsystemet/den algebraiska strukturen FLOK är **kategorisk**, därför att den dels har en modell och dels därför att alla mängdteoretiska modeller är isomorfa. FLOK är unik upp till isomorfi, **kategoricitetsteoremet för FLOK/de reella talen**:

[7] *Varje fullständigt ordnad kropp är isomorf med $\mathbb{R}$. Med andra ord, om både K_1 och K_2 är fullständigt ordnade kroppar, så är K_1 isomorf med K_2 ($K_1 \cong K_2$).*

Speciellt är Dedekinds konstruktion av FLOK som dedekindsnitt $\mathcal{R}_{\text{dedekind}}$ isomorf med Cantors konstruktion av FLOK som ekvivalensklasser av

[4]För detaljer, sätt t.ex. sökmotorn på ”existence of square roots in complete ordered field”.

[5]För bevis, se t.ex. artikeln ”Typisk algebraisk axiomatisering av $\mathbb{R}$ och de mängdteoretiska konstruktionerna”, DFM III(c). Finns också gott om information på nätet.

cauchyföljder $\mathcal{R}_{\text{cantor}}$.

För den läsare som vill fördjupa sig mer i det reella talsystemet ur teoretisk–filosofisk och logisk–algebraisk synvinkel hänvisar jag till del III(c) av DFM samt litteraturförteckningen.

1.3 Att analysera och härleda ordningslagarna

Det är inte givet vad man skulle räkna som en förklaring till eller bevis för den här sortens ordnande samband för talen som vi tittat på i denna artikel, till exempel dem som sammanfattas under termen "ordnad ring", men också olika konsekvenser av dem. Liksom med de allmänna räknelagar för de fyra räknesätten, som sammanfattas under termen "kropp", kan man gå längs med olika stigar och analysen behöver också göras med hänsyn till specifik taltyp. Här är några exempel på viktiga synpunkter:

1. Ordningslagarna i [4] brukas räknas till "axiomen" för rationella och reella tal i den mesta matematikundervisning, och att säga att "de är axiom" *är faktiskt* under vissa praktiska omständigheter en tillräckligt bra förklaring.

2. Att man till exempel vid *utvidgningen av $<$ eller $\leq$ från positiva till negativa tal vill bibehålla ordningens linjäritet intakt* ger en typ av förklaring till att de negativa talen ordnas som de nu görs och att vissa av ordningsegenskaperna ser ut just så och så och så. Man vill att ordningsrelationen ska *spegla tallinjen (tallinjalen) och talpilsmodellen* helt enkelt.

3. Många av ordningsegenskaperna blir tydliga när man tänker i termer av tallinjen och talpilsmodellen, till exempel varför $a < b$ är ekvivalent med $-b < -a$. Ofta kan det vara klargörande att resonera genom paradigmexempel:

> För att inse detta samband, tänk helt enkelt igenom några möjliga fall som kan uppstå: det gäller ju exempelvis att $3 < 5$, och vid multiplikation med (-1) får vi ett halvt varvs vridning av

pilarna 3 och 5, så att (-3) ligger till höger om (-5) på tallinjen
... ...

4. Med många av ordningsegenskaperna vill människor säga att de är "intuitivt självklara" — och naturligtvis är de det, åtminstone i den bemärkelsen att de *positiva* talen har typiska användningar vid bestämning av kvantiteter, som gör det passande att besvara frågan "Varför?" i den här stilen:

> "Tänk dig två grushögar till exempel, där den ena högen A är mindre än den andra B. Om man då lägger på samma mängd grus på båda högarna, så kommer hög A fortfarande vara mindre än högen B, även om båda högarna är något större var för sig."
>
> L. tillägger: "Och samma sak om man tar bort lika mycket grus från båda högarna."

För storleksrelationen utvidgad till att inkludera negativa tal blir ordningslagarna uppenbara, givet att man förstår talpilsmodellen som en regel för räkningen med negativa tal.

Dessa och liknande är tillfredsställande som svar för de allra flesta människor/studenter. Vi finner dem intuitivt tillfredsställande eller övertygande som förklaring till varför vi väljer att räkna på ett bestämt sätt i aritmetiken. Det är en nyttig övning att tänka ut illustrationer till ordningslagarna följande det antydda mönstret.

5. Det är också möjligt att härleda räknelagarna för ordningsrelationen i de rationella talen $\mathbb{Q}$ på ett formellt logiskt–algebraiskt vis genom att återföra den lag som är målet för härledningen på bråkräkning och motsvarande ordningslagar för enbart heltalen $\mathbb{Z}$. För detaljer, se artikeln "Bråkräkning och de rationella talens grundritning" ur DFM III(b).

Som ett exempel kan vi titta på en algebraisk härledning av additionens monotonitet för rationella tal. Vi utgår från huvudregeln [2] för storleksrelationen i $\mathbb{Q}$. Låt oss demonstrera $A < B \implies A + C < B + C$.

1. Antag de rationella talen A, B, C har de representerande bråken a/g, b/g respektive c/g, med den gemensamma positiva nämnaren g.

2. Ur (2) och med bråkräkning får vi

$$A + C = \frac{a + c}{g}$$
$$B + C = \frac{b + c}{g}$$

3. Ur (2) och huvudregeln [2] får vi

$$A < B \implies a < b \implies a + c < b + c \implies A + C < B + C$$

I kedjan av implikationer utnyttjas underförstått motsvarande ordningslag för addition i $\mathbb{Z}$. Beviset är klart.

□

6. Att ge liknande formella logisk–algebraiska härledningar av ordningsegenskaperna för *reella tal* generellt är mer komplicerat, så för reflektioner kring detta tema hänvisar jag läsaren till portfölj III(c) av DFM eller annan fördjupande logiklitteratur. Det här temat hänger ihop med de så kallade mängdteoretiska konstruktionerna av $\mathbb{R}$, varav de två flitigast förekommande i litteraturen är Dedekinds snittmetod respektive Cantors cauchyföljdsmetod.

2 Kommentarer

2.1 Logisk–matematisk fördjupning

2.1.1 Ordnat integritetsområde som sammanfattning av ordningsegenskaperna

I den allmänna logisk–algebraiska definitionen av ett ordnat integritetsområde D formuleras villkoren (a)–(c) istället i termer av existensen av en särskild delmängd $D^+ \subset D$, vars element kallas *positiva*:

OI1 *För alla* $a \in D$ *gäller ett och endast ett av påståendena* $a \in D^+$, $a = 0$ *eller* $(-a) \in D^+$.

OI2 $a, b \in D^+ \implies a + b \in D^+$

OI3 $a, b \in D^+ \implies ab \in D^+$

Mängden $D^- = D - D^+ - \{0\}$ kallas då förstås för de *negativa* elementen i D. Trikotomin positivt–noll–negativt inducerar en ordningsrelation, som definieras i termer av de positiva elementen, jämför [5(d)]:

$$a < b \iff_{\mathsf{def}} (b - a) \in D^+$$

Med denna definition kan egenskaperna OI1–OI3 återigen formuleras precis så som i (a)–(c) ur [5].

Några exempel på bevis av ordnad ring [4] givet ordnat integritetsområde [5]:

O2: Ur [5] följer

$$a + c < b + c \iff (b + c) - (a + c) > 0 \iff (b - a) > 0 \iff b > a$$

vilket skulle bevisas.

O3: Ur [5] följer

$$0 < c \wedge a < b \implies (b - a)c > 0 \implies bc - ac > 0 \implies ac < bc$$

□

2.1.2 Den arkimediska egenskapen och icke–standardanalys

Den arkimediska egenskapen innebär som sagt också ett sätt att fastslå att det inte finns några 'oändligt stora tal', så kallade *infiniter*, eller 'oändligt små tal', så kallade *infinitesimaler*, i till exempel det reella talområdet. En positiv infinit Θ skulle ha egenskapen att

$$n < \Theta$$

för alla $n \in \mathbb{N}$. En positiv infinitesimal θ skulle ha egenskapen att $0 < \theta < 1$ men samtidigt

$$n \cdot \theta < 1$$

för alla $n \in \mathbb{N}$.

Låt oss titta på följande påståenden:

(*) Det finns inga infiniter i talområdet $\mathbb{R}$.

(**) Det finns inga infinitesimaler i talområdet $\mathbb{R}$.

Vi ser till exempel att (*) följer av den arkimediska egenskapen på följande vis:

1. Antag att den arkimediska egenskapen är uppfylld.
2. Antag att det fanns en infinit Θ i talområdet, det vill säga ett tal sådant att $n \cdot 1 < \Theta$ för alla $n \in \mathbb{N}$.
3. Ur antagande (2) följer speciellt att $1 < \Theta$, och tillsammans med (1) att $N \cdot 1 > \Theta$ för något positivt heltal N.
4. Raderna (2) och (3) ger en motsägelse. Alltså gäller (*): det finns inga infiniter i området.

På liknande sätt kan implikationen åt motsatt håll visas.

I den så kallade **icke–standardanalysen** som utvecklades av den tysk–amerikanske logikern–matematikern Abraham Robinson under

1960–talet laborerar man med ett abstrakt framställt 'talområde', kallat *de hyperreella talen* $\mathbb{R}^*$, i vilket de reella talen $\mathbb{R}$ utvidgas så att man dessutom i en viss mening kan 'räkna med' infiniter och infinitesimaler. De hyperreella talen satisfierar med andra ord *inte* den arkimediska egenskapen, de utgör en *icke–arkimedisk ordnad kropp*. Intressant är att samtliga resultat ur vår vanliga differential– och integralkalkyl teoretiskt kan härledas inom ramen för icke–standardanalysen. Man utnyttjar därvid inte den från 1800–talet sedvanliga ε–δ–formalismen, utan istället en moderniserad variant på Leibniz approach till analysen genom 'infinitesimaler'.

Exempel 7. Mycket informellt kan vi titta på en "icke–standardberäkning" av derivatan till funktionen $f(x) = x^2$. För $x, y \in \mathbb{R}^*$ med ändlig standarddel låter vi $x \approx y$ betyda att antingen $x = y$ eller så är x *oändligt nära* y, det vill säga $y = x + \theta$, för någon infinitesimal θ. Låt i det följande θ beteckna en *godtycklig infinitesimal* $\neq 0$:

$$\begin{aligned}\frac{f(x+\theta)-f(x)}{\theta} &= \frac{(x+\theta)^2 - x^2}{\theta}\\ &= \frac{x^2 + 2x\theta + \theta^2 - x^2}{\theta}\\ &= \frac{2x\theta + \theta^2}{\theta}\\ &= 2x + \theta \approx 2x\end{aligned}$$

Slutsatsen enligt derivatans definition i icke–standardanalysen är att $f'(x) = 2x$, som vanligt. □

Dock är det informella bruket av "infinitesimaler" legio och urgammalt i fysik och annan tillämpad matematik, det är inget speciellt exotiskt. Det är ett smidigt sätt att komma fram till och uttrycka matematiska samband, en heuristisk metod. En fråga för idé– och filosofihistorisk undersökning vore om Leibniz i sitt arbete med den matematiska analysen någonsin menade dessa "infinitesimaler" som bokstavligt talat existerande oändligt små storheter? Jag kan tänka mig att redan Leibniz snarare betraktade dem som ett slags *ideala*, blott tänkta och praktiskt användbara symboliska konstrukter, vars primära berättigande var att de underlättade kalkylerna och levererade resultat i samband med problemlösning. Att han inte menade dem "bokstavligt". Jag är dock inte tillräckligt mycket av specialist på Leibniz för att kunna uttala mig bestämt, jag lämnar den frågan till någon intresserad läsare att fördjupa sig i.

Hursomhelst är det ofta så man tänker sig saker och resonerar i analysen och dess tillämpningar i fysik med mera: *som om* olika symboler och uttryck betecknade "oändligt små" eller "oändligt stora" kvantiteter.

2.1.3 De naturliga talens ordning

Inom en ordnad KE–ring kan vi också härleda för elementär aritmetik och algebra självklara aritmetiska samband som att $0 < 1$ från premissen ordnad KE–ring:

> Enligt trikotomin är uteslutande antingen $0 < 1$ eller $1 < 0$ (att $1 \neq 0$ tillhör definitionen av KE–ring). Om $1 < 0$ vore fallet får vi $0 < -1$, vilket med O3 implicerar $0 \cdot (-1) < (-1) \cdot (-1)$, alltså $0 < 1$. En motsägelse.

Vi har generellt $0 < n$, för varje $n \in \mathbb{Z}^+$, eftersom

$$0 < 1 \implies 0+1 < 1+1 \iff 1 < 2 \implies 2 < 3 \implies 3 < 4 \implies \ldots$$

Det teoretiska intresset av denna sorts härledningar ligger i den axiomatisk–algebraiska detaljanalysen av talsystemen, där ett "naturligt heltal" uppfattas som en formell summa av enhetselement i en ordnad KE–ring R, så att "1" $= 1_R$, "2" $= 1_R + 1_R$, "3" $= 1_R + 1_R + 1_R$ och så vidare. I den kontexten blir det en uppgift att demonstrera annars och speciellt i lejonparten av praktisk matematikundervisning triviala bakgrundsfakta som att $0 < 1$.

Varje ordnad KE–ring är ett som vi sett ett ordnat integritetsområde, vilket alltid innehåller en *isomorf kopia* av de naturliga talen $\mathbb{N}$ och heltalen $\mathbb{Z}$.

3 Lock/portar

Teorifrågor

F1. (a) Vad är några olika sätt att utläsa notationen "$A < B$" och "$A \leq B$"?

(b) Vad är det definierande sambandet mellan inklusiv respektive strikt ordning?

(c) Vad är det definierande sambandet för de till varandra inversa (omvända) relationerna $<$ och $>$?

(d) Varför är $(-3) < 1$?

F2. (a) Hur kan man gå tillväga för att jämföra storleken av två bråk?

(b) Vad innebär det vi här kallat för huvudregeln för storleksrelationen i $\mathbb{Q}$?

F3. (a) Vad menas med att storleksrelationen är en linjär ordning?

(b) Vad har linjäriteten för visuell–geometrisk innebörd för de reella talen?

(c) Vad innebär det att $<$ är transitiv?

(d) Vad innebär trikotomilagen för $<$?

F4. Vad innebär (det vi här kallat för):

(a) additionslagen/monotonitet för addition?

(b) multiplikationslagen/monotonitet för multiplikation?

F5. Vilken typ av algebraisk struktur under storleksrelationen $<$ utgör:

(a) $\mathbb{Z}$ (b) $\mathbf{D}$ (b) $\mathbb{Q}$ (c) $\mathbb{R}$

F6. (a) Vilka ordningsegenskaper sammanfattas i texten under termen "ordnat integritetsområde"?

(b) Härled dessa från premissen ordnad KE–ring.

F7. (a) Vad händer om en olikhet multipliceras med ett negativt tal?

(b) Vad händer om talen A och B i en olikhet $0 < A < B$ inverteras?

F8. (a) Hur skulle du förklara ordningslagarna för addition och multiplikation för någon annan (en student till exempel)?

(b) Vilka olika sätt att förklara eller härleda dem kan du komma på?

F9. (a) Vad innebär den arkimediska egenskapen?

(b) Vilken särskild ordningsegenskap besitter heltalen?

F10. (a) Vad innebär fullständighetsegenskapen och att $\mathbb{R}$ är en fullständigt ordnad kropp?

(b) Ge tre olika formuleringar av ett "fullständighetsaxiom" för de reella talen.

(c) Vad är sambandet mellan fullständig och arkimedisk ordning?

(d) På vilket sätt karakteriseras de reella talen av axiomsystemet för en FLOK?

Problem

P1. Lös olikheten:

(a) $x + 20 \leq 48$ (b) $7x \geq -56$ (c) $19x + 422 \leq 1250$

P2. Jämför storleken mellan bråken:

(a) $3/7$ och $4/9$ (b) $6/35$ och $84/490$

P3. Lös olikheten

$$\frac{3x+1}{x+2} < \frac{2}{x+3}$$

P4. Härled satsen formellt–algebraiskt:

[8] *För alla* $A, B, C, D \in \mathbb{R}$*:*

$$A < B \wedge C < D \implies A + C < B + D$$

P5. Gör en algebraisk härledning av räkneregeln [6(b)].

P6. Bevisa O3 för $\mathbb{Q}$ utifrån bråkräkningens regler och under antagande av ordningsegenskaperna för $\mathbb{Z}$.

P7. Härled påståendet:

[9] *Det finns ingen kvadratrot ur negativa tal, eftersom*

$$A \neq 0 \implies A^2 > 0$$

för alla $A \in \mathbb{R}$.

P8*. Försök visa att den arkimediska egenskapen O4 kan härledas formellt–algebraiskt från de allmänna räknelagarna och ordningsegenskaperna tillsammans med antagandet O5. Det vill säga, visa att:

[10] *Varje fullständigt ordnad kropp är även arkimediskt ordnad.*

Allmänna ord om den holistiska framställningsformen för matematiken

Appendix A

1 Studien *Den första matematiken*: syfte och innehåll

Artikelsamlingen och böckerna om "Den första matematiken" behandlar den grundläggande matematiken, dess begrepp, principer och samband.

Med avseende på matematiskt innehåll går vi, i viss mening, inte mycket bortom vad som brukar läras ut i samtida skandinavisk grundskola samt inledande kurser för gymnasiet. Såvitt jag vet gäller det sagda således även grundläggande matematikundervisning i flertalet länder globalt sett. Skillnaden består i att vi intar ett teoretiskt eller filosofiskt fågelperspektiv på ämnets grundkunskaper, av ett slag som normalt inte uppnås när man tillägnar sig grunderna i matematik som nybörjare. Detta är ett tillägnande som görs dels genom att man helt enkelt växer in i sitt modersmål, genom olika sorters övningar i skolan eller genom barnets egen spontana inifrån kommande lek och intresse.

Man kan säga att målet med artikelsamlingen är att ge *en klargörande teoretisk/vetenskaplig översikt på det valda temat*: i det här fallet våra grundkunskaper i modern matematik, sådan den faktiskt förs vidare (traderas) och används i skola, samhälle, ekonomi, teknik och naturvetenskap och andra fackvetenskapliga sammanhang.

Jag har valt att dela upp hela artikelsamlingen i några olika **portföljer** av artiklar:

I. *Grundläggande euklidisk geometri (syntetisk)*

II. *Talteori och diskret matematik*

III. *Elementär aritmetik och algebra*

IV. *Analytisk geometri och algebrans fortsättning*

V. *Allmänna dokument*

Tillsammans täcker dessa väsentliga portioner av den klassiska matematikens traditionella områden — klassisk euklidisk geometri, talteori, aritmetik och (elementär) algebra, men också en nyare matematiks perspektiv på elementär matematik (den abstrakta algebrans perspektiv till exempel).

Det förekommer en del upprepningar av innehåll om man jämför olika artiklar inbördes. Detta har två anledningar. Den ena är helt enkelt att det förstärker effekten av genomgången. Men den viktigare anledningen är att varje artikel kan betraktas som en liten självständig genomgång av någon bit av matematiken som färdighet, praktik och vetenskap. Det är som att vi med en liten strålkastare eller ett ljus så att säga lyser upp en viss kalott av den matematiska globen; och liksom varje försök att avbilda en sfär genom plana (2–dimensionella) projektioner resulterar i viss överlappning av koordinater, så sker viss överlappning av tematiskt innehåll.

2 En holistisk layout och framställningsform

Portföljerna som helhet och dess enskilda artiklar är skrivna med en speciell metod som jag valt att kalla för **den holistiska layouten**

och framställningsformen för matematikämnet.[1] Artiklar skrivna med denna layout och framställningsform kan vi kalla **holistiska artiklar** i matematik. Det finns några för denna layout och form allmänt utmärkande drag, vilka redogörs för i följande delavsnitt.

2.1 Artiklarnas övergripande struktur

Samtliga artiklar har följande övergripande struktur:

(1) **Abstract** — Här sammanfattas artikelns innehåll på några få rader.

(2) **Kärninnehåll** — Rymmer artikelns centrala innehåll, kan även kallas för **artikelkärnan**.

(3) **Kommentarer** — Innehåller matematiskt, historiskt, logiskt eller filosofiskt fördjupande kommentarer till något av de innehåll som behandlas i artikelkärnan.

(4) **Lock/portar** — Innehåller dels **teorifrågor** och dels ett urval av **övningsproblem**, syftande till egen kunskapskontroll, för att befästa minnet och reflektera vidare kring begreppsbildningen.

”Lock/portar” kan uppfattas som ett litet eget dokument med ett genomtänkt och strukturerat urval av frågor, problem eller uppgifter (ett slags ”Structured Query Document”). Metaforen ”lock” passar till det att man genom frågorna just begränsar och ger ett slags lämplig

[1]Ett annat namn som dök upp för min tanke var ”den rhizomatiska layouten”, inspirerat av *rhizomet* som en, ganska vanlig, metafor eller liknelse för nätverksliknande strukturer utan något klart definierat centrum eller början och med ett myller av olika skikt och funktioner inom sig (liknelsen kan härledas till den franske filosofen Gilles Deleuze’ och psykoterapeuten Felix Guattaris skrift *Tusen platåer*). Jämförelser görs till exempel mellan biologiska rhizom och kulturer som helhet eller med en modern teknisk företeelse såsom internet. Av olika anledningar valde jag dock bort det förslaget till förmån för det som nu används. Termen ’holistisk’ är inte heller idealisk, då det finns så många olika definitioner och associationer till den termen, men den inbegriper och associeras med tillräckligt många för mina syften träffande motiv.

inramning av ett visst ämne eller kunskapsmoment. Metaforen "portar" påminner en om att frågorna och problemen inte bara är en avgränsning, utan vad man behöver kunna ta sig igenom på vägen till större kunskap. Till locket/portarna hör också möjliga svar på frågorna eller lösningar till problemen. En viss uppsättning svar och lösningar ger vad vi kunde kalla för en **burk/nycklar**.[2]

2.2 Problem och exempel

Exempel (exempelproblem) lyfts fram i texten genom en inledande rubrik "**Exempel.**" alternativt "**Problem.**" i fetstil. En eventuell lösning inleds med rubrik "**Lösning:**". Exempel och ibland resonemang avslutas i texten med kvadrattecken "□". Det är ganska vanligt att kvadrattecken i matematiklitteraturen även används som sluttecken för bevis.

Ett exempel på hur det kan se ut i artiklarna:

Problem 1. A. ska laga mat till en middag för tio personer, och använder sig av följande recept:

Linssoppa (4 pers)

1 gul lök

2 stora morötter

10 dl grönsaksbuljong

[2]Här behöver tilläggas att locket/portarna inte ersätter behovet av fylligare övningssamlingar i matematik och besläktade ämnen. Att lära sig matematik är framförallt allt annat varierad övning och problemlösning. Det är det "arbete" som krävs. Det är ofta värdefullt — eller nödvändigt för en del studenter — att göra många övningar, ibland med relativt liten variation på ett tema eller moment, för färdigheten och förståelsen samt upplevelsen av skicklighet och förtrogenhet att infinna sig. Hur mycket och i vilken utsträckning man behöver öva på ett visst moment är dock högst individuellt, skulle jag säga. Det är svårt att helt utan vidare spika upp en lång lista med övningsproblem som alla "ska göra" (vad nu det betyder). Men man kan sätta upp en mindre lista med *för momentet typiska, karakteristiska problem* som man rimligtvis "måste" kunna lösa för att alls behärska området. Det är alltså något som närmar sig *en logisk-begreppslig* kriteriespecifikation: det vi här kallar "lock/portar".

1 burk kokosmjölk (à 400 g)

2 dl röda linser

1 msk olivolja

2 tsk paprikapulver

1 tsk spiskummin

1 tsk gurkmeja

1 vitlöksklyfta

1 msk citron alt. 1/2 msk vinäger

1 tsk kokossocker

salt och peppar

Hur många gånger måste A. beräkna måttet för varje ingrediens?

Lösning: Receptet är beräknat för 4 personer. Den fråga vars besvarande löser problemet är: "Hur många gånger går 4 i 10?" Det lämpliga räknesättet är division: $10/4 = 2{,}5$. A behöver alltså multiplicera måttet för varje ingrediens med faktorn 2,5 åtminstone. □

2.3 Display

För att understryka och lyfta fram något eller några stycken matematiska samband, allmänna regler för eller anmärkningar om matematikämnet kommer vi ibland att göra det genom att sätta dem på vad vi här kallar för **display**. Man kunde också kalla det för att sätta dem på *podium*, eller i *belysning* eller *highlight*.

Display är en av de typiska metoderna i den holistiska layouten. Att sätta på display gör vi då genom att lyfta ut en eller några få meningar ur resten av texten, precis så som när man citerar längre stycken i alla andra sorters vetenskapliga (akademiska) texter. Dessutom är det vanligt att kursivera de meningar som sätts på display. Om man så finner lämpligt kan man också på displayen häfta en etikett eller ett serienummer inom hakparenteser i fetstil.

Såhär skulle det kunna se ut:

[*] *Summan av fem och sju är lika mycket som tolv av en given enhet. Med matematisk notation:*

$$5 + 7 = 12$$

Nu tog jag det här påståendet som exempel bara för att illustrera layouten. Vi sätter normalt inte såhär små specialfall av matematiska samband på display. Det skulle bli alldeles för omständligt och rörigt i texten, men gör det vanligen med mer generella matematiska regler, mönster, samband eller kopplingar, såsom centrala definitioner och teorem. Eller, när det helt enkelt gör saker och ting klarare och mer överskådligt. Som ett mer ”verklighetstroget” exempel kan vi ta **Pythagoras sats** (i sin ena implikation):

[1] *Om en plan triangel är rätvinklig, så täcker kvadraten på dess längsta sida (hypotenusan) ett precis lika stort område som de två kortare sidornas (kateternas) kvadrater tillsammans.*

Display som en metod att i text återge eller påminna om olika matematiska samband har jag sett förekomma i den matematikhistoriska litteraturen.[3]

2.4 Bevis och andra typer av förklarande resonemang

En annan utmärkande egenskap för den holistiska layouten är att *bevis och andra typer av förklarande resonemang lyfts fram och ut ur texten med lite mindre typstorlek* än den övriga och omgivande texten. Detta då precis som med längre citat i akademiska uppsatser generellt. För det mesta används ingen annan speciell ”proof”–omgivning. Resonemanget kan avslutas på olika sätt, inte sällan med det traditionella ”Beviset är klart”, ”Q.E.D.”, etcetera eller med □.

[3]Se till exempel Bo Göran Johanssons bok *Matematikens historia* (Studentlitteratur 2004).

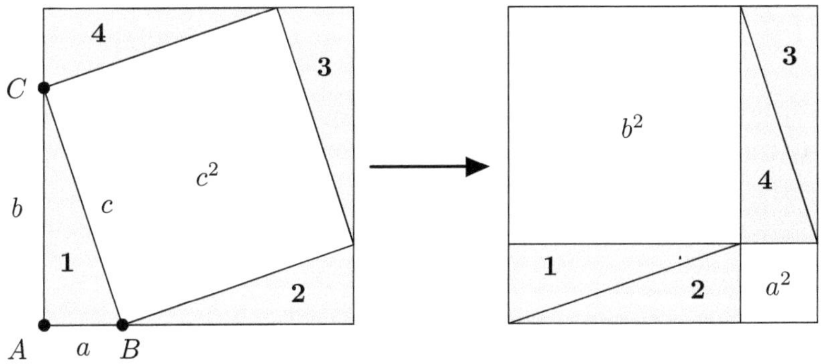

Figur 1: Illustration till ett välkänt resonemang som ger en förklaring till/visuellt bevis för Pythagoras sats (i implikationen åt ena hållet).

Låt oss för illustration titta på en vanlig sorts förklaring till Pythagoras (direkta) sats, ett visuellt bevis av typen klipp–och–klistra:

1. Låt en rätvinklig triangel ABC vara given, med den räta vinkeln $\angle BAC$.
2. Rita kvadraten BC^2 (lika med c^2 i figuren) på den rätvinkliga triangelns hypotenusa BC. Lägg sedan tre kopior av den rätvinkliga triangeln utmed kvadraten så att man får en ännu större kvadrat, såsom visas i figur 1.
3. Detta ger liksom ett *pussell* i vilket man kan flytta omkring fyra likadana rätvinkliga trianglar, som vi betecknar $1, 2, 3, 4$. Dessa trianglar arrangeras om på det sätt som visas i figur 1, så att 1 och 2 respektive 3 och 4 hamnar intill varandra.
4. Av figuren framgår att den kvadrat som står på hypotenusan BC i den rätvinkliga triangeln täcker ett precis lika stort område som de två kvadraterna AB^2 $(= a^2)$ och AC^2 $(= b^2)$ på triangelns respektive kateter AB och AC tillsammans. (Det totala området *utanför* de fyra rätvinkliga trianglarna blir inte större eller mindre, endast därför att man flyttar omkring trianglarna inuti pusslet.)

Resonemanget ger en förklaring till det allmänna mönstret.

2.5 Verbala transformationer av notationen. Dubbelpilen $\rightleftarrows$

I artiklarna används ganska ofta något vi kunde kalla **verbala transformationer** av notationen, som visar olika sätt att i det talade språket utläsa en viss bit syntatiskt korrekt sammansatt notation. För detta ändamål inför vi **dubbelpilsnotationen** $\rightleftarrows$. Ett pedagogiskt exempel:

$5 \cdot 7 = 35$

$\rightleftarrows$

Fem gånger sju är trettiofem

Fem gånger sju är lika med trettiofem

Sju taget fem gånger är trettiofem

Fem gånger sju är lika mycket som trettiofem enheter

Sju enheter taget fem gånger är precis lika mycket som trettiofem enheter

Och så vidare.

Värdet av att i undervisning (eller som här, den undervisande framställningen) av matematik tydligt *uppvisa anknytningen mellan den matematiska notationen respektive det verbala språket*, vilket är det talade språket och vår vanliga *alfabetiska skrift* (som vi använder för att skriva alla andra sorters texter, romaner, tidningsartiklar, brev, avhandlingar i humaniora, och så vidare) har framförts och undersökts i en del samtida matematikdidaktisk forskning och diskussion.[4]

[4]Exempel: Lars Mouwitz doktorsavhandling *Matematik som bildning* (Dialoger, Tyskland 2010) och några TEMA-nummer av tidskriften Nämnaren: *Algebra för alla* (NCM 2005), *Matematik — ett kommunikationsämne* (NCM 2008) samt *Matematik — ett kärnämne* (NCM 2003).

2.6 Kommentarsavsnittet

De flesta av artiklarna har ett avsnitt eller kapitel med rubriken "Kommentarer". Tanken med detta är att erbjuda den intresserade eller drivne studenten möjligheten av ytterligare fördjupning i och reflektion över begreppsbildningen, problemställningarna, bevisen, med mera.

Kommentarsavsnittet har ofta underavsnitt, med rubriker i stil med "Matematisk fördjupning", "Matematikhistorisk fördjupning" eller "Logiska och filosofiska reflektioner", vilka antyder något om karaktären av det innehåll läsaren kan förvänta sig.

3 Varför denna framställningsform?

Det finns både didaktiska och filosofiska syften med att jag valt en annan layout och framställningsform i behandlingen av grundläggande matematik (*prima mathematica*) än den *axiomatisk–deduktiva layout och framställningsform* som är vanlig eller dominerande i akademiska texter i matematik, såsom högre läroböcker, doktorsavhandlingar och forskningsrapporter.

Den typiska layouten och framställningsformen kan ibland vara något av ett hinder för att nå klarhet kring och organisera sina frågor kring matematiken som student eller lärare. Naturligtvis har begreppen axiom, definition, sats/teorem och bevis samt axiomatisk metodik sin roll och plats i matematiken, i synnerhet högre och mer abstrakt matematik (såsom abstrakt algebra och topologi). Men ibland, och speciellt när det handlar om den mest grundläggande matematiken, tror jag föreställningar om eller förväntningar på matematiken som en "axiomatisk–deduktiv vetenskap" sammanhållen av formell–matematisk logik faktiskt kan bli till en sorts "fördom", en "förförståelse", som låser tänkandet i onödan och lägger käppar i hjulen.

Den metod som vi här kallar display förekommer också i texter om matematikens historia. Den sorts reflektioner som ämnet matematikens historia öppnar upp för tror åtminstone jag ofta är användbara även i den filosofiska och didaktiska reflektionen över matematiken. Genom att utnyttja en helt annan layout och framställningsform kan det slunga tänkandet kring matematiken ut ur förväntningar eller invanda banor, som gör det lättare att se med klarhet. Det är lite som att vi "vänder ut och in" på sättet att framlägga matematiska teorem och bevis i den axiomatisk–deduktiva layouten.

Man kunde säga att artikelsamlingen är resultatet av en reflektion över frågan om var gränsen/gränserna går mellan *en undervisande logisk–teoretisk matematisk framställning* — "Vad skulle någonting analogt med Euklides *Elementa* kunna vara i dagsläget?" och så vidare — kontra en egentligen *filosofisk* behandling av problemkomplexet *Vad är matematikens grunder?* Den är född ur dels mitt arbete med matematikundervisning och att genomgå teoretisk och praktisk lärarutbildning, men också delvis ur ett tidigt (från tonåren ungefär) sporrande intresse för frågor om matematiken och dess grundvalar i ljuset av logiken och filosofin.

Dock är det omöjligt att dra någon *skarp* gräns mellan en "filosofisk undersökning" av matematiken och till exempel den sorts framställning som erbjuds här. Filosofins definierande målsättningar finns också med där hela tiden, i bakgrunden. Klassifikationen av dessa texter som "matematik" eller "läromedel" snarare än "filosofi", har att göra med att jag även har haft andra målsättningar med dem när jag skrivit dem: framförallt det undervisande syftet och åtagandet, vilket tillför en praktisk dimension utöver den teoretiska betraktelsen.

Litteraturförteckning (global)

Följande urval består av de texter som sticker ut ur mängden som särskilt viktiga för arbetet med artikelsamlingen "Den första matematiken", det är dock ingen fullständig förteckning över all litteratur som jag haft användning för i arbetet. Naturligtvis finns det också massor med lätt tillgänglig information på internet om talområdena, algebraiska strukturer, mängdteoretiska konstruktioner, icke–standardanalys, med mera: Wikipedia, undervisningsmaterial, föreläsningsanteckningar, med mera.

Läroböcker

Förutom en lång rad olika läromedel i matematik och naturvetenskap för svensk och finsk gymnasieskola samt universitet/högskola är följande ett litet urval av läromedel som jag haft nytta av:

Hyltén–Cavallius, Carl & Sandgren, Lennart. *Matematisk analys I–II.* Lunds universitet, 1962–64. Ett äldre läromedel i matematisk analys avsett för grundkurser i ämnet vid universitet & högskola. Är exceptionellt noggrann med definitioner och bevis.

Persson, Arne & Böijers, Lars–Christer. *Analys i en variabel.* Rev. utg. 2001. Studentlitteratur, 2001.

—. *Analys i flera variabler.* Studentlitteratur [1988].

Vretblad, Anders. *Algebra och kombinatorik.* 3:e uppl. Gleerups, 1996.

Matematikens historia

Vid sidan om klassiska texter under författarnamn som Euklides, Newton, Euler, Hilbert, med flera:

Boyer, Carl & Merzbach, Uta. *A History of Mathematics.* John Wiley & Sons, 2nd ed. [1989].

Thompson, Jan. *Historiens matematik.* Studentlitteratur [1991].

Johansson, Bo Göran. *Matematikens historia.* Studentlitteratur [2013].

Sjöberg, Boris. *Från Euklides till Hilbert. Historien om matematikens utveckling under tvåtusen år.* Åbo Akademis Förlag, 3:e uppl. [1998].

Matematikens filosofi, logik och grundvalsforskning

Ett litet urval av texter inom områdena matematisk grundvalsforskning och filosofi som kan vara belysande för denna artikel och andra:

Dedekind, Richard [1872, 1888]. *Essays on The Theory of Numbers*: ”Continuity and Irrational Numbers” samt ”The Nature and Meaning of Numbers”. Dover, 1963.

Gödel, Kurt [1931]. ”On Formally Undecidable Propositions of Principia Mathematica and Related Systems.” Dover, 1992.

Hilbert, David. *The Foundations of Geometry.* Project Gutenberg, Public Domain.

Kleene, Stephen Cole [1950]. *Introduction to Metamathematics.* Ishi Press Int. 2009.

Landau, Edmund [1929]. *Foundations of Analysis: The Arithmetic of Whole, Rational, Irrational and Complex Numbers.* Avsedd som ett supplement till läroböcker i matematisk analys. Chelsea Publishing, 1966.

Russell, Bertrand [1919]. *Introduction to Mathematical Philosophy.* Project Gutenberg, Public Domain.

— [1914]. *Mysticism and Logic, and Other Essays.* Project Gutenberg, Public Domain.

Stoll, Robert [1961]. *Set Theory and Logic.* W. H. Freeman & Co. 1963

Särskilt Wittgenstein och därav influerat filosofiskt tänkande:

Stenlund, Sören. ”Frege's Critique of Formalism”. Artikel ur G.Bengtsson et.al (red.) *New Essays on Frege: Between Science and Literature.* Springer, 2018.

—. *The Origin of Symbolic Mathematics and the End of the Science of Quantity.* Uppsala Philosophical Studies 59. Uppsala Universitet, 2014.

—. *Filosofiska uppsatser.* Norma Bokförlag, 2000.

—. *Language and Philosophical Problems.* Routledge, 1990.

—. *Undersökningar i matematikens filosofi.* Thales, 1988.

Fann, K.T. [1969]. *Ludwig Wittgentein. En introduktion.* Daidalos, 1993.

Monk, Ray [1990]. *Ludwig Wittgenstein — Geniets plikt.* Daidalos, 1999. Detta är den mest utförliga biografin om denna centralfigur i 1900–talets filosofi, och betraktas som något av standardverk i akademiska kretsar. Kan även läsas som en introduktion till W:s filosofi, och flera kapitel innehåller passager om W:s syn på matematiken.

Wittgenstein, Ludwig [1921]. *Tractatus Logico–Philosophicus.* Thales, 2005. Svensk övers. av prof. Anders Wedberg [1962].

— [1953]. *Filosofiska undersökningar.* Thales, 1992. Finns också i en ny svensk övers. av Lars Hertzberg & Martin Gustafsson vid Åbo Akademi, utgiven 2021.

— [2nd ed. 1969]. *Blå boken och Bruna boken. Förberedande studier till "Filosofiska undersökningar".* Thales, 1999.

— [2nd ed. 1976]. *Wittgenstein's Lectures on The Foundations of Mathematics, Cambridge 1939.* The University of Chicago Press, 1989.

— [3rd ed. 1978]. *Remarks on The Foundations of Mathematics.* Blackwell Publ., 2001.

— [1974]. *Philosophical Grammar.* Blackwell Publ., 2004.

Förteckning över notation

Matematiska specialtecken

Notation	Tekniskt namn/definition
	Aritmetiska operationer & relationer
$x+y, x-y, x\cdot y$	de fyra räknesätten
$x\times y, x/y, \frac{x}{y}$	
$p/q,\ \frac{p}{q}$	bråket p q–delar
$\leq$	icke–strikt ordning
$<$	strikt ordning
$\sum_{i=1}^{n} x_i$	summatecken
$x \mid y$	delbarhetstecken för heltal
	Talområden
$\mathbb{N}$	de naturliga talen $0, 1, 2, 3, \ldots$
$\mathbb{Z}^+$	de positiva heltalen $1, 2, 3, \ldots$
$\mathbb{Z}$	heltalen (eng. *integers*)
$\mathbf{D}$	decimaltalen/decimalbråken
$\mathbb{Q}$	de rationella talen
$\mathbb{R}$	de reella talen
$\mathbf{Irr}$, $\mathbb{R}\setminus\mathbb{Q}$	de irrationella talen
$\mathbb{C}$	de komplexa talen
	Modulär aritmetik
$a \equiv b \pmod{n}$, $\equiv_n$	kongruensrelationen
$[a]_n$	restklassen till a modulo n
$\mathbb{Z}_n$	ringen av restklasser modulo n

SPM–logik (Sats–, Predikat–, Mängdlogik)

Notation	**Tekniskt namn/def.**
	Allmän mängdlära
$x \in M$	(mängd)tillhörighetstecken
$x \notin M$	tillhör inte–tecken
$\{...\}$	mängdklamrar
$\|M\|$, $\#M$	kardinalitet (antal element)
$\{x : P(x)\}$, $\{x \mid ...\}$	mängdbyggaren
$A \cup B$	(mängd)union
$A \cap B$	(mängd)snitt
$A \setminus B$, $A - B$	(mängd)differens
$\complement A$, $-A$	(mängd)komplement
2^M, $\mathcal{P}(M)$	potensmängd
	Sats– och predikatlogik
$\neg P$, $\sim P$, $-P$	(logisk) negation
$P \wedge Q$, $P \,\&\, Q$, $P \,.\, Q$	(logisk) konjunktion
$P \vee Q$	(inklusiv, logisk) disjunktion
$P \veebar Q$	exklusiv disjunktion
$P \implies Q$, $P \longrightarrow Q$	(materiell) implikation
$P \supset Q$	
$P \iff Q$, $P \longleftrightarrow Q$	(materiell) ekvivalens
$P \equiv Q$, P omm Q	
$\forall x\ P(x)$, $(x)\ P(x)$	allkvantor (–kvantifikator)
$\exists x\ P(x)$	existenskvantor (–kvantifikator)
	Övergripande logiska tecken
$=_{\mathsf{def}}$, $:=$	definition, tilldelning
$\cong$	isomorfi

Det grekiska alfabetet

En del av de små bokstäverna ur det grekiska alfabetet har två olika sätt att skrivas.

uttal	stor bokstav	liten bokstav
alfa	A	α
beta	B	β
gamma	Γ	γ
delta	Δ	δ
epsilon	E	ε, ϵ
zeta	Z	ζ
eta	H	η
theta	Θ	θ, ϑ
iota	I	ι
kappa	K	κ
lambda	Λ	λ
my	M	μ
ny	N	ν
xi	Ξ	ξ
omikron	O	o
pi	Π	π, ϖ
rho	P	ρ, ϱ
sigma	Σ	σ, ς
tau	T	τ
ypsilon	Υ	υ
fi	Φ	ϕ, φ
chi	X	χ
psi	Ψ	ψ
omega	Ω	ω